梨
高效栽培与
病虫害看图防治
（第二版）

王江柱　许建锋　编著

化学工业出版社
·北京·

内 容 简 介

　　本书在第一版的基础上，根据作者团队多年的科研成果，结合大量生产实践经验编著而成。内容包括梨的主要优良品种、高标准建设梨园、树下管理、整形修剪、花果管理、低效梨树高接改造、主要病虫害防控技术及常用有效药剂等，特别是病虫害诊断部分，选取了372幅生态彩图相配合，更加便于甄别与确诊。内容图文并茂（彩图506幅、墨线图34幅）、文字通俗易懂、技术易于操作。

　　本书适合农技生产与推广人员、梨树种植专业合作社或家庭农场、农资经营人员及果树专业与植保专业的广大师生、梨树科研人员等参考使用。

图书在版编目（CIP）数据

梨高效栽培与病虫害看图防治 / 王江柱，许建锋编著 . —2 版 . —北京：化学工业出版社，2022.10
ISBN 978-7-122-41657-5

Ⅰ.①梨⋯ Ⅱ.①王⋯ ②许⋯ Ⅲ.①梨－果树园艺 ②梨－病虫害防治 Ⅳ.①S661.2②S436.612

中国版本图书馆CIP数据核字（2022）第100352号

责任编辑：冉海滢　刘　军　　　　　　文字编辑：李娇娇
责任校对：田睿涵　　　　　　　　　　装帧设计：关　飞

出版发行：化学工业出版社（北京市东城区青年湖南街 13 号　邮政编码 100011）
印　　刷：三河市航远印刷有限公司
装　　订：三河市宇新装订厂
880mm×1230mm　1/32　印张 9¼　字数 348 千字　　2022 年 10 月北京第 2 版第 1 次印刷

购书咨询：010-64518888　　　　　　　售后服务：010-64518899
网　　址：http://www.cip.com.cn
凡购买本书，如有缺损质量问题，本社销售中心负责调换。

定　　价：49.80元

前言

　　梨是我国广泛栽培的重要水果之一，近年来，其产量及种植面积仅次于柑橘、苹果，居第三位，在我国大陆各地区均有一定种植规模。据统计，2019年我国梨树种植面积1380多万亩（1亩＝666.7平方米），其中超过50万亩的地区达13个、超过100万亩的地区有3个，在许多地方梨树种植已成为农民"脱贫致富"及"乡村振兴"的重要支柱产业。同时，我国又是梨的主要原产地和适宜栽植区，许多优良品种均具有悠久的栽植历史，如砀山酥梨、鸭梨、雪花梨、库尔勒香梨、苹果梨等，且许多优质梨果早已远销东南亚及欧美地区，深受广大消费者认可与喜爱。特别是近些年来，随着国际贸易的迅速发展，我国的传统优良品种出口量及出口范围不断提高和扩大；同时，我国近些年育成的一批优良品种如黄冠、新梨7号、玉露香、雪青、翠冠等已在许多地方成为主栽品种；另外，近些年我国也引进了许多优良品种广泛种植。这些因素促使我国梨树产业迅速发展，正在为乡村振兴发挥着重要作用，在许多地区梨树种植管理产业已成为不可替代的支柱产业。

　　随着梨树栽培面积和范围的不断扩大、新品种的不断引进及栽培技术的更新发展，各种植区不同程度地出现了许多影响梨果优质生产的问题，如苗木和品种选择的适应性、优质高效栽培管理措施、低产园改造与高接换头、土肥水的科学管理、病虫害的无害化防控技术与优质低残留药剂选择等，均亟需解决。2011年，化学工业出版社出版了《梨高效栽培与病虫害看图防治》一书，在后来的十多年中，有许多新品种、新技术、新药剂相继在梨生产中推广应用，同时也出现了一些新的问题亟待解决。在广大读者的强烈要求下，编著者对原书进行了修订，汰除过时内容、更新成熟技术、补充新的知识点。

　　本书以梨树高效栽培管理与生产安全、优质、营养、健康的"三品一标"梨果为新的宗旨，根据目前梨树生产中的实际状况，结合近些年的科研新成果和编著者的大量生产实践新经验，先后从梨的主要优良品种、高标准建设梨园、树下管理、整形修剪、花果管理、低效梨树高接改造、主要病虫害防控技术及常用有效药剂等方面进行了重点阐述。其中"梨树病虫害防控常用有效药剂"的相关内容嵌入至如下二维码中，读者扫描二维码即可阅读。本书内容通俗易懂，技术操作简便可行。全书共有彩色图片506幅，使技术要点更加简洁直观、容易掌握；特别是病虫害诊断部分，精选了372幅生态彩图相配合，让读者一目了然，使病虫害更加便于甄别与确诊。

为了便于理解与更加贴近生产实际，梨园面积选用了"亩"为计量单位。书中所推荐农药、肥料的使用浓度或使用量，会因梨树品种、生长时期、栽培地域生态环境条件等诸多因素的不同而有一定的变化，故仅供参考。实际应用过程中，应以所购买产品的使用说明书为准，或在当地技术人员指导下使用。

本书在编写过程中，得到了河北农业大学科教兴农中心和园艺学院的大力支持，在此表示诚挚的感谢！张建光、张玉星、王迎涛、张茂君、何天明、尹立府、董彩霞、张绍林、李健等教授、专家提供了部分珍贵照片，在此也一并致谢！

由于编著者的经验、积累有限，书中不足之处在所难免，恳请各位同仁及广大读者予以批评指正，以便今后不断修改、完善，在此深致谢意！

编著者

2022年1月

第一版前言

　　梨是我国重要水果之一，仅次于苹果、柑橘居第三位，在我国南北许多地方均有广泛栽培，据统计，2009年全国种植面积已达900多万亩。同时，我国又是梨的主要原产地和适宜栽植区之一，许多优良品种均具有悠久的栽植历史，如鸭梨、雪花梨、砀山酥梨、库尔勒香梨等，且许多优质梨果早已远销东南亚及欧美多国，深受广大消费者认可与喜爱。特别是近些年来，随着国际贸易的迅速发展，我国的传统优良品种出口量及出口范围不断提高和扩大；同时，也从国外引进了许多优良品种，使我国梨树产业得以迅速发展，在许多地区梨树种植管理已经成为农民发家致富的依赖途径。然而，随着梨树栽培面积和范围的不断扩大、新品种的不断引进，各种植区不同程度地出现了许多影响梨果优质生产的问题，如苗木和品种选择的适应性、优质高效栽培管理措施、低产园改造与高接换头、土肥水的科学管理、病虫害的无害化防治技术与优质无公害药剂选择等，均亟待解决和提高。因此，在化学工业出版社的积极筹措下，我们组织编写了这本书。

　　本书以梨树高效栽培与生产优质无害化梨果为宗旨，根据目前梨树生产中的实际情况，结合近些年的科研成果和作者的大量生产实践经验，先后从主要优良品种、高标准建园、土肥水管理、整形修剪、花果管理、低效梨树高接改造、主要病虫害防治技术与无公害药剂选择等方面分为七章进行了重点阐述。文字内容力求通俗易懂，技术操作尽量简便，并适当配合彩色图片和黑白墨线图进行了说明，全书共计穿插彩色图片242幅、墨线图34幅，使许多技术更加直观简单、容易掌握；特别是病虫害诊断部分，合计精选了174幅生态彩图相配合，让读者一目了然，使病虫害种类更加便于甄别与确诊。

　　本书中推荐的农药、肥料的使用浓度或使用量，会因梨树品种、生长时期、栽培地域生态环境条件的不同而有一定的变化，故仅供参考。实际应用过程中，以所购买产品的使用说明书为准，或在当地技术人员指导下使用。

　　在本书编写过程中，得到了河北农业大学科教兴农中心和园艺学院的大力支持与指导，在此表示诚挚的感谢！张玉星、王迎涛、张茂君、尹立府、董彩霞、张绍铃、何天明、李健等教授、专家提供了部分珍贵照片，在此也一并致谢！

　　由于作者的研究工作、生产实践经验及所积累的技术资料还十分有限，书中不足之处在所难免，恳请各位同仁及广大读者予以批评指正，以便今后不断修改、完善，在此深致谢意！

编著者

2011年4月

目录

第一章 梨的主要优良品种 / 001

第二章 高标准建设梨园 / 031

第五章　梨树花果管理 / 127

第六章　低效梨树高接改造 / 147

第七章　梨树主要病虫害防控技术 / 158

第一章

梨的主要优良品种

　　梨在我国栽培品种繁多，根据生物学特性和生态适应性，主要分为秋子梨、白梨（新疆梨归入此类）、沙梨和西洋梨四大系统。四个系统的划分对于熟悉和了解梨品种，进而指导生产具有一定的积极意义。然而，长期以来学术界对于一些品种的归类却存在较大争议，如库尔勒香梨（白梨或新疆梨）、砀山酥梨（白梨或沙梨）、苹果梨（白梨或沙梨）等。本章中，将依据长期以来形成的惯例，把这些品种划归入某一系统，请读者查询时注意。值得指出的是，近些年来，国内一些单位利用梨种间杂交培育了许多新品种，如雪青（白梨×沙梨）、寒红（白梨×秋子梨）、五九香（白梨×西洋梨）、龙园洋红（秋子梨×西洋梨）、晚香（西洋梨×秋子梨）、八月红（西洋梨×白梨）等，给目前条件下梨品种的科学分类带来一定困难。对于这些品种，本书将根据母本优先或亲本遗传优势为主的原则，并参考该品种的主要生物学特性（如发枝特性、果实品质特性和树体适应性），将其归为与其中一个亲本最为相似的一类。

第一节　秋子梨系统

一、京白梨

　　又名北京白梨。主要分布在北京和河北省东部，东北及内蒙古自治区也有栽培。树势中庸，树姿开张。定植后 4 ～ 5 年结果。以短果枝结果为主。坐果率高，花序坐果率达95%。果台枝连续结果能力较强，丰产、稳产。无采前落果现象。适应性广，抗寒、抗风力较强，适宜冷凉地区栽培。易感染黑星病。

果实扁圆形。平均单果重121克，最大果重250克以上。果皮黄绿色，成熟后转为黄白色。果面平滑，具蜡质光泽。果皮薄，果点小，少且稀，外观较漂亮。果心中大，果肉乳白色，肉质细脆致密，石细胞少，经7～10天后熟，柔软多汁，易溶于口，味酸甜适口，有香气，可溶性固形物含量13%～17%，品质极上。在北京8月中下旬成熟，果实发育期125天。常温下能贮存20天左右。

二、南果梨

主要分布在东北和内蒙古自治区一带，辽宁省鞍山、海城、辽阳等地较为集中。以面积和产量衡量，南果梨（占总产6%）已成为目前我国梨生产上的主要

彩图1-1　南果梨

品种之一。树势中庸，萌芽力强，成枝力弱。定植后4～5年开始结果，丰产。以短果枝结果为主。抗寒性强，抗黑星病。对土壤等栽培条件要求不严，适宜冷凉及较寒冷地区栽培。

果实圆形或扁圆形。平均单果重58克。果皮黄绿色，阳面有鲜红晕。果面平滑，有光泽，果点小。萼片脱落或宿存。果实采收后即可食用，脆甜多汁，采后经15天左右后熟，肉质柔软易溶于口，汁液特多，甜酸可口，有浓香，石细胞少，可溶性固形物含量15.5%，品质极上。在辽宁省鞍山地区果实9月上中旬成熟。一般可贮存1～3个月（彩图1-1）。

三、大南果梨

由辽宁省鞍山市农林牧业局、鞍钢七岭子牧场、辽宁省果树研究所和沈阳农业大学园艺共同选育，为南果梨的大果型芽变品种。辽宁省已推广栽培，吉林、内蒙古、甘肃等地已引种。幼树生长势旺盛，萌芽力和成枝力均强。一般定植后3年结果，以短果枝结果为主，并有腋花芽结果习性。产量中等，采前落果轻。适应性广，抗寒力强，可耐-30℃低温。抗旱、抗黑星病、抗轮纹病、抗虫能力均强。可在寒冷的东北和西北山区栽培。

果实扁圆形。平均单果重125克，最大果重214克。果皮绿黄色，贮藏后转为黄色。阳面有红晕，果面光滑，具有蜡质光泽。果点小而多。果皮薄，果心小。果肉黄白色，肉质细脆，采收即可食用，经7～10天后熟，果肉变软，呈油脂状，

柔软易溶于口，味酸甜并有香味，可溶性固形物含量15.5%，品质上等。在辽宁省兴城果实9月上中旬成熟。不耐贮运。常温条件下可贮放25天左右，冷藏条件下可贮放至翌年3月底（彩图1-2）。

彩图1-2　大南果梨

四、红南果梨

辽宁省抚顺市特产研究所从南果梨中选出的红色芽变品种。树势中庸健壮，树姿较开张。萌芽力中等，成枝力强。幼树结果以长果枝为主，成龄树以短果枝和短果枝群为主，腋花芽率可达35%左右，短果枝寿命长。果台枝连续结果能力弱。坐果能力较强，花序坐果率89.2%。采前落果轻。容易形成花芽，结果早，丰产。抗寒、抗旱、抗涝、适应性强，可耐−37℃低温。抗黑星病、轮纹病和腐烂病能力较强。抗风力稍差，不耐盐碱。

果实扁圆形，平均单果重125.5克，最大果重346克。采收时，果皮黄绿色，果实阳面鲜红色，覆盖面积65%～70%，色泽鲜艳亮丽。果面平滑光洁，富有光泽，无果锈。果点较大而密，近圆形。萼片脱落或残存。果心较小，果肉乳白色，肉质细，柔软多汁，石细胞少。有特殊香味，可溶性固形物含量17%，品质极上。在辽宁省熊岳果实9月上中旬成熟。常温下可贮藏15天左右，在1～4℃条件下可贮藏至翌年4月份。后熟后最佳食用期为5天左右。

五、鸭广梨

河北省廊坊市的名特果品，栽培历史悠久。树势强健，树姿开张。萌芽力和成枝力均较强，枝条密生。以短果枝结果为主。适应性广，抗逆性强。抗旱、抗涝、耐瘠薄、耐盐碱。抗黑星病、轮纹病和干腐病等病害能力均强。

果实倒卵形或圆形，外观美丽。平均单果重200克，最大果重400克。果皮黄绿色，采收时果肉较硬，石细胞多，果汁中多，存放一段时间后，果肉变软，果汁增多，果面转为鲜黄色。果味甜酸爽口，石细胞少，梨香味浓。可溶性固形物含量14%～16%。在河北省廊坊果实9月中下旬成熟。

六、红宵梨

也称水红宵梨，原产于河北省北部和辽宁省西部。抗寒、抗旱、抗果实轮纹病能力强，但不抗黑星病。

果实倒卵圆形，果面绿黄色，阳面有鲜红晕，着色面积大于1/3。果实鲜艳美观。平均单果重175.5克。果皮薄，较光滑。果肉白色，肉质细嫩，食后无渣，松脆多汁，酸甜适口。可溶性固形物含量 11.7%，品质上等。在辽宁省兴城果实 9 月下旬成熟。果实极耐贮藏，可贮至翌年 5 ～ 6 月。

七、寒红

由吉林省农业科学院果树研究所杂交育成（南果梨×晋酥）。萌芽率高，成枝力中等。自花授粉不结实。幼树长果枝结果比例较高，成龄树短果枝结果为主，并有腋花芽结果习性。定植后 4 ～ 5 年开始结果。抗寒力强，抗黑星病、褐斑病、黑斑病和轮纹病。

彩图1-3　寒红（张茂君）

果实圆形，平均单果重 200 克，最大果重 450 克。果皮底色鲜黄，阳面艳红，外观美丽。肉质细、酥脆多汁，石细胞少，果心中小。味酸甜适口，有香气，可溶性固形物含量 15% 左右，品质上等。在吉林省公主岭果实 9 月下旬成熟。可贮藏 120 天以上（彩图1-3）。

八、寒香

由吉林省农业科学院果树研究所杂交育成（延边大香水×苹香）。树势中庸，萌芽率较高，成枝力强。自花结实率低，以短果枝和腋花芽结果为主。定植后 4 年开始结果，丰产。抗寒力强，适应性广，较抗黑星病。

彩图1-4　寒香（张茂君）

果实近圆形。平均单果重 150 ～ 170 克。果皮绿黄色，阳面有红晕。果点小，萼片宿存。果皮薄，果肉白色。果心小，石细胞少。采收时果肉坚硬，经 10 天后熟，果肉变软，肉质细腻多汁，味酸甜，可溶性固形物含量 16%，品质上等。在吉林省公主岭果实 9 月下旬成熟。耐贮藏（彩图1-4）。

九、尖把王梨

辽宁省果树研究所从普通尖把梨中选出的大果型芽变新品种。幼树树姿直立，树势健壮，萌芽率 80.1%，成枝力较强。以短果枝结果为主，树体的抗寒能力和叶片的抗病能力强。对气候、土质和地势要求不严，在黑龙江省南部和内蒙古自治区南部及其以南的秋子梨产区都可栽植。

果实倒卵圆形，平均单果重 189 克（约为普通尖把梨的 3 倍），最大果重 280

克。采收时果面黄绿色，约经 20 天后熟变成黄白色。果皮薄，果心小，可食率高。果肉白色，肉质细腻，果汁特多，石细胞少。可溶性固形物含量 16%，酸甜适口，香味浓郁，品质上等。果实 10 月上旬成熟。

十、安梨

又称酸梨，在河北省东北部和吉林、辽宁等地栽培较多。适应性广，抗寒、抗涝、抗旱力均强。对黑星病具有极强的抵抗力，寿命长，易丰产，但生理落果较多。

果实扁圆形。平均单果重 127 克。果实黄绿色，贮后变黄色。果面较粗糙，皮厚，果点中大而密。果肉黄白色，采收时肉质粗脆、致密，石细胞多，汁液中多，味酸。10 月中旬果实成熟。果实极耐贮藏和运输，可贮至翌年 5～6 月，经长时间（4～5 个月）贮藏，果肉变软，汁液增多，甜味增加，味酸甜，品质中上等。也可作为冻梨食用。

第二节　白梨系统

一、红太阳

由中国农业科学院郑州果树研究所杂交选育而成（东方梨杂交后代×西洋梨）。树体高大，生长势中庸偏强。萌芽率高（78%），成枝力较强（3～4 个），结果早，以短果枝结果为主，中、长果枝亦能结果。短果枝连续结果能力很强，一般可连续结果 3 年以上。果台副梢抽生能力亦强，每个果台一般可抽生 1～2 个。花序坐果率高达 67%。无采前落果现象，丰产、稳产。喜深厚、肥沃的沙质壤土，在红、黄酸性土壤及潮湿的草甸土、碱性土壤上亦能生长结果。尤其在黄河故道地区不仅品质好，而且着色鲜艳。抗旱、耐涝、抗黑星病能力强。

果实卵圆形，外观鲜红亮丽。平均单果重 200 克，最大果重 350 克。肉质细脆，石细胞较少，汁多味甜。果心较小。香甜适口，可溶性固形物含量 12.4%，品质上等。在河南郑州果实 7 月底成熟，果实发育期为110 天左右。在常温下可贮藏 10～15 天，冷藏条件下可贮存 3～4 个月（彩图 1-5）。

彩图1-5　红太阳（王迎涛）

二、新梨7号

由新疆维吾尔自治区塔里木农垦大学（现塔里木大学）杂交育成（库尔勒香梨×早酥）。树势强健，萌芽率高，成枝力强。容易成花，结果早。一般定植后第3年开始结果，丰产、稳产。无采前落果现象。较耐盐碱，在土壤含盐量0.3%以下的条件下生长良好。较耐瘠薄。较抗黑星病、轮纹病和黑斑病。

彩图1-6　新梨7号

果实卵圆形。平均单果重220克，最大果重360克。果实绿色，表面1/3有红晕，果面光滑，果点中大而密，套袋果几乎不显果点，外观十分美丽。果皮极薄，萼片残存。果肉白色，酥脆多汁，石细胞极少，口感好，果心极小，可溶性固形物含量11.6%～13.5%，品质极优。在山东阳信果实8月上旬成熟。果实极耐贮藏，室温下一般可贮放30～40天，在3℃冷藏条件下可贮至翌年5月。贮藏后果皮变为黄色并带有红晕，外观极佳（彩图1-6）。

三、早魁

由河北省农林科学院石家庄果树研究所杂交育成（雪花梨×黄花梨）。树势健壮，树姿开张，生长旺盛。幼树新梢生长量可达160厘米以上，成龄树新梢长度可达100厘米。萌芽率高（80.73%），成枝力较强，以短果枝结果为主，幼旺树亦有中长果枝结果，并有腋花芽。果台副梢连续结果能力中等。结果早，丰产。抗黑星病能力较强。

果实椭圆形（萼端较细），平均单果重258克，最大果重500克。果面绿黄色，充分成熟呈金黄色。果皮较薄，无锈斑，果点小而密，萼片脱落或残存，果肉白。肉质较细，松脆适口，汁液丰富，风味香甜。果心小，石细胞和残渣少，可溶性固形物含量12.6%，品质上等。在河北省石家庄地区8月初成熟。

四、早酥

由中国农业科学院郑州果树研究所杂交育成（苹果梨×身不知）。树势强健，萌芽力强（84.8%），成枝力较弱（1～2个）。结果早，以短果枝结果为主，连续结果能力强，丰产、稳产。适应性强，抗寒、抗旱、抗黑星病。除极寒冷地区外，华东、西南、西北及华北大多数地区均适宜栽培。

果实多呈卵圆形或长卵形。平均单果重250克，最大果重700克。果皮黄绿或绿黄色，果面光滑，有光泽，并具棱状突起，果皮薄而脆。果点小，不明显，果心较小。果肉白色，肉质细，酥脆爽口。石细胞少，汁液特别多，味淡甜或甜，可溶性固形物含量11%～14.6%，品质上等。果实于8月中旬成熟。常温下可存放1个月左右（彩图1-7）。

彩图1-7　早酥（王迎涛）

五、黄冠

由河北省农林科学院石家庄果树研究所杂交育成（雪花梨×新世纪），是目前我国生产上发展迅速的一个新品种。树势强健，萌芽力强，成枝力中等。定植后2～3年开始结果。以短果枝结果为主，一般每果台可抽生2个副梢，果台副梢连续结果能力强。幼树腋花芽较多，采前落果轻，丰产、稳产。适应性广，抗黑星病能力很强。平均每果台坐果3.5个。适宜在华北、西北、淮河和长江流域栽培。但有些年份，临近果实成熟期遇雨或在贮藏期间，果实易发生"鸡爪病"。

果实椭圆形。平均单果重235克，最大果重360克。果皮绿黄色，果面光洁无锈，果点小，中密，美观。萼片脱落。果心小，果皮薄。果肉洁白，肉质细嫩松脆，汁液多，石细胞及残渣少。风味酸甜适口，具浓郁芳香。可溶性固形物含量11.6%，品质上等。在河北省石家庄果实8月中旬成熟。果实发育期约120天。果实在自然条件下可贮藏20天，冷藏条件下可贮至翌年3～4月份（彩图1-8）。

彩图1-8　黄冠（张建光）

六、雪青

原浙江农业大学园艺系杂交育成（雪花梨×新世纪）。生长势较强，树姿开张。萌芽力和成枝力高，腋花芽多。以短果枝结果为主。丰产、稳产、抗性强。

果实圆形。平均单果重230克，最大果重400克。果皮黄绿色，光滑，外观美。果肉白色，果心小，肉质细脆多汁，味甜，可溶性固形物含量12.5%，品质上等。在河北省保定果实8月中旬成熟，可延迟采收。极耐贮藏。有时大果易出现果面不平整现象（彩图1-9）。

彩图1-9　雪青

七、雪峰

雪峰（雪花梨×新世纪），树势强健，抗逆性强，萌芽力和成枝力强。结果早、丰产、稳产。

果实圆球形，整齐度高。平均单果重 225 ~ 300 克。果皮黄绿色，光滑，果点不明显，外观美观。果肉白色，果心小，肉质细致嫩脆，汁液多，味浓甜，微香，可溶性固形物含量 12.5% ~ 14%，品质佳。在河北省石家庄果实 8 月中下旬成熟，耐贮藏。

八、冀蜜梨

由河北省农林科学院石家庄果树研究所杂交育成（雪花梨×黄花梨）。树势强健，树姿较开张。萌芽率极高。定植后 2 年开始结果。以短果枝结果为主，中、长果枝均可结果。果台一般抽生 2 个副梢，果台副梢连续结果能力强。采前落果轻。抗黑星病能力强。

果实椭圆形，平均单果重 258 克。果皮绿黄色，有蜡质并具光泽，无果锈，果点中大而密，果皮较薄。萼片脱落。果心小，果肉白色，肉质较细，石细胞和残渣含量少，汁液多，可溶性固形物含量 13.5%，风味甜，品质极上。在河北省石家庄果实于 8 月下旬成熟，果实生育期 130 天左右。

九、新梨2号

新疆农二师农业科学研究所从库尔勒香梨优良芽变品种中选出的大果型芽变品种。树势中庸，树姿开张。萌芽力强，成枝力中等。初结果树各类果枝均能结果，盛果期树以短果枝结果为主。腋花芽也能结果。抗寒性强，抗药性较香梨稍差。适应能力强，在我国东北、华北、长江中下游地区均可栽培。

果实椭圆或倒卵圆形。平均单果重 158 克，最大果重 310 克。果面光滑，果点中等大而密。果皮底色为绿色，阳面覆红晕。果肉白色，肉质细，汁多酥脆，石细胞少，风味香甜，可溶性固形物含量 11.5%。品质上等。在新疆维吾尔自治区果实 8 月下旬成熟。果实耐贮藏。在一般土窖中，可贮藏至翌年 1 ~ 2 月份。

十、玉露香

由山西省农业科学院果树研究所杂交育成（库尔勒香梨×雪花梨）。幼树生长势强，结果后树势中庸。萌芽率较高（65.4%），成枝力中等。定植后 3 ~ 4 年结果，易成花，坐果率高，丰产、稳产。但花粉量少，不宜作授粉树。适应性广，对土壤要求不严，抗腐烂病能力强，抗黑星病能力中等。

果实近球形，果形指数 0.95。平均单果重 237 克，最大果重 450 克；果面光洁，细腻具蜡质。阳面着红晕或暗红色纵向条纹，果皮采收时黄绿色，贮后黄色，色泽更鲜艳。果皮薄，果心小，可食率高（90%）。果肉白色，酥脆，无渣，石细胞极少。汁液特多，味甜，清香，口感极佳。可溶性固形物含量 12.5% ～ 16.1%，品质极上。在山西省太谷果实成熟期 8 月底至 9 月初，但 8 月上中旬即可食用，果实发育期 130 天。果实耐贮藏，在自然土窑洞内可贮 4 ～ 6 个月，恒温冷库可贮藏 6 ～ 8 个月（彩图 1-10）。

彩图1-10　玉露香（王迎涛）

十一、红香蜜

由中国农业科学院郑州果树研究所杂交育成（库尔勒香梨×郑州鹅梨）。幼树生长强健，进入盛果期树势中庸。枝条开张，萌芽率低，成枝力中等。以中短果枝结果为主，果台枝抽生能力中等，连续结果能力不强。平均每果台坐果 1.6 个，采前落果轻，较丰产稳产。抗病性较强。

果实近纺锤形或倒卵圆形，外观漂亮。平均单果重 235 克，最大果重 670 克，果实底色黄绿色，阳面着鲜红色晕。果面光洁，无锈，果点较大，部分果实萼端具棱状突起。肉质细，酥脆，石细胞少，汁液多，可溶性固形物含量 13.5% ～ 14%，风味甘甜，浓香可口，品质极上。在河北省遵化果实 8 月下旬至 9 月上旬成熟。果实耐贮藏，室温下可贮放 30 多天。

十二、硕丰

由山西省农业科学院果树研究所杂交育成（苹果梨×酥梨）。树姿较开张。定植后 3 ～ 4 年开始结果。结果初期中、长果枝较多。大量结果后以短果枝结果为主，腋花芽结果能力较强。果台枝抽生能力强，健壮果台一般可抽生 1 ～ 3 个中、长枝，连续结果能力强。花序坐果率高，丰产、稳产。较抗寒，对气候、土壤的适应范围较广，抗黑星病。

果实近卵形或阔倒卵形。平均单果重 250 克，最大果重 950 克。果面光洁，具蜡质，果皮绿黄，具红晕或近于满面红色。果点细密，淡褐色。萼片宿存或脱落。果心小，果肉白色，质细松脆，石细胞少，汁液特多，味甜或酸甜，具香气，可溶性固形物含量 11.2% ～ 14%，品质上等。果实 9 月初成熟，但 8 月下旬即可食用。果实耐贮藏，在土窑洞内可贮至翌年 4 ～ 5 月份。最适食用期为 9 月初至翌年 5 月份。

十三、红香酥

由中国农业科学院郑州果树研究所杂交育成（库尔勒香梨×郑州鹅梨）。树势较强。萌芽力强，成枝力中等，延长枝剪口下可抽生 3 ～ 4 个长枝。以短果枝结果为主。果台枝抽生能力中等。连续结果能力较强。花序坐果率 89%。早果性极强，定植后 2 年即可结果。适应性较广，丰产稳产，高抗黑星病。但有些年份在北方梨产区易出现花芽受冻僵芽现象。适宜在我国西北黄土高原地区、川西、华北及渤海湾地区种植。

果实纺锤形或长卵圆形，果形指数 1.27。平均单果重 220 克，最大果重 480 克。萼片脱落或宿存，部分果实萼端稍突起。果面洁净光滑，具蜡质，果点中等，较密，无锈斑。果皮底色绿黄色，2/3 果面鲜红色。果肉白色，肉质致密细脆，石细胞及残渣较少，汁液多，味香甜，可溶性固形物含量 13.5%，品质极上。在河南省郑州果实于 9 月中旬成熟。果实发育期约 140 天。采后贮藏 20 天左右，果实外观更加艳丽。果实较耐贮运。常温下可贮藏 3 个月，在冷藏条件下可贮至翌年 3 ～ 4 月份（彩图 1-11）。

彩图1-11　红香酥

十四、鸭梨

我国古老的优良品种之一，原产于河北省，主要分布在河北、辽宁、山东、河南、江苏、陕西、安徽和四川等省。该品种有几个大果型和自花结实芽变品种（如大鸭梨、金坠梨等）。以面积和产量衡量，鸭梨（约占总产量的 12%）是目前我国梨生产上的第二大品种。适应性强，较抗寒，适宜沙壤土栽培。

果实呈倒卵形或短葫芦形，果梗部向一方隆起，果肩一侧常具有鸭嘴状突起，且有锈斑。平均单果重 160 ～ 200 克。果皮绿黄色，贮藏后转为黄色，果点小，果面平滑，有蜡质光泽。果实皮薄，果肉白色，肉质细嫩而脆，汁液极多，味甜微香，可溶性固形物含量 11% ～ 13.8%，品质上等。在河北省中部地区果实 9 月中旬成熟。较耐贮藏，一般可贮至翌年 2 ～ 3 月份（彩图 1-12、彩图 1-13）。

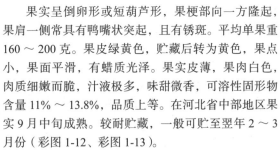

彩图1-12　鸭梨

十五、茌梨

原产于山东茌平，主要分布在山东莱阳、栖霞一带，华北各地均有栽培。树势强健，幼树成枝力强，

彩图1-13　金坠梨

成年树成枝力中等。定植后 4 ～ 6 年开始结果，以短果枝结果为主，腋花芽及中、长果枝结果能力很强，丰产性强。采前落果较重。抗寒力弱，-22℃枝条有冻害，-27℃时地上部冻死。对黑星病、食心虫、药害和风害的抵抗力均较弱。适于在稍冷凉的地区栽培，喜沙壤土。

果实近纺锤形，肩部常出现一侧凸起。平均单果重 225 克。采收时果皮黄绿色，贮藏后转为绿黄色。果点大而突出，果皮锈斑多，果面粗糙，不甚美观。萼片脱落或残存。果心中大，果肉淡黄白色，果肉细腻酥脆，汁多味甜，可溶性固形物含量 13% ～ 15.3%，品质上等。在山东莱阳果实 9 月中下旬成熟，果实发育期 138 天。耐贮藏，常温下可贮藏至翌年 1 ～ 2 月份（彩图 1-14）。

彩图 1-14 茌梨

十六、雪花梨

主要分布在河北省平原梨产区，以赵县栽培最多。萌芽力和成枝力均较强。定植后 2 ～ 4 年结果，较丰产。以短果枝结果为主，中、长果枝及腋花芽结果能力较强。短果枝寿命较短，连续结果能力差，结果部位易外移。适应性强，喜肥水，在平原沙地栽培产量高、品质好。抗病虫能力较强，抗寒、抗旱力也较强，抗风、抗药能力较差。

果实长卵形或长椭圆形。平均单果重 300 克，最大果重 1500 克。果皮绿黄色，皮细而光滑，有蜡质，贮藏后变鲜黄色。果点褐色，较小而密，分布均匀，脱萼。果心小，果肉白色，石细胞稍多，果肉稍粗糙，脆而多汁，有微香，味甜，多汁，可溶性固形物含量 11% ～ 13%，品质中上等。在河北省赵县 9 月中下旬成熟，耐贮运，可贮存至翌年 2 ～ 3 月份。

十七、砀山酥梨

原产于安徽砀山，又名酥梨、砀山梨。主产安徽砀山及河南宁陵、永城等地，为我国中部地区栽培的优良品种之一。以面积和产量衡量，砀山酥梨（占总产量 24%）是目前我国梨生产上的第一大品种。该品种有多个品系，如白皮酥、青皮酥、金盖酥和伏酥等，其中以白皮酥品质最好。树势较强，萌芽率高（82%），成枝力中等。定植后 4 ～ 5 年开始结果，以短果枝结果为主，腋花芽结果能力强。果台可抽生 1 ～ 2 个副梢，连续结果能力弱。较抗寒，适于冷凉地区栽培。抗旱、耐涝性也较强，抗腐烂病、黑星病能力较弱。适宜黄河故道和新疆维吾尔自治区的沙荒和盐碱地上栽培。

果实近圆柱形，顶部平截稍宽。平均单果重 239 ～ 270 克，最大果重 500

克。果皮绿黄色，贮藏后转变为黄色，果点小而密，果肩部位常有零星小锈斑。萼片多脱落。果心小，果肉白色，肉质较粗而酥脆，汁液多，味甜，可溶性固形物含量11%～14%，品质上等。在安徽省砀山果实9月中下旬成熟，果实发育期126天（彩图1-15）。

彩图1-15　砀山酥梨

十八、秋白梨

又名白梨。原产于河北省北部，主要分布在我国东北和河北省北部。栽植后6～7年结果。以短果枝结果为主，腋花芽也能结果。果台枝连续结果能力较差。结果部位易外移。适应性广，耐旱，抗寒，适于山地栽培。抗黑星病能力较强，但抗风、抗病虫能力较差。

果实长圆或椭圆形。平均单果重150克。果皮黄色，有蜡质光泽，皮较厚。果点小而密，萼片脱落。果肉白色，质地细脆，汁多浓甜，无香味，果心小，品质上等。9月下旬成熟，耐贮藏和运输。可贮存至翌年5～6月。

十九、库尔勒香梨

产于新疆维吾尔自治区南疆各地，以库尔勒地区较为著名，是我国西北地区的最优良品种。以面积和产量衡量，库尔勒香梨（占总产量5%）已成为目前我国梨生产上的主要品种之一。树势强健，萌芽力中等，成枝力强。定植后3～4年开始结果，以短果枝结果为主，腋花芽和长、中果枝结果能力亦强。丰产、稳产。适应性广，沙壤土、黏重土均能栽培。抗寒性较强，耐旱，但-22℃时部分花芽受冻，-30℃时受冻严重。抗风力较差。

果实纺锤形或倒卵圆形。平均单果重104～120克，最大果重174克。果皮黄绿色，阳面有暗红晕。果面光滑，果点极小，不明显。果皮薄。萼片脱落或残存。果心较大，果肉白色，肉质细腻多汁，松脆，味甜，有浓郁芳香，可溶性固形物含量13.4%～15%，品质极上。在新疆维吾尔自治区库尔勒果实9月下旬成熟。可贮存至翌年4月（彩图1-16）。

彩图1-16　库尔勒香梨结果状
（何天明）

二十、锦丰梨

由中国农业科学院果树研究所杂交育成（苹果梨×茌梨），我国北方各地区均有栽培。树势强健，萌芽力、成枝力均强。定植后3～4年结果，丰产、稳产。幼树各类结果枝均可结果，大树以短果枝结果为主，中、长果枝和腋花芽也有结果能力。花序坐果率82%，花朵坐果率中等。果台连续结果能力弱。无采前落果现象。抗寒力强，适于冷凉地区栽培。对土壤条件要求较严，喜深厚沙壤土。抗黑星病能力较强，对肥水要求较高。

果实近圆形。平均单果重280克，最大果重451克。果皮黄绿色，贮后转为黄色。果面平滑，果点大而明显，果心小，肉质细脆，汁液特别多，风味浓郁，酸甜适口，可溶性固形物含量12%～15.7%，品质极上。果实9月下旬成熟。最佳食用期可达5～7个月。耐贮藏，可贮存至翌年5月。贮后果实风味更佳（彩图1-17）。

彩图1-17 锦丰梨

二十一、中梨3号

由中国农业科学院郑州果树研究所杂交育成（大香水×鸭梨），又名中华玉梨。生长势强，萌芽率高。结果早，一般栽后2～3年即可结果。以短果枝结果为主，连续结果能力强，丰产、稳产。适应性广，抗旱、耐寒、抗病。

果实粗颈葫芦形或卵圆形。平均单果重300克，最大果重600克。果面光滑洁净，果皮黄绿色，果点小，萼片脱落。套袋果果面洁白如玉，外观极美。果肉乳白色，肉质细嫩酥脆，果心极小，石细胞无或极少，汁液多，甘甜爽口，清香味浓，可溶性固形物含量12%～13.5%，品质极上。切开后放置48小时果肉不变褐。在河南省郑州果实9月下旬成熟，极耐贮藏，常温下可贮藏5个月。土窖洞内可贮藏到翌年6～7月，果肉不糠心，果皮不变色（彩图1-18）。

彩图1-18 中梨3号（王迎涛）

二十二、秦酥梨

由陕西省果树研究所杂交育成（砀山酥梨×黄县长把梨）。树势强健，树姿直立，进入结果期较晚。短果枝结果为主，丰产、稳产。适应性、抗逆性均较强。

果实圆柱形，平均单果重285克，最大果重743克。果皮绿黄色，有光泽，外观较美，果心特小，肉质细而松脆，汁多味甜，可溶性固形物含量10%～14.5%。在陕西省西安果实9月下旬成熟。

二十三、苹果梨

彩图1-19　苹果梨

在我国北方分布广泛，尤以吉林省延边地区栽培比较集中。树势强健，萌芽力强，成枝力中等。成年树以短果枝为主。定植后3年结果，丰产性强。抗寒，能耐-36℃低温。喜深厚沙质壤土。抗旱、抗黑星病、抗涝力强，但抗风、抗病虫、抗药力较差。

果实呈不规则扁圆形。平均单果重250克，最大果重600克。果面黄绿色，阳面有红晕，外形似苹果。果心小，肉质细脆，汁多，酸甜适度，微带香气，可溶性固形物含量12.8%，品质中上。在吉林省延边果实9月下旬至10月上旬成熟，耐贮藏。可贮存至翌年5～6月（彩图1-19）。

二十四、金花4号

彩图1-20　金花4号（王迎涛）

原四川农学院和金川县共同从金花梨中选出的优良芽变品种。树势健壮，萌芽率87.8%，成枝力弱，一般剪口下抽生1～2个长枝。早果性强，定植后2～3年开始结果。以短果枝结果为主。自花结实率低。适应性广，耐湿，抗旱，丰产稳产。抗寒性较强，能抗-20℃低温。对黑星病、轮纹病和食心虫抗性较强。

果实椭圆形或长卵圆形。平均单果重415～462克，最大果重1400克以上。果皮绿黄色，果面光洁，贮后转为黄色。果面平滑，有蜡质光泽。果点中大，中多，圆形或点状，黄褐色。萼片脱落。果心小，果肉白色，肉质较细，松脆多汁，石细胞少，味甜。可溶性固形物含量12.7%～17%。品质中上。在河北省北部果实10月上中旬成熟。果实发育期159天。果实耐贮运，一般可贮藏至翌年4～5月份（彩图1-20）。

二十五、苏翠1号

由江苏省农业科学院果树研究所杂交选育（华酥×翠冠）。树势强健，树姿较开张，枝条成枝力强，易形成腋花芽。叶长椭圆形。每花序花5～7朵，花粉量多。结果早，丰产，稳产。属非常优良的早熟梨品种。

果实卵圆形，平均果重 260 克。果面平滑，蜡质多，果皮黄绿色，果锈少或无，果点小疏。梗洼中等深度。果心小，果肉白色，肉质细脆，石细胞少或无，细嫩化渣，汁液多，味甜，品质优良。果实生育期 105 天，重庆地区 6 月中下旬成熟，耐贮运。

二十六、佛见喜

起源于燕山山脉地区的古老地方品种，原产于河北省兴隆县和北京市平谷区一带。2016 年"茅山后佛见喜梨"获得了农业部农产品地理标志认证。树势中等，树姿半开张，萌芽力强，成枝力中等。以短果枝结果为主，连续结果能力中等。丰产，稳产。需配置授粉树，与黄冠、红香酥、鸭梨、雪花梨等可互为授粉品种。

果实扁圆形。平均单果重 298.3 克，果面较光滑，果顶有 5 条浅棱沟。套袋果果皮绿黄色，阳面有鲜红晕。果点小而密，棕红色。果柄中等长，基部肉质化。柄洼深度中等，萼洼深，中阔，萼片脱落。果心小，3～5 心室。果皮厚度中等。果肉白色，肉质较细、脆，汁液多，味甜、微香。可溶性固形物含量 15.0%，品质上等。果实发育期 186 天，北京地区 10 月中旬成熟。果肉抗氧化，果实切开后，室内放置 1 天剖面不变色。耐贮运，常温下可贮藏 30 天以上，在冷库可贮藏至第 2 年 6 月份。

二十七、山农酥

由山东农业大学杂交选育（新梨 7 号×砀山酥梨）。果实大，纺锤形，平均单果重 460 克，最大单果重 738 克。果实底色黄绿色，果面光滑。果梗斜生，梗洼深度浅。萼片宿存，呈聚合态，萼洼隆起。果肉白色，质地细密，酥脆，汁多味甜，具香味，可溶性固形物含量 12.7%，品质优良。在山东省冠县 4 月上旬开花，9 月底果实成熟，果实发育期 175 天左右。对黑星病、轮纹病及叶斑病、褐斑病等病害具有较强抗性。坐果率高，丰产性强，属大果型优质晚熟梨新品种。

第三节　沙梨系统

一、七月酥

由中国农业科学院郑州果树研究所杂交育成（幸水×早酥）。树势较强，成枝力弱，萌芽力中等。以短果枝结果为主，中、长果枝甚少。结果早，定植后 3 年开始结果。花序坐果率高达 95% 以上，较丰产。果台枝抽生能力弱，连续结果能力中等。生理落果及采前落果均不严重。适应性强，抗逆性中等，较抗旱、耐涝、耐盐碱，但易感染早期落叶病和轮纹病，在年降水量800毫米以上地区不宜大量栽培。

果实卵圆形。平均单果重220克，最大果重520克。果面洁净，蜡质中多。果皮翠绿色，细薄而光滑，贮后变为金黄色，果点较小而密，分布均匀。萼片多数脱落，稍有残存。果心小，果肉白色，肉质细嫩而松脆，汁多，石细胞极少，味酸甜可口，可溶性固形物含量12%～14%，品质上等。在河南省郑州果实于7月上旬成熟，果实发育期75天左右。不耐贮藏，常温下可存放2周。

二、初夏绿

由浙江省农业科学院园艺研究所杂交育成（西子绿×翠冠）。树势健壮，树姿较直立。结果早，花芽极易形成。长果枝结果性能良好。坐果率高。果实成熟期早。抗逆性较强。

果实长圆形或圆形。平均单果重350克，最大果重500克以上。果面光洁翠绿，果皮光滑，果锈少，果点中大。果肉白色，肉质细嫩，汁液多，果心小，无石细胞，可溶性固形物含量11%左右，品质优良。在浙江省杭州果实7月中旬成熟，果实发育期105天。果实较耐贮运。

三、早美酥

由中国农业科学院郑州果树研究所杂交培育而成（新世纪×早酥）。树姿较直立，萌芽率高，成枝力弱，延长枝短截后可抽生2～3个长枝。定植后3年开始结果，以短果枝结果为主，中、长果枝也可结果。果台连续结果能力较强，无采前落果现象，丰产、稳产。抗旱、耐涝、耐高温多湿。抗寒力中等，可耐−23℃低温。对轮纹病、黑斑病和腐烂病抗性较强。适宜在长江流域、华南、华北、西北和西南等地栽培。

果实近圆形或卵圆形。平均单果重250克，最大果重540克。果面光滑，蜡质厚，果点小而密，黄绿色，采后10天变为鲜黄色，无果锈。萼片部分残存，外观美。果心较小，果肉乳白色，肉质细脆，采后半个月肉质松软。果肉细，石细胞少，汁液多，可溶性固形物含量11%～12.5%。酸甜适口，无香味，品质上等。在河南省郑州果实于7月中旬成熟。货架寿命为20天，最适食用期限为15天。常温下可贮藏20天，冷藏条件下可贮藏1～2个月。

四、西子绿

由原浙江农业大学园艺系杂交育成［新世纪×（八云×杭青）］。树姿开张，生长势中庸，萌芽率和成枝力中等，以中、短果枝结果为主。定植后 3 年开始结果。花期较晚，可躲避早春霜冻。抗性中等，在高温、高湿地区易感染枝枯病，栽培时宜加强土肥水管理，增强树势。

果实扁圆形，果形端正，似苹果。平均单果重 190 克，最大果重 300 克。果皮浅绿色，充分成熟后变为金黄色，果皮光滑，有光泽，洁净无锈，果点小而少，外观极佳。果肉白色，肉质细嫩，汁多味甜，可溶性固形物含量 12%，品质优良。在浙江省杭州地区果实于 7 月中旬成熟（彩图 1-21）。

彩图1-21　西子绿（张玉星）

五、玛瑙梨

由中国农业科学院郑州果树研究所杂交育成（早酥梨×新世纪）。树势健壮，成枝力中等，萌芽力强，早果性强。自花结实力弱，需配置授粉树。对肥水条件要求较高，丰产、稳产。适应性广，抗黑星病、轮纹病能力强。

果实倒卵圆形。平均单果重 260 克，最大果重 420 克。初采收时果实黄绿色，贮后或完全成熟时果面金黄色，果点小，中密，外观极美。味甜微酸，具香气，品质极上。在山东省泰安果实 7 月中下旬可上市，8 月初果实完全成熟。

六、爱甘水

爱甘水（长寿×多摩）属日本品种。树势中庸，树姿较开张，干性较弱，萌芽力较强，成枝力中等。幼树以长、中果枝结果为主，成年树以短果枝结果为主。进入结果期早，定植次年即可开花结果。高抗黑星病和黑斑病。

果实圆形或扁圆形。平均单果重 250 克，最大果重 800 克。果皮薄，褐色，无果锈，有光泽。套袋后果面黄色，光洁，果点小而密，外观极美。果肉乳白色，肉质极细，汁液特多，品质极上，可溶性固形物含量 14%。在河北省深州果实 7 月下旬成熟（彩图 1-22）。

七、翠冠

由浙江省农业科学院园艺研究所杂交育成［幸水×（杭青×新世纪）］，是我国南方地区发展的主要品种之一。以面积和产量衡量，

彩图1-22　爱甘水（张玉星）

彩图1-23 翠冠（王迎涛）

翠冠（占总产量7%）已成为目前我国梨生产上的主要品种之一。树势强健，树姿较直立。结果早，花芽较易形成，丰产性好。适宜在华东、华南、华中和西南等沙梨适栽地区栽培。

果实近圆形或长圆形。平均单果重230克，最大果重500克。果面洁净，无果锈。果皮细薄，黄绿色，平滑，有少量锈斑。果肉白色，肉质细嫩松脆，汁多味甜，果心较小，石细胞极少，可溶性固形物含量12%～13.5%。在浙江省杭州地区果实7月下旬至8月上旬成熟（彩图1-23）。

八、中梨1号

由中国农业科学院郑州果树研究所杂交育成（新世纪×早酥），俗称绿宝石。生长势较强，萌芽率较高（68%），成枝力中等（2～3个）。早果丰产性好。适应性强，耐高温、多湿环境。在前期干旱少雨、果实膨大期多雨的年份，有轻微的裂果现象发生。

彩图1-24 中梨1号（张玉星）

果实近圆形或扁圆形。平均单果重220克，最大果重450克。果皮黄绿色，果面较光滑，果点稀少，外观漂亮。萼片脱落，果形正。果心大小中等。果肉乳白色，肉质细脆，石细胞少，汁液多，风味甘甜可口，有香味，可溶性固形物含量12%～13%，品质极上等。在河南省郑州果实于7月中旬成熟。成熟后可一直延迟到8月上中旬采收，不落果。果实货架寿命20天。在冷藏条件下，果实可贮藏2～3个月（彩图1-24）。

九、幸水

幸水（Kousui）是日本主栽品种，目前在我国南北方许多地区都有栽培。树势中庸，萌芽力中等，成枝力弱。结果早，以短果枝结果为主。果台副梢抽生能力中等，较丰产、稳产。适应性较强，抗黑星病、黑斑病能力强，抗旱、抗风力、抗寒性中等。对肥水条件要求较高，适宜长江中下游地区发展。

果实扁圆形。平均单果重165克，最大果重330克。果皮黄褐色，果面稍粗糙，果点大而多。萼片脱落。果心小或中大，果肉白色，肉质细嫩，汁液特别多，石细胞少，味浓甜，有香气，可溶性固形物含量11%～14%，品质上等。在辽宁省兴城果实 8 月中旬成熟。不耐贮藏。常温下可贮存 1 个月左右。

十、丰水

由日本农林省果树试验场杂交育成 [（菊水×八云）×八云，Housui]。以面积和产量衡量，丰水（占总产量 7%）已成为目前我国梨生产上的主要品种之一。幼树生长旺盛，萌芽力强，成枝力低。以短果枝结果为主，中、长果枝也可结果。连续结果能力强，易丰产。花芽极易形成，花量大，坐果率高。抗黑斑病和轮纹病。适应性广，丘陵地、沙滩地、平原均可栽培。

彩图1-25　丰水（张玉星）

果实圆形或扁圆形。平均单果重 236 克，最大果重 530 克。萼片脱落。果皮黄褐色，果点大而多，外形美观。果心小。果肉淡黄白色，肉质细嫩，柔软多汁，风味浓甜，石细胞极少，可溶性固形物含量 13.6%，品质上等。在河南省郑州果实于 8 月中旬成熟，果实发育期约为 120 天，但不耐贮藏（彩图 1-25）。

十一、黄花梨

原浙江农业大学园艺系杂交育成（黄蜜梨×早三花梨）。浙江、江苏、湖北、湖南等地均有栽培。以面积和产量衡量，黄花梨（占总产量 6%）已成为目前我国梨生产上的主要品种之一。树势强健，萌芽力强，成枝力中等。定植后 2 ～ 3 年开始结果。以短果枝结果为主，丰产、稳产。

果实圆锥形，平均单果重 130 ～ 200 克。果皮黄褐色，果面粗糙。萼片宿存。果心中大，果肉白色，肉质较粗，松脆，汁多，味甜，可溶性固形物含量 13.1%，品质上等。在浙江杭州果实 8 月中旬成熟。果实发育期 125 天。

十二、圆黄

由韩国园艺研究所杂交育成（早生赤×晚三吉，Wonhwang）。树势旺盛，树姿半开张。萌芽力强，成枝力中等。以短果枝结果为主，花芽容易形成，果台副梢抽枝能力强。抗黑斑病能力强。栽培管理容易，适合华中、华北及长江以南地区栽培。结果后树势易衰弱，需要肥水较多。

果实扁圆形，外形美观。平均单果重 380 克，最大果重 630 克。果皮锈褐色，果点大而多。果心中大。果肉为透明的纯白色，肉质细腻，柔软多汁，味甘甜，并有奇特的香味。石细胞极少，可溶性固形物含量 15% ～ 16%，品质极佳。在河

北省保定果实于8月中下旬成熟，果实发育期约为120天。不耐贮藏，常温下可贮藏30天（彩图1-26）。

彩图1-26　圆黄（张玉星）

十三、金二十世纪

由日本农林水产省放射线育种场用γ射线辐射二十世纪梨苗木诱发育成。树势强，枝条粗，节间短。以短果枝结果为主，腋花芽着生数量少。花期和果实成熟期稍晚于二十世纪。结果早，丰产。对黑斑病抗性极强。不易患心腐病和蜜病，不易裂果。

果实圆形或长圆形。平均单果重240克，最大果重410克，果皮黄绿色，晶莹剔透，外观极美。果点大，分布密，果面有果锈。果心短小，纺锤形。果肉黄白色，肉质细软，果汁多，有香味，可溶性固形物含量10%，品质中上等。在山东省泰安果实8月下旬成熟。耐贮藏。

十四、苍溪雪梨

又名苍溪梨或施家梨，原产于四川省苍溪县，为我国沙梨系统中最著名的品种之一。四川省栽培较多，陕西省、湖北省有少量栽培。定植后3～4年结果，较丰产。以短果枝结果为主，长果枝、腋花芽结果能力弱。适于温热湿润地区栽培，宜密植。抗风、抗病虫能力较弱。

果实多呈长卵圆形或葫芦形。平均单果重472克，最大果重1900克，果皮深褐色，果点大而多、明显，萼片脱落。果面较粗糙，果肉白色，果肉脆嫩，石细胞少，汁液多，风味甜，果心小，品质中上。在四川省苍溪果实8月下旬至9月上旬成熟，可贮存至翌年1～2月。

十五、美人酥

由中国农业科学院郑州果树研究所与新西兰皇家园艺与食品研究所合作杂交育成（幸水×火把梨）。树势中庸，萌芽率高，成枝力较强。以中、短果枝结果为主，腋花芽也可结果。短果枝寿命较长。幼树定植后3年即可结果。花序坐果率高，易丰产。适应性广，抗性较强。

果实卵圆形。平均单果重220克，最大果重482克。果实底色淡绿黄色，阳面着淡红色。果肉白色，肉质细嫩、松脆，汁液多，味酸甜适口，稍有涩味。果心较小，石细胞少，可溶性固形物含量11.8%，品质中上或上等。在河南省郑州果实8月底至9月初成熟。常温下果实可贮藏25天左右。

十六、红酥脆

由中国农业科学院郑州果树研究所与新西兰皇家园艺与食品研究所合作杂交育成（幸水×火把梨），又称红蜜。树势较强，成枝力中等，萌芽率高。以短果枝结果为主，中、长果枝及腋花芽亦可结果。短果枝寿命较长。幼树定植后3年即可开花结果。

果实圆形或近圆形。平均单果重290克，最大果重482克，成熟时果实底色暗绿黄，阳面有红晕。果肉白色，肉质细，酥脆，汁极多，渣少，味甜，有淡涩味。果心很小，石细胞少，可食率高，可溶性固形物含量11.5%，品质中上等。在河南省郑州果实9月上旬成熟，常温下果实可贮藏1个月左右（彩图1-27）。

彩图1-27　红酥脆（张建光）

十七、满天红

由中国农业科学院郑州果树研究所与新西兰皇家园艺与食品研究所合作杂交育成（幸水×火把梨）。树势强旺，成枝力较弱，萌芽力强。以短果枝结果为主，中长果枝及腋花芽亦可结果。短果枝寿命较长。幼树定植后3年即可开花结果。

果实近圆形或扁圆形。平均单果重290克，最大果重482克。成熟时果实底色绿黄，全果面有红晕。果肉淡白色，肉质酥脆。汁极多，味酸甜，有淡涩味。果心很小，石细胞亦少，可溶性固形物含量11.6%，品质中上或上等。贮藏后风味更浓。在河南省郑州果实于9月上旬成熟。果实较耐贮藏（彩图1-28、彩图1-29）。

彩图1-28　满天红（张建光）

彩图1-29　满天红梨结果状（张建光）

十八、华山

彩图1-30 华山

由韩国园艺研究所杂交育成（丰水×晚三吉，Whasan）。树势中庸，树姿开张，萌芽力中等，成枝力较强。成花容易，腋花芽结果能力强。丰产、稳产、抗旱、抗瘠薄能力强。

果实圆形。平均单果重500克，最大果重800克以上。果皮黄褐色，套袋后为金黄色。果肉白色，肉质细脆，汁多，石细胞极少，果心小，味美可口，可溶性固形物含量16%～17%，品质佳。在北京市果实于9月上中旬成熟。果实较耐贮藏，可贮藏120天左右（彩图1-30）。

十九、黄金梨

由韩国国家研究所园艺场罗州支场杂交育成（新高×二十世纪，Whangkeumbae）。以面积和产量衡量，黄金梨（占总产量6%）已成为目前我国梨生产上的主要品种之一。幼树生长旺盛，树姿较开张。结果早，极易成花，丰产性好。因雄蕊退化，花粉量极少，不能给其他品种授粉。对黑星病、黑斑病抗性较强。适应性强，但生长和结果对肥水的要求较高。

彩图1-31 套袋黄金梨（张玉星）

果实圆形或长圆形，果形端正。平均单果重430克，最大果重750克。果面绿色，充分成熟后变为金黄色。套袋果绿白色，无果锈，美观。果皮薄而细嫩，果面光洁。果点小，圆形，淡黄褐色。果心小，果肉白色，肉质细腻，果汁多而甜，具有清香气味，可溶性固形物含量14%～16%。果实充分成熟后，香味浓，果皮呈金黄色，品质上等。在山东省威海果实9月中下旬成熟。耐贮运，常温下贮藏期为30～40天，在冷藏条件下（0～5℃），可贮藏6个月（彩图1-31）。

二十、新高

由日本神奈农业试验场杂交育成（天之川×今村秋，Niitaka）。幼树生长势强健，枝条粗壮。萌芽率高，成枝力弱，一般剪口下抽生1～2个长枝。以中、短果枝结果为主，长果枝也能结果，连续结果能力强。极易形成花芽。花序坐果率为 80%，花朵坐果率 40% 以上。早果、丰产性很强。采前落果轻。自花结实率低，需配置授粉树。抗病力强，适应性广泛。

彩图 1-32　新高（张建光）

果实扁圆形，平均单果重 302 克，果形指数 0.87。果皮褐色，果面较光滑，果点中等大小，密集，萼片脱落。果肉乳白色，中等粗细，肉质松脆。果心小，圆形，石细胞及残渣少，汁液多，风味甜，可溶性固形物含量 13% ～ 14%。品质上等。在河北省中南部 9 月下旬至 10 月上旬成熟。耐贮藏，且果实切开后果肉不易变褐（彩图 1-32）。

二十一、秋黄

由韩国园艺研究所杂交育成（今村秋 × 二十世纪，Chuwhangbae）。树势强健，萌芽力强，成枝力中等。结果较早，以短果枝结果为主，腋花芽容易形成。花粉量多，多作为授粉树。较抗黑斑病和黑星病。

果实扁圆形，平均单果重 365 克，最大果重 590 克。果皮黄褐色，果面粗糙，果点中大，较多。萼片脱落。果心中等大。果肉白色，肉质细嫩。多汁，味浓甜，有香气，石细胞少，可溶性固形物含量 13% ～ 14.5%，品质极上等。在河南省郑州果实于 9 月中下旬成熟，果实发育期约为 175 天。在常温下可贮藏 2 个月，低温下可贮 150 天以上。

二十二、大果水晶

大果水晶（Suisho）是由韩国从新高梨枝条芽变中选育而成的品种，也称金水晶。树势强健，成枝力中等。结果早，丰产、稳产。以短果枝群结果为主，腋花芽结果能力强。花序坐果率高达 90%，花朵坐果率在 25% 以上，丰产性极好，无采前落果现象。高抗黑星病、炭疽病、轮纹病等。适应性强、抗寒、抗旱、耐瘠薄。

果实近圆形或圆锥形，大小整齐，果形端正。平均单果重 480 克，最大果重 850 克。果皮前期为深绿色，成熟时为乳黄色，晶莹光亮，有透明感，外观美丽。果肉细腻嫩脆，白色至金黄色透明状，果心小，多汁，石细胞极少，味甘甜，可溶性固形物含量 14% ～ 16%，品质极上。在山东省泰安果实 9 月底至 10 月初成熟，可延迟采收不落果。耐贮运，常温下可存放 70 天左右，冷藏条件下可贮存至翌年 4 月份（彩图 1-33、彩图 1-34）。

彩图1-33　大果水晶　　　彩图1-34　套袋大果水晶（张玉星）

二十三、晚三吉

晚三吉（Okusankichi）属日本品种，在长江中下游两岸地区栽培较多，现青海省民和、河北省遵化、山东省等地栽培表现亦好。树体矮小，适宜密植。耐旱、耐涝、较耐寒，较抗黑星病。易感染轮纹病和黑斑病，对肥水要求较高。

果实卵圆形或略扁圆形，萼片宿存。平均单果重一般在250克以上。果皮褐色，果肉白色，质地致密，细脆，汁多味甜，可溶性固形物含量12.4%。果实10月上旬成熟，耐贮藏。

二十四、晚秀

由韩国园艺研究所杂交育成（甜梨×晚三吉）。树势强健，树姿直立，枝条粗壮。花芽饱满。萌芽率低，成枝力强。定植后第3年开始结果，长枝缓放，容易形成短果枝。花序坐果率高。

果实近扁圆形，平均单果重660克。果面光滑，果皮黄褐色，果顶平而圆，果点较大而少。果面有光泽，萼片脱落。果皮中厚，果肉白色，石细胞极少，果肉硬脆，质细多汁，风味好，品质极上。采后存放1个月风味更好。在华北地区果实10月上旬成熟。

二十五、爱宕

由日本冈山县龙井种苗株式会社杂交育成（二十世纪×今村秋，Atago）。树势强健，树姿直立。萌芽力强，成枝力中等，容易形成短果枝。以短果枝和腋花芽结果为主，易形成花芽。早果、丰产性强。自花结实率高。抗黑斑病、黑星病能力强。但果实抗风力较差，成熟期如遇大风易造成采前落果。

果实略扁圆形，但果实过大时果形不端正。平均单果重450克，最大果重

2100 克。果皮黄褐色，较薄，表面光滑，果点较小。果肉白色，肉质松脆，石细胞少。风味甘甜可口，多汁，无石细胞，果心小，成熟后有香味，可溶性固形物含量 13% 左右，品质上等。在河南省郑州果实于 10 月中旬成熟。果实较耐贮藏。

二十六、秋月

彩图1-35　秋月

秋月［（新高×丰水）×幸水］属日本品种。树势较强，树姿较开张，萌芽率低，成枝力较高，易形成短果枝，一年生枝条顶端易膨大呈球形，一年生枝长放后极易形成腋花芽。对肥水要求较高，如管理不好，易出现木栓化果肉现象。

果实略呈扁形，果形端正。果个大，平均单果重 450 克，最大可达 1000 克。果皮黄红褐色，果色纯正。果肉白色，肉质酥脆，石细胞极少，口感清香，可溶性固形物含量 14.5% 左右。果核小，可食率 95% 以上，品质上等（彩图 1-35）。

二十七、丹霞红

由中国农业科学院郑州果树研究所杂交培育而成（中梨 1 号×红香酥）。2018 年获得植物新品种权证书，2021 年海南奔象梨业有限公司获得该品种独占许可权。树势中庸偏弱，树姿开张，一年生枝黄褐色或棕褐色，皮孔密度中等、长圆形。萌芽力中等，成枝力低。以中短果枝结果为主，较易形成腋花芽。果台副梢抽生能力强，坐果率高，连续结果能力强。

果实近圆形。平均单果重 250 克，果实底色黄绿色，阳面着红色，着色面积在 20% 左右，果点小隐。果肉白色，肉质酥脆类似玉露香，汁液多，甘甜爽口，萼片宿存。可溶性固形物含量 13.3%，去皮硬度 1.86 千克 / 厘米^2，品质上等。在河南省郑州地区，3 月下旬初花、4 月初盛花，果实发育期 120 天，8 月中下旬成熟。冷藏条件下可贮藏 4～5 个月。

第四节　西洋梨系统

一、红考密斯

红考密斯（Red Du Comice）原产于英国。树势健壮，易形成花芽，早实性强。以短果枝结果为主，部分中、长果枝及腋花芽也可结果。适应性强，抗黑星病。

果实葫芦形。平均单果重 185 克，最大果重 270 克。果面紫红色，光亮美观。肉细嫩，雪白色，多汁，味甜，具香气。采收时可溶性固形物含量12%，经 1 周后熟达到 14%。在河南省郑州果实 7 月下旬成熟。常温下可贮藏 15 天。

二、早红考密斯

早红考密斯（Early Red Comice）是由美国从考密斯中选出的红色芽变品种。树势中庸偏强。萌芽率高，成枝力强，树冠内枝条较密。成花容易，结果较早。多以短果枝结果为主，坐果率高，丰产、稳产。适应能力较强，抗黑星病、抗寒能力中等。

彩图1-36　早红考密斯（尹立府）

果实短葫芦形。平均单果重 220 克，最大果重 350 克。果实全果面紫红色，果面光滑，蜡质较多，有光泽。果点中大，明显。萼片宿存或残存。果皮较厚，果心中大。果肉乳白色，肉质细腻。经后熟果肉柔软多汁，石细胞少，风味酸甜，芳香浓郁。可溶性固形物含量13%，品质上等。果实 8 月初成熟，果实发育期为 130 天左右，经 10 ~ 15 天完成后熟。常温条件下果实可贮藏 15 天，冷藏条件下可贮藏 3 ~ 4 个月（彩图 1-36）。

三、红茄梨

红茄梨（Starkrimson）是由美国从茄梨中发现的红色芽变品种，又称红星梨。树势较强，萌芽率63.9%，成枝力中等，一般剪口下抽生长枝 2 ~ 3 个。以短果枝结果为主。适应性强，抗寒性较强，不抗腐烂病。

果实中大，细颈葫芦形。平均单果重 132 克。果实为全果面紫红色，果皮平滑有光泽，有的稍有棱起。果点中多，褐紫色。萼片宿存。果肉乳白色，肉质细脆，后熟变软，可溶性固形物含量12.3%，品质上等。在河南省郑州果实 8 月上旬成熟，果实发育期 97 天。

四、粉酪

粉酪（Butirra Rosata Morettini）属意大利品种。幼树长势较强，定植后两年开始结果。成龄树树势中庸，以短果枝结果为主，抗病力较强。

果实葫芦形。平均单果重 325 克，底色黄绿色，60% 果面着鲜红晕。果面光洁，果点小而密。萼片宿存。果肉白色，石细胞少，经后熟后果实底色变黄。果肉细嫩多汁，风味甜，香气浓郁，品质极上。果实于 8 月上旬成熟，常温下可贮存 15 ~ 20 天。

五、八月红

由陕西省果树研究所杂交育成（早巴梨×早酥梨）。树姿较开张。定植后 3 年开始结果。各类果枝及腋花芽结果能力均强。果台副梢连续结果能力强。花序坐果率和花朵坐果率高。采前落果轻，丰产、稳产。高抗黑星病、轮纹病和腐烂病，较抗锈病和黑斑病。抗旱、耐寒、耐瘠薄。

果实卵圆形。果个大，平均单果重 262 克，最大果重 453 克。果面平滑，蜡质少，果点小而密。果实底色黄色，阳面鲜红色，着色部分占 1/2 左右，有光泽，外观艳丽。萼片宿存。果心小。果肉乳白色，肉质细脆，石细胞少，汁液多，味甜，香气浓，可溶性固形物含量 11.9% ～ 15.3%。品质上等。果实 8 月中旬成熟，果实发育期 125 天。最佳食用期 20 天，耐贮性差，但抗贮藏期病害。

六、龙园洋梨

树势强，树姿直立，以短果枝结果为主。抗寒、抗病、结果早，丰产。

果实葫芦形，平均单果重 120 克，最大果重 350 克。果皮底色浅黄，阳面有红晕。果肉乳白色，细软，汁液中多，酸甜，微有香气，石细胞小而少，可溶性固形物含量 13.4%，品质中上。在北京果实 8 月下旬成熟。

七、红巴梨

红巴梨（Red Bartlett）是澳大利亚从巴梨中选出的红色芽变品种。树势较强，树姿直立。幼树萌芽率高，成枝力中等。以短果枝结果为主，部分腋花芽也能结果。连续结果能力弱，采前落果少，较丰产、稳产。适应性较广，喜肥沃沙壤土，抗风、抗黑星病能力较强。抗寒力弱，在 −25℃ 条件下冻害严重。抗病能力较弱，尤其易染腐烂病，导致植株寿命缩短。

果实葫芦形。平均单果重 250 克，最大果重 300 克。果面底色绿，成熟后阳面鲜红色，蜡质多，果点小而稀。萼片残存。果肉白色，后熟后变软，细腻多汁。石细胞极少，果心小，味香甜，可溶性固形物含量 13.8%，品质极上。在北京果实于 9 月上旬成熟，果实发育期 140 天左右。常温下贮藏 15 天，冷藏条件下可贮藏 2 ～ 3 个月。

八、巴梨

巴梨（Bartlett）原产于英国，又称洋梨、香蕉梨、秋洋梨，系自然实生苗，是目前欧美国家梨的主栽品种之一。1871 年自美国引入山东烟台，在我国许多地区有零星栽培。树势中强，枝条直立。萌芽力中等，成枝力较强。栽后 3 ～ 5 年结果，丰产。以短果枝和短果枝群结果为主，腋花芽也能结果。一般果枝可连续结果 5～6 年。适应性稍差。抗寒力弱，在 -25℃ 时有严重冻害，在冬季寒冷、气候干燥地区生长不良。抗风、抗病力较差，树干易患干腐病和枝枯病。

果实呈粗颈葫芦形。平均单果重 250 克。果面凹凸不平。采收时果皮黄绿色，贮后黄色，阳面有红晕。果肉乳黄白色，经 7～10 天后熟，肉质细软，易溶于口，石细胞极少，汁多，味浓香甜，可溶性固形物含量 12.6%～15.8%，品质极上。我国北方地区 8 月末至 9 月上旬成熟。果实不耐贮藏，最适宜制作罐头，是鲜食、制罐的优良品种（彩图 1-37）。

彩图1-37 巴梨

九、日面红

日面红（Flemish Beauty）原产于比利时。树势中庸，萌芽率为 85.2%，成枝力弱，一般剪口下抽生长枝 1～2 个。抗寒性较强，抗旱和抗腐烂病能力也较强，但采前易落果。

果实呈粗颈葫芦形，平均单果重 257 克。果面绿黄色，阳面有红晕。果皮平滑，有光泽，较薄。萼片宿存。果肉白色，肉质中粗，后熟变软，汁液中多，味甜芳香。可溶性固形物含量 15.7%，品质中上等。在辽宁省兴城果实 8 月下旬至 9 月上旬成熟，果实发育期为 110 天。

十、阿巴特

阿巴特（Abate Fetel）属法国西洋梨品种，1998 年引入我国。树势强，树姿半开张，以短果枝结果为主。抗铁头病。丰产。

果实外形独特，呈长颈葫芦形，果形指数 1.78。平均单果重 257 克。果皮绿色，经后熟转为黄色，果面平滑，光洁度优于巴梨。果肉乳白色，质细，石细胞少，采后即可食用，经 10～12 天后熟，芳香味更浓。可溶性固形物含量 12.9%～14.1%，采收适期为果肉硬度在每平方厘米 13.2 千克。果心小，可食率 97% 以上。在山东省烟台 9 月上旬成熟，比巴梨晚 15 天左右。

十一、五九香

由中国农业科学院果树研究所杂交育成（鸭梨×巴梨）。树势较强，树姿开张。萌芽率强（87.4%），成枝力中等。定植后 4～5 年开始结果，以短果枝结果为主。有少量腋花芽。果台副梢连续结果能力达 36%，花序坐果率 88%，每序 1～2

个果，多为单果。较丰产、稳产，无采前落果现象。适应性强，对土壤条件要求不严，抗旱、抗寒、抗风和抗腐烂病能力较强。

果实呈粗颈葫芦形，顶部略瘦小。平均单果重300克，最大果重750克。果皮光滑，黄绿色，阳面着淡红晕，有棱状突起。果肉淡黄白色，肉质中粗，经后熟后变软，汁液多，味酸甜芳香。可溶性固形物含量12.2%，品质优良。在辽宁省兴城果实9月上中旬成熟，果实发育期约为130天。常温下可贮存20天左右，在8～10℃条件下，可贮放2个月；在0～5℃下可贮放4个月（彩图1-38）。

彩图1-38　五九香

十二、红克拉普斯

红克拉普斯（Red Clapps）属意大利品种。果实葫芦形，平均单果重200克。果皮全果面紫红色，果面平滑有光泽，蜡质多。果肉白色，肉质细，柔软汁液多，酸甜适口，具有浓郁香气，风味极佳。可溶性固形物含量13.5%，品质上等。在辽宁省兴城9月上中旬采收，室温下可贮放7～10天（彩图1-39）。

彩图1-39　红克拉普斯

十三、龙园洋红

由黑龙江省农业科学院园艺分院杂交育成（56-5-20×乔玛），属三倍体梨短枝型新品种。树势强壮，树姿开张，萌芽力和成枝力强。以短果枝结果为主（约占85%），抗寒力强。

果实粗颈葫芦形，果形指数1.13。平均单果重300克，最大果重651克。果皮黄绿色，阳面有红晕。果皮中厚，果点中小、中多。萼片宿存。果肉白色，细软多汁，石细胞中多，风味酸甜适度，有香味。可溶性固形物含量16.1%，品质上等。在黑龙江省哈尔滨果实9月15日左右成熟，果实发育期120天。可贮放1个月。

十四、凯斯凯德

凯斯凯德（Cascade）树势强、健旺，树姿半开张。萌芽力、成枝力均高。枝条直立，以短果枝结果为主，自花不实。易成花，结果早，较丰产。适应性强，病虫害少，耐干旱及中度盐碱。

果实短葫芦形，平均单果重500克。果皮深红色。果肉白色，肉质细，汁液多，味甜，香味浓，可溶性固形物含量17.8%。在北京果实9月中旬成熟，采后经 15 ～ 20 天完成后熟。较耐贮藏。

十五、康佛伦斯

康佛伦斯（Conference）树势强，枝条半开张，以短果枝结果为主，适应性较强，丰产。

果实葫芦形，平均单果重 250 克。果皮黄绿色，阳面有淡红晕。果肉白色，肉质细而致密，经后熟变软，汁液多，味甜，有香气，可溶性固形物含量 14%。在北京果实 9 月中下旬成熟。

十六、红安久

红安久（Red D'Anjou）是美国华盛顿州从安久梨中选出的浓红型芽变品种。树势中庸或偏弱。萌芽率高，成枝力强。以短果枝和短果枝群结果为主，连续结果能力强。结果较早，丰产。适应性较强，较抗黑星病，但易感染腐烂病。

果实葫芦形。平均单果重 230 克，最大果重 500 克。果皮全果面紫红色，果面光滑，具蜡质光泽。果点小而明显，中多。萼片宿存。果肉乳白色，肉质致密细脆，石细胞少，采后经 1 周后熟，果实柔软多汁，味酸甜，具芳香。可溶性固形物 14%，品质极上。在山东省惠民果实 9 月下旬成熟，果实发育期约 160 天。果实较耐贮藏，常温条件下可贮藏 30 天左右，冷藏条件下可贮藏 4 ～ 6 个月。

十七、派克汉姆

派克汉姆（Packham）树势强，树姿半开张。以短果枝结果为主。丰产稳产。

果实倒卵圆形，平均单果重 300 克。果皮黄绿色，有红晕。果肉白色，经后熟肉质变软，细腻多汁，味甜，香味浓郁，可溶性固形物含量 14%。在北京果实 9 月底成熟。

十八、晚香

由黑龙江省农业科学院园艺研究所杂交育成（乔玛×大冬果）。树势强壮，树姿半开张。结果早，以短果枝结果为主。果台枝抽生能力强，连续结果能力较强。每花序坐果 1 ～ 4 个。无采前落果现象。丰产、稳产。抗寒、抗腐烂病能力强。

果实近圆形，果形指数 0.95。平均单果重 180 克，最大果重 400 克。采收时果面浅黄绿色，贮藏后转为鲜黄色。果皮中厚，蜡质少，有光泽，无果锈。果点中大，萼片宿存。果心小，果肉白色，果肉脆，较细，石细胞少，果汁多。可溶性固形物含量 12%，品质中上。在黑龙江省哈尔滨 9 月末成熟，可贮藏 5 个月。最佳食用期 10 月末至 11 月初。适宜冻藏。

第二章

高标准建设梨园

　　梨园建设是一项重要的基础工程，既要考虑梨树自身生长发育的特点及其对环境条件的要求，又要考虑当地的地理、社会、经济条件，还要预测未来的发展趋势和市场前景。建园过程中某一环节的决策失误或实施不当，轻则需要花费更多的时间和投资才能弥补不良后果，重则导致栽培完全失败。因此，建园必须进行综合考虑，全面规划，精心组织实施。

第一节　园地类型与土壤改良

一、园地选择

　　选择适栽的园地进行高标准建园是梨树栽培的关键环节，它关系到梨园顺利建成，实现早果早丰、优质稳产及保持较长经济寿命、较强市场竞争能力和较高的经济效益。因此，发展梨树时，必须选择适栽的园地。

1. 温度

　　不同种类的梨，对温度的要求不同。秋子梨最耐寒，可耐 $-45 \sim -30℃$，白梨可耐 $-25 \sim -23℃$，沙梨及西洋梨可耐 $-20℃$ 左右。不同梨品种亦有差异，如苹果梨可耐 $-32℃$，新疆的库尔勒香梨可耐 $-30℃$，比其他同种梨耐寒。梨树经济区栽培的北界，与 1 月份平均温度密切相关，白梨、沙梨，不低于 -10℃；西洋梨不低于 -8℃；秋子梨以冬季最低温 -38℃作为北界指标。生长期过短、热量不够亦为限制因子，通常确定以≥ 10℃的天数不少于 140 天为栽培区界限。

梨树的需寒期，一般为小于 7.2℃的时间达到 1400 小时，但树种品种间差异很大，鸭梨、茌梨需 469 小时，库尔勒香梨需 1371 小时，小香水梨需 1635 小时，沙梨最短，有的品种甚至无明显的休眠期。温度过高，亦不适宜，高达 35℃以上时，生理即受障碍，因此白梨、西洋梨在年平均温大于 15℃地区不宜栽培，秋子梨在大于 13℃地区不宜栽培。沙梨和西洋梨中的客发、铁头及新疆梨中的斯尔克甫梨等能耐高温。

梨树开花要求 10℃以上的气温，14℃以上时，开花较快。梨花粉发芽要求 10℃以上气温，24℃左右时，花粉管伸长最快，4 ～ 5℃时，花粉管即受冻。前人研究结果认为：花蕾期冻害临界温度为 -2.2℃，开花期为 -1.7℃。有人认为 -3 ～ -1℃时花器就要遭受不同程度的伤害。但若春季气温上升后突然回寒，往往气温并未降至如上低温时，亦会发生伤害。梨的花芽分化，以 20℃左右气温为最好。

2. 光照

梨树为喜光树种，要求全年光照时间在 1600 小时以上，6 ～ 9 月份的日照时间应不少于 800 小时。我国北方梨树主产区日照充足，一般年日照时间在 2340 ～ 3000 小时，可满足梨对光照的需求。个别年份生长季日照不足的地区，只要注意选择向阳、开阔地段建园，确定适宜的栽植密度、行向和整形方式，就可以解决树冠内膛光照不足的问题，以满足梨树对光照的需求。

3. 水分

梨树的正常生长和结果，与水分供应有密切的联系。沙梨需水量最多，在年降水量 1000 ～ 1800 毫米地区，仍生长良好；白梨、西洋梨主要产在 500 ～ 900 毫米雨量地区；秋子梨最耐旱，对水分不敏感。根据前人的研究，每生产 2000 千克梨果，需水 400 ～ 500 立方米，这个数量相当于我国东北、华北梨产区的年降水量（400 ～ 600 毫米）。再除去地面蒸发和地表径流，天然降水对梨树生长发育的需求是不足的，应该用灌水的方法解决供需矛盾。

在干旱状况下，白天梨果收缩发生皱皮，如夜间能吸水补足，则可恢复或增长，否则果小或始终皱皮。如久旱忽雨，可恢复膨大直至发生角质，出现明显龟裂。

梨比较耐涝，但在高温死水中浸渍 1 ～ 2 日即会死树，在低氧水涝中，9 天发生凋萎；在较高氧水中 11 天凋萎，在浅流水中 20 天亦不致凋萎。

绿色食品梨园使用的灌溉水应符合表 2-1 的规定。并且要求水源上游或周围应无污染源，经检测合格之后才能进行灌溉。

表2-1　绿色食品梨园灌溉水质量要求

项目		浓度限值
pH		5.5～8.5
总汞/（毫克/升）	≤	0.001
总镉/（毫克/升）	≤	0.005
总砷/（毫克/升）	≤	0.05
总铅/（毫克/升）	≤	0.10
六价铬/（毫克/升）	≤	0.10
氟化物/（毫克/升）	≤	2.0
化学需氧量/（毫克/升）	≤	60
石油类/（毫克/升）	≤	1.0

4. 土壤

梨对土壤要求不严，沙土、沙壤土、黏土均可栽培，但仍以土层深厚、土质疏松、排水良好的沙壤土为好。我国著名梨区，大都是冲积沙地，或保水良好的山地，或土层深厚的黄土高原。但渤海湾地区、江南地区普遍易缺磷，黄土高原、华北地区易缺铁、锌和钙，西南高原和华中地区易缺硼。梨喜中性偏酸的土壤，但 pH 5.8 ～ 8.5 之间均可生长良好。不同砧木对土壤的适应力不同，沙梨、豆梨要求偏酸，杜梨可偏碱。梨亦较耐盐，但在 0.3% 含盐量时，即受害。杜梨比沙梨、豆梨耐盐碱能力强。另外，还应注意梨树有一定的忌地现象，切忌重茬连作。

绿色食品梨园土壤环境质量还应符合表 2-2 的要求。

表2-2　绿色食品梨园土壤环境质量要求

项目		含量限值		
		pH＜6.5	6.5≤pH≤7.5	pH＞7.5
总镉/（毫克/千克）	≤	0.30	0.30	0.40
总汞/（毫克/千克）	≤	0.25	0.30	0.35
总砷/（毫克/千克）	≤	25	20	20
总铅/（毫克/千克）	≤	50	50	50
总铬/（毫克/千克）	≤	120	120	120
总铜/（毫克/千克）	≤	50	60	60

注：本表所列含量限值适用于阳离子交换量＞$5×10^{-2}$摩尔/千克的土壤，若≤$5×10^{-2}$摩尔/千克，含量限值为表内数值的半数。

5. 空气

绿色食品梨产地空气质量要求应符合表 2-3 的规定。此外，梨园周围 1000 米内应无污染源，远离干线公路200米以上。

表2-3　绿色食品梨园空气质量要求

指标		日平均	1小时平均
总悬浮颗粒物/（毫克/米³）	≤	0.3	—
二氧化硫/（毫克/米³）	≤	0.15	0.50
二氧化氮/（毫克/米³）	≤	0.08	0.20
氟化物/（毫克/米³）	≤	7.0	20

二、园地类型

为了做到不与粮棉油争地，同时考虑梨树的生态效应，我国发展梨树多强调上山下滩，虽然近些年为了提高栽培的经济效益，有些梨园建在了平地良田上，但总的来看，目前生产上绝大多数梨园还是建在土壤瘠薄的山地、沙荒地或盐碱地上。

1. 沙地梨园

我国具有大面积的沙荒地，大部分分布在北方，如新疆、宁夏、陕北、河南、河北等地。全国各地的河流故道都属于沙地，是我国梨树的重要分布区和优质产区。这些地区的土壤多为沙性土壤，土壤的组成主要是沙粒，其主要缺点是矿质养分较少、有机质含量低。但沙土也有其优势，如土质疏松、易于耕作、透水性好、不易受涝、增温快、易发苗、结果早、品质优良等，因此沙地经改造完全可以建立优质梨园（彩图2-1、彩图2-2）。

彩图2-1　平原地梨园（张建光）

彩图2-2　黄河故道沙地梨园
（张建光）

2. 山地丘陵地梨园

我国是一个多山的国家，山地面积占全国面积的 2/3 以上。利用山地发展梨树生产对调整和优化山区的经济结构，改变山区贫困落后的面貌，具有重要的现实意义。

选址时要综合考虑土壤类型、土层厚度、有机质含量、植被、坡向和小气候等因素。应选择土层厚度在 50 厘米以上，有机质含量丰富，坡度在 15° 以下，坡向南、西、东均可（北坡光照稍差），坡面完整连片的地段。北方山区要选择小气候条件好的地方，易犯风沙地区尽量避开风沙口，低洼地区要选有冷空气泄流出口的地方，充分利用原有的防护林、水土保持工程、水源和自然通路、排水沟等基础设施。土层薄的山丘区要用凿石填土、修筑梯田、撩壕、挖鱼鳞坑的方法，增加土层厚度，给梨树创造良好的立地土壤条件。

山地空气流通，日照充足，昼夜温差较大，有利于梨树碳水化合物的积累、果实着色和优质丰产，许多国家都利用这一优势发展山地梨果生产（彩图2-3）。

彩图2-3 山地梨园（张建光）

3. 低洼盐碱滩地建园

我国有很多江、河、湖、海冲积成的滩涂、淤废河床、河迹洼地、轻度盐碱地等。此类土壤一般含盐量和 pH 较高，矿质元素含量也比较丰富，但较难被树体吸收利用，其中以缺铁黄化最为突出，是影响梨树生长发育的主要因素。另外，有机质含量低、土壤结构差、地下水位高、有台风登陆的海涂地易受台风侵袭。

在此种类型地区建园，只要有 0.5 米深的土层，pH 值不高于 8.5，地下水位在 1 米以下，含盐量不超过 0.3%，无很大的风沙、旱涝威胁的成片土地，经过土壤改良即可发展梨树生产。

三、园地整理和土壤改良

为了实现梨树早果、早丰和稳产、优质的目标，在建园之前必须做好平整土地、修筑水平梯田和改良土壤等工作。否则，建园后会对梨树的正常生长发育产生严重的不良影响，增加生产投入，降低梨园的经济效益。

1. 山地梨园的水土保持工程

主要包括修建水平梯田、修建等高撩壕和修筑鱼鳞坑等。

（1）修建水平梯田　修建水平梯田是保土、保肥、保水的有效方法，是治理坡地、防止水土流失的根本措施，也是有利于山地梨园水利化、机械化的基本建设（图 2-1）。

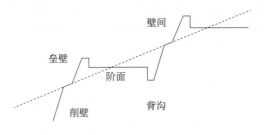

图2-1　梯田结构断面图

筑梯田壁：梯田壁分为石壁和土壁两种。梯田壁均应稍向内倾，不宜修垂直壁。石壁大约与地面呈 75°，土壁应保持 50°～60° 的坡度。不论石壁或土壁，壁顶都要高出台面，筑成梯田埂。

铺梯田面：修梯田时，应以梯田面中轴线为准，在中轴线的里侧取土，填到外侧，一般不需从别处取土。取土只要以中轴线为准，就很容易保持田面水平。梯田面的宽度和梯田壁的高度，多根据坡度大小、土层深厚、栽植距离和便于管理等情况而定。坡度小，则田面宽，梯田壁低，反之，则田面窄，梯田壁高。

挖排水沟：田面平整后，在其内沿挖 1 条排水沟，排水沟要有 0.3%～0.5% 的比降，以便将积水排入总排水沟内。在总排水沟上，应每隔一定距离，修建一个贮水池。

修梯田埂：将挖排水沟的土堆到田面外沿，修筑梯田埂。田埂宽 40 厘米左右，高 10～15 厘米。如此便可修成外高里低的水平梯田。

（2）修建等高撩壕　在坡面上按等高线挖成等高沟，把挖出的土在沟的外侧堆成土埂，这便是撩壕。在略靠外侧处栽植梨树，叫撩壕栽植。一般撩壕的规格范围较灵活，自壕顶至沟心宽 1～1.5 米，沟底距原坡面深 25～30 厘米，壕外坡长 1～1.2 米，壕高（即壕顶至原坡面的高度）25～30 厘米（图 2-2）。

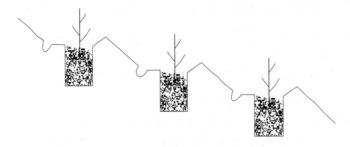

图2-2　等高撩壕结构断面图

　梨高效栽培与病虫害看图防治（第二版）

撩壕将长坡变为短坡、直流改成横流、急流变成了缓流，在修筑时，需动土方工程不大，对于控制地表径流、防止冲刷确实是一种简单易行的水土保持措施。此外，由于对坡面土壤的层次、肥力破坏不大，梨树根系分布比较均匀，在幼树期间，根系临近沟边，土壤水分条件较好，树势旺盛。但撩壕没有平坦的种植面，不便施肥及采用其他土壤管理措施，农业技术实施的效果比梯田低。此外，在坡度超过15°的情况下，撩壕堆土困难，壕外坡的水土流失加快。因此，撩壕是一种临时性的水土保持工程，在劳力不足和薄土层地带可以采用。对于土层深厚的山地，还是以修梯田为好。

（3）修筑鱼鳞坑　适于坡度较陡、坡面又不整齐的地段。坡面上坑的位置上下相间，排列成鱼鳞状，即按"品"字形布置，故名鱼鳞坑。做法是：一般鱼鳞坑间的水平距离（坑距）为1.5～3.0米（约2倍坑的直径），上下两排坑的斜坡距离（排距）为3～5米，也可根据梨树的定植密度要求而定。沿等高线挖成半圆形或长方形的坑，用心土或石块垒成外埂，埂高30～40厘米，坑长约1.5米，宽50～60厘米，坑深60～80厘米，坑回填后将坑内的土整成稍向里倾斜的小平面，以便引蓄径流。每坑内栽植1棵树（图2-3）。

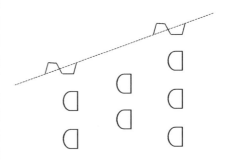

图2-3　鱼鳞坑结构断面图和平面图

2. 土壤改良

梨树对土壤条件要求不甚严格，在沙土、黏土或轻度盐碱土壤中，均可正常生长结果。但土层深厚、质地良好、肥力较高、通透性好的土壤有利于树体的生长发育和产量、品质的提高。黏重土壤、沙荒地、盐碱地及土层瘠薄、质地较差、结构不良的土壤，均不利于梨树的生长发育。所以，园地选好后，在建园前应根据不同的土壤条件抓紧进行一次较彻底的土壤改良工作，常常可以取得事半功倍的效果。

（1）山地土壤改良　山地土壤的特点一般是地势不平、土层薄、沙石多、水土流失较重。因此，山地土壤改良的中心工作是结合水土保持工程搞好深翻熟化。土壤深翻最好能达到60～100厘米，至少在树穴周围要深翻60厘米深、60厘米宽，使土壤疏松、无石块。深翻时，应将表土翻入地下40～60厘米的位置，如能结合施入一定数量的有机肥，则效果更好。

（2）沙地土壤改良　沙地土壤结构不良，保水保肥力差，风大的地区还易随风移动，所以沙地土壤改良的首要任务是防风固沙，其次是改良土壤结构。防风固沙最根本的方法是营造防风林，在林带未成林之前，也可种植绿肥作物覆盖地面，以防风蚀。

沙地改良应注意培肥土壤，增加土壤保肥、保水能力。主要措施有增施有机肥、种植绿肥作物、深翻改土、掺土等。施入有机肥后，有机肥大颗粒可分解成许多腐殖质胶体，把细小的土粒黏结在一起形成团粒结构，使沙性土壤变成有良好结构的土壤。对于河流冲积沙地下面有黏土的果园，可结合秋施基肥进行深翻改土，深翻深度在80～100厘米，使下层黏土与上层沙土混合，达到改良沙地的目的。

掺土加有机肥可以改良沙地。可在栽树前，用黏土1份、沙土2～3份，并掺入一定数量圈粪，充分混合后填入栽植穴。以后每年扩穴、掺土、施有机肥，效果明显。有条件的地方，雨季引洪淤地，也是改沙的一种好办法。

（3）盐碱地土壤改良　盐碱地土壤改良的目标是排除盐碱。植树造林、种植覆盖作物、压沙换土、增施有机肥、雨后中耕、秋季深翻等均能减轻盐碱化。但收效快而简便的方法还是挖排水沟，修台田，抬高田面降低地下水位。

（4）黏土土壤改良　黏土土壤由于土粒较细，土壤空隙度较少，通透性较差，水分过多时土粒吸水易导致空气缺乏；干旱时水分容易蒸发散失，土块紧实坚硬，不利于梨树的生长发育。生长在黏性土壤上的梨树，果实成熟较晚，果皮较厚，色泽较差，果肉味酸，果核较大，可溶性固形物含量较低。土壤改良应增施有机肥或掺沙、压沙，增加土壤的通透性，以提高土壤肥水供应能力。

第二节　梨园规划与设计

建立大型梨园必须对园地进行科学的规划和设计，使之合理地利用土地，符合先进的管理模式。即使当前乡、村土地由农户个体承包的情况下，也应由主管单位实行"统一规划，分片经营"，这样才利于各项现代化技术措施的实施，建立高起点、高标准、高效益的优质梨果基地。

规划设计的主要内容包括小区的划分，道路、排灌系统和防护林的设置，果品包装贮藏场所及办公等附属建筑物的安排等。一般梨树栽植面积应占园地总面积的85%以上，其他非生产用地不应超过园地总面积的15%。

一、小区

小区又称作业区，为梨园的基本生产单位，是为了方便生产管理而设置的。大、中型梨园需划分若干小区，小区的规模可因产地条件和机械化程度的不同而异。平地梨园小区面积一般以2～6公顷为宜。小区形状一般采用长方形，长边与短边比例为（2～5）:1，以利于提高农机的工作效率。长边宜南北向或垂直于当地主要有害风向，以利于梨树受光和减少风害。小型梨园可根据实际情况酌情划分小区或不划分小区。山地、丘陵地梨园的小区划分，要因地势、梯田形状等灵活设置，一般长边与等高线走向一致，以利于水土保持和操作管理。

二、道路

良好而合理的道路系统，是梨园的重要设施，也是现代化梨园的标志之一。大、中型梨园的道路系统由主路（干路）、支路和小路组成。主路是全园果品、物资运输的主要途径，一般设置在栽植大区之间，位置适中，贯穿全园，最好外接公路，内联支路，宽度以能并行两辆大型货车为限，宽6～8米。支路常设置在大区之内，小区的区界上，与主路垂直，宽度为4～6米，以能并行两辆作业机械为宜。小区内或环绕梨园道路可根据需要设置，一般宽1～3米。小型梨园可以不设主路和小路，仅设支路。山地梨园的主路可根据实际情况环山或"之"字形设置，纵向路面的坡度不宜过大，支路可沿坡修筑，小路可修在分水线上（彩图2-4、彩图2-5）。由于陡坡地梨园依靠道路运输较为困难，有条件的地区可采用空中索道或有轨运输车进行果品和物资的运输。另外，道路系统可根据实际情况结合防护林和排灌系统进行综合规划，以减少非生产用地。如图2-4、图2-5所示。

彩图2-4　梨园主路（张建光）　　彩图2-5　梨园主路和支路（张建光）

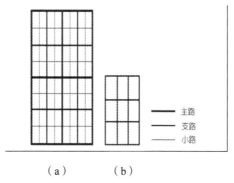

（a）　　　　（b）

图2-4　平地梨园小区及道路设置

（a）大、中型梨园；（b）小型梨园（只设支路）

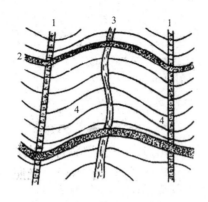

图2-5　山地梨园小区及道路设置

1—顺坡路；2—横坡路；3—总排水沟；4—小区

三、主栽品种与授粉品种

1. 主栽品种的选择

建园前应从长远着想，选择有发展前途、具有独特经济性状、适宜当地条件和市场需求的优良品种建园。

2. 授粉品种的配置

梨为异花授粉异花结实树种，需配置授粉树。在定植时首先要选择好搭配品种，一般生产园品种数量不宜过多，以3～5个为好，最好可以相互授粉，如果不能相互授粉，则应配置授粉树（表2-4）。

表2-4　梨主栽品种和适宜授粉品种

主栽品种	适宜授粉品种
鸭梨	雪花梨、锦丰梨、茌梨、胎黄梨、早酥梨
早酥梨	锦丰梨、鸭梨、雪花梨、苹果梨
黄金梨	大果水晶、黄冠梨、丰水、幸水
黄冠	早酥梨、中梨1号、雪花梨、翠冠
雪青	西子绿、翠冠、黄冠、中梨1号
大果水晶	黄金梨、丰水、黄冠
中梨1号	皇冠、早酥、鸭梨
圆黄	丰水、中梨1号、黄冠
红香酥	硕丰、冀蜜、酥梨
满天红	红香酥、红太阳、八月红
红太阳	美人酥、八月红、红香酥
红茄梨	红巴梨、红考密斯、红安久
红考密斯	红安久、红巴梨、美人酥

适宜的授粉品种应具备的条件为：经济价值高、花期长，并与主栽品种花期相近、花量大、花粉多，同时与主栽品种授粉亲和力强。如果园中存在黄金梨、新高等花粉很少的日韩梨品种，必须配置两个授粉树品种。授粉树的配置方式一般有以下三种方式。

（1）行列式配置　一般建园多采用此种方式配置，又因栽植比例不同而分为不等行配置和等行配置。不等行配置主栽品种所占比例较大，授粉品种比例较少。以 3 米 ×（4～5）米株行距栽植的梨园，栽植比例以每 4～5 行配置 1 行授粉树为宜。等行配置适用于栽植的两个品种都是品质优良、商品价值高的品种，二者相互授粉，没有主栽品种和授粉品种之分。栽植时每品种 2～4 行交替栽植 ［图 2-6（a）和图 2-6（b）］。

（2）中心式配置　适用于地块不整齐，不宜成行栽植授粉树或授粉品种商品价值低的梨园。以授粉树为中心，其周围栽植 4～8 株主栽品种 ［图 2-6（c）］。

（3）等高行配置　与行列式基本相同，只是在山地梨园主栽品种与授粉品种沿等高线栽植 ［图 2-6（d）］。

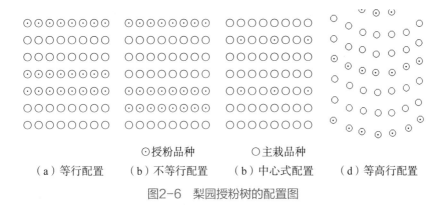

⊙授粉品种　　　○主栽品种

（a）等行配置　　（b）不等行配置　　（b）中心式配置　　（d）等高行配置

图2-6　梨园授粉树的配置图

四、栽植密度和方式

1. 栽植密度

（1）确定栽植密度的依据

① 砧木种类　乔化砧木（如杜梨、山梨等）栽植密度可小些，矮化砧木（如榅桲、中矮 1 号、中矮 2 号等），栽植密度可大些。

② 立地条件　在土层深厚且土壤肥沃、雨量充沛、气候温暖、生长期长的地区，梨树树冠易生长高大，栽植密度宜小些，而在土壤瘠薄、干旱多风、生长期短的地区，树冠偏小，栽植密度应适当加大。此外，平原和山麓地带，立地条件

较好，栽植密度可大些。

③ 管理水平　应根据技术水平和管理条件确定栽植密度。乔化栽培和矮密栽培应采用相应的优质丰产综合配套技术，切实避免矮密栽培乔化管理。机械化程度较高的梨园，行距应适当加大。技术管理水平较高的梨园，可适当加大栽植密度。

（2）适宜栽植密度　在应用乔化砧木和土肥水较好的情况下，可采用（3～4）米×（4～5）米，每亩栽植 33～55 株；应用半矮化砧木或乔砧密植时，可采用（2～2.5）米×（3.5～4）米，每亩栽植 66～95 株；如应用矮化和极矮化砧栽培，株行距可为（1～1.5）米×（3～4）米，每亩栽植 111～222 株（彩图 2-6～彩图 2-9）。

彩图2-6　矮化密植梨园俯瞰图

彩图2-8　意大利密植梨园结果状
（张茂君）

彩图2-7　国外密植梨园（张茂君）

彩图2-9　矮化中间砧（张建光）

河北省梨工程技术中心科研基地河北百丰农产品开发有限公司梨园栽植株行距为 1.5 米×4.2 米，树龄八年，树高 3.5 米左右，树体健壮，通风透光良好。河北省梨工程技术中心科研基地河北天丰农产品有限公司梨园，采用矮化中间砧建园，株行距为 0.75 米 ×3.2 米，每亩栽植 277 株；五年生雪青梨树高 3.5 米左右，树体紧凑，果园群体结构良好，通风透光，早果性好，更重要的是省时省工，管理极为方便（彩图 2-10、彩图 2-11）。

彩图2-10　生长季梨密植园（张建光）　　　　彩图2-11　落叶后的密植梨园
　　　　　　　　　　　　　　　　　　　　　　　　　　　　　（张建光）

2. 栽植方式

栽植方式多种多样，有长方形、正方形、三角形、带状式和等高式等。这些方式都是为了适应不同立地条件和管理水平而分别采用的。生产上应用最多的方式为长方形栽植，即行距大于株距。这种栽植方式通风透光良好，便于行间作业、前期间作和机械化管理，是平原大面积梨园栽植的最佳方式。

栽植行向上，平地果园南北行向优于东西行向，尤其在密植条件下，南北行向光照良好，光能利用率高，上午东侧光照 3 小时左右，下午西侧光照 3 小时左右，光照均匀。东西行向因太阳光入射角小，顺行穿透能力差，造成光照不足，中午南面光照充足，又易发生日烧。因此，平地建园最好采用南北行向。山地建园可根据水土保持和地形的需要，按等高线安排行向，上行高，下行低，光照较好、相互影响小。

五、防护林

防护林可以保护梨树减轻或不受风、沙、寒、旱等自然灾害的危害，减少土壤水分蒸发和土壤侵蚀，防止土壤冲刷和水土流失，调节果园小气候，为梨树生长结果创造良好的自然环境。

防护林一般包括主林带和副林带。主林带应与当地主风向垂直。主林带间距

400～600米，植树5～8行。风大地区还应设副林带和折风带，与主林带垂直，植树2～3行。平地梨园应以防风、调节微域气候为主。山地梨园防护林除防风外，还兼有保持水土、防止冲刷等作用，因此一般主林带应设在果园的上风部或分水岭处。沿海或风大地区，林带可适当加行加密，带距也应缩小。

彩图2-12　梨园防护林

防护林应在梨树定植前2～3年定植，最迟也应与梨树同时定植。防护林采用的树种应选择适应性强、生长迅速、寿命长、与梨树无相同病虫害或病虫的中间寄主且经济价值较高的树种。防护林树种因地选用，树种北方可选用三倍体毛白杨、苦楝、臭椿等，南方以桉树、桑树等树种为宜，最好乔、灌木结合。切忌栽植桧柏（锈病寄主）和榆树（榆尺蠖危害重）（彩图2-12）。

六、排灌系统

为了保证梨树高产优质，建园时需设置好排灌系统，做到旱能灌、涝能排。排灌系统包括水源、灌水系统和排水系统。

1. 灌水系统

根据当地水源状况，可按渠灌、喷灌、滴灌、渗灌等方式设计。

（1）渠灌　梨园内设置干渠、支渠和毛渠3种渠道，三者相互配合，并与行道系统相结合。干渠要略高于支渠，支渠又高于毛渠，要求干渠首尾比降为1/1000左右，支渠比降1/500左右，以便于自流灌溉。各灌渠的终端，最好连接排水渠道，以便于雨季排水，做到能灌能排。

（2）喷灌　主要是安置输水管道。输水管出口要均匀分布在园区内。固定的喷水装置喷头可高出树冠，也可装在树冠下。前者喷水量大，叶片接收水分多，兼及叶面施肥、早春防霜，但由于梨园湿度大，易诱发病害；后者只喷树下，喷水量小，节省用水。移动的喷水装置可随时将喷头换接到输水管终端接口处，进行高压环状喷射灌溉（彩图2-13）。

彩图2-13　树下微喷灌

（3）滴灌　即将输水管道直接铺设在果树行间，再连接滴头。滴头应根据树体大小在树干周围距主干1米以外安装2～8个，水由滴头滴出，渗入树下，满足供水要求。

另外，生产中还有一种改良的滴灌方式，就是小管出流。它主要是针对滴灌系统在使用过程中，灌水器易被堵塞的难题和我国农业生产管理水平不高的现实，为增大滴灌灌水器流道的常规截面尺寸，而采用超大流道，以 φ4PE 塑料小管代替滴头，并辅以田间渗水沟，形成一套以小管出流灌溉为主体的符合实际要求的微灌系统。小管出流灌溉系统具有堵塞问题小、水质净化处理简单、操作简便、管理方便、省水等特点，并可将化肥液注入管道内随灌溉水进行果树施肥，也可把肥料均匀地撒于渗沟内溶解，随水进入土壤。特别是施有机肥时，可将各种有机肥埋入渗水沟下的土壤中，在适宜的水、热、气条件下熟化，充分发挥肥效，解决了滴灌不能施用有机肥的问题。

小管出流应用于山区梨园更有优势，结合堰塘蓄水提供水源，利用山坡高度产生的压力供水，是很有前景的一种灌溉方式。

（4）渗灌　这是一种新型灌水技术，即将容易渗漏水的渗灌管，埋在梨树根系分布的土层内，水沿输水管由水源送入渗灌管，直接渗入根际，供根系吸收。水源头最好修一高出园地1米左右的水池，利用高差，自流输水渗灌。水池内也可溶入肥料，兼及追肥。但必须注意防止渗水管堵塞。

以上各种方式各有其优缺点，渠灌用水量大，浪费水源；喷灌省水，适于地势不平的山地果园；滴灌又比喷灌省水 30% ～ 50%；渗灌更是直接将水渗到根际，且不破坏土壤结构。各地梨园应根据实际情况、经济条件，决定选用各自的灌水方式，设计相应的灌水系统。关于灌溉系统的具体设计，对于技术要求较高的，可以请专门人员和公司进行设计、施工和安装。

2. 排水系统

排水系统可分为明沟排水和暗沟排水两种形式。明沟排水，一般由排水干沟、排水支沟和排水沟组成，各级排水沟相互连通。排水沟可根据梨园的实际情况，结合灌溉水渠和道路规划，统一安排设置。暗沟排水是通过埋设在地上的排水管道进行排水，由于是地下管道，所以不占用梨园耕地，不影响梨园机械化作业，便于管理。提倡高标准的果园进行暗沟排水。对于地势低洼、土壤黏重、透性不良、地下水位低、临江临海梨园和山地梨园，必须设置排水系统。山地梨园的排水可与蓄水池相结合，在梨园上方外围设一道等高环山截水沟，使降水直接入沟排入蓄水池，以防冲毁梨园梯田、撩壕。每行梯田内侧挖一道排水浅沟，沟内作成小埂，做到小雨能蓄，大雨可缓冲洪水流势。

七、辅助设施

梨园辅助设施包括果园管理用房、工具室、农药与肥料库、配药场、包装场、果品贮藏库等。一般建筑物应设置在交通方便和有利于作业的地方。山地梨园应遵循最大沉重物由上而下运输的原则，因此可根据实际情况，把农药与肥料库和配药场设在较高的部位，以便使肥料由上往下运输，或者沿固定的渠道自流灌施，并便于施用农药。包装场和果品贮藏库应设置在较低的位置，以利于果实向外运输。规划时，还要考虑土地的经济利用，占地面积不要超过梨园总面积的 3%～5%。

各地梨园的地形、面积、形状各有差异，但在规划中要因地制宜，充分利用土地，便于生产管理。因此，在规划前要绘制平面图。有条件的可用平板仪进行测绘，亦可用罗盘定向仪，丈量后绘制草图。根据草图规划的位置，按实际需要将各设施规划好，并于田间定桩标记。

第三节　幼树定植与管理

一、苗木选择与贮运

1. 苗木选择

（1）苗木类型

① 乔化砧苗木　选择适合当地自然条件、品种优良纯正、无检疫对象的健壮苗木，是新建梨园达到早果、优质丰产、高效益目标的基础工作。河北省将优质梨苗木分为两级，分一级苗和二级苗标准，其中一级苗标准：苗高 100 厘米以上且基部直径在 1.0 厘米以上，要求为断根苗，主根长 20～25 厘米，并有粗度 0.3 厘米、长度 15 厘米的侧根 3 条，嫁接部位愈合完好，接口以上 45～90 厘米的修剪整形带内有健壮、饱满芽 8 个以上，并无检疫对象、机械伤和病虫害。

建园要选择一级梨苗，砧木类型依地区而有所不同，华北、西北地区以杜梨为最好，长江流域及以南地区多用沙梨、豆梨，东北、华北北部、西北北部可用抗寒能力强的秋子梨。

② 矮化砧木　随着矮化密植栽培的发展，高标准新建梨园提倡建立密植梨园，建立密植梨园的先决条件就是培育梨矮化砧苗木。

国外对梨矮化砧木研究较早，榅桲早在 17 世纪在英国和法国即被用作梨的砧木，到 20 世纪 20 年代以后才得到广泛应用。在国外生产上应用最多的榅桲 A 和榅桲 C，以哈代等作为亲和中间砧，嫁接西洋梨品种收到良好的效果。近年来，欧洲国家又相继选育了"Sydo"、"Adams332"、"QR193-196"、"C132"、"S-1"、"Ct.S.212"和"Ct.S.214"。总的来说，嫁接在榅桲砧木的梨栽培品种均表现出早果、树体矮小、产量高、品质好的优点。但榅桲存在着在碱性土壤条件下叶片黄化、不抗寒、固地性差、与一些梨栽培品种嫁接亲和力差等缺点，致使在生产上的广泛应用受到限制。

梨属矮化砧木美国的 OH×F 系、南非 BP 系、法国 Brossier 系和 Retuziere 系在生产中有一定程度的应用。梨属矮化砧木在生产上难于繁殖，矮化能力比榅桲差，在一定程度上限制了其进一步的发展。德国育种学家从 Old Home×Bonne Louise d′ Arranche 选育出矮化型砧木 "Pyrodwarf"，该砧木的矮化效果优于榅桲 A，并表现早果、果大、易繁殖、与东方梨品种嫁接亲和性好的性状。

我国育成的矮化砧有 "中矮 1 号（S2）"、"中矮 2 号（PDR54）"、K 系矮化砧木等。这些矮化砧与多数梨品种亲和力强，适应性和抗逆性均强。其中 "中矮1 号" 和 "中矮 2 号" 都通过了梨中间砧早期丰产及矮化性试验，已在我国部分梨矮化密植园中推广应用。

（2）无病毒苗木 梨树感染病毒后，一般表现为生长衰弱、产量低、品质差、一旦感染，将终生带毒，而且病毒在梨树体内不断增殖，症状表现日益严重。对于梨树病毒病，目前尚无有效药剂治疗，唯一防治途径就是培育无病毒苗木。因此，新建梨园提倡选用无病毒苗木。

梨树病毒种类繁多，目前国内外报道的梨树病毒及类似病毒有 23 种，我国目前已鉴定明确的有 5 种，即梨石痘病毒、梨环纹花叶病毒、梨脉黄化病毒、榅桲矮化病毒和苹果茎沟病毒。脱除梨树病毒的方法主要有：热处理、茎尖培养和茎尖嫁接等。无病毒苗木的培养技术要求高，需要专业设备和条件，一般果农可向专业机构或专业大型苗圃直接购买。

（3）大苗 大苗建园已在荷兰、美国等许多果树生产先进国家推行，这是一种果树生产发展的必然趋势。大苗栽植后 1～2 年便会有可观的产量。栽植 1 年生小苗，如遇不良自然条件或早期管理跟不上，不但会造成缺株断行，还会长成 "小老树"，以后就更难恢复和管理。栽植大苗建园具有四大优点。

① 成活率高 由于苗木根系较大，栽后易成活。

② 结果早 集中培育 3～4 年生大苗定植，由于起苗断根，暂时会抑制过旺生长，有利于早成花结果。

③ 幼树整齐度高 栽植时严格按大、中、小苗分别栽植，一次成园，果园整齐。

④ 经济利用土地 集中育大苗，可以节省栽小苗后前几年的土地浪费，而且可在育大苗期间平整土地，修筑梯田，挖定植沟和穴，并可照常种植几年农作物，培肥地力，一举两得。因此，新建梨园提倡栽植 3～4 年生大苗。

2. 苗木的消毒、包装和运输

起苗前要在苗圃进行认真的品种核对和标记，严防起苗过程中发生品种混乱和混杂。如果苗圃土壤干燥，可事先适当灌水 1 次，这样不但挖苗容易，而且也不易损伤根系。包装前要进行品种核对登记，避免苗木混杂，苗木应分级，并剔除不合格、病虫为害和受伤过多的苗木。

苗木包装前要进行药剂消毒。消毒一般用喷洒、浸泡等方法。喷洒多用 3～5

波美度石硫合剂。浸泡可用等量式 100 倍波尔多液或 3～5 波美度石硫合剂浸泡 10～20 分钟，苗木量少时也可用 0.2% 硫酸铜溶液浸泡 20 分钟。消毒后的苗木都必须用清水冲洗。

经检疫过的苗木即可包装外运。包装材料有草帘、蒲包、草袋等，根部填充物可用湿润的碎稻草、谷壳、木屑、苔藓等，或根系用泥浆浸蘸处理后外用塑料薄膜包裹根部和 60 厘米以下的主干，捆扎牢固。每一包装的苗木数量一般为 50～100 株，包装外必须挂上标签，注明品种、砧木名称和苗木等级。运输苗木的车上要加盖篷布或用厢式货车，这样可有效减轻运输途中的水分散失。

二、苗木假植

苗木出圃后，要及时假植。如经长途运输的苗木，应立即解包并浸根一昼夜，待充分吸水后再行假植。苗木假植分为临时假植和越冬假植（即贮藏）两种。

1. 临时假植

秋天苗木起出后，如不及时外运或不立即栽植，须将苗木临时贮藏。方法很简单，挖浅沟将其根部用湿土埋住即可。

2. 越冬贮藏

如果第二年外运或秋季出圃、春天栽植的苗木，就必须进行越冬假植。其贮藏要求比较严格，一般采用沟藏方式进行。即在背风、干燥、荫蔽处，沿南北方向挖一条贮藏沟，沟宽 1.5～2 米，沟深 80～100 厘米，长度依假植苗木数量而定。然后在底部铺 5～10 厘米厚河沙。河沙湿度以手握能成团、松开一触即散为宜。接着在沟的一端，将苗木根朝下、头朝上倾斜放置。每放一层苗，即在根部培一层湿沙，最后再在苗木上培湿河沙，将苗埋严。以防止苗木抽干或受冻。埋土最好分 2～3 次进行，最后加培 30～40 厘米厚的沙土。必须注意的是，苗与沙一定要相间放置，使沙尽量渗透到苗木间隙中，使苗木充分与河沙接触，以保证苗木贮藏质量。

三、苗木定植

苗木定植是高标准建园的关键环节，应避免一年建园、多年补栽。优质苗木和规范栽植是提高栽植成活率的关键。

1. 栽植时期

根据当地气候特点，梨苗定植可分为秋栽和春栽。我国淮河以南及较温暖的地区，常用秋季栽植，落叶后至土壤结冻前 20～30 天栽植，秋栽苗根伤口愈合快，当年还能发出部分新根，成活率高，翌年春季生长发育早、缓苗快、长势旺。

我国北方冬季寒冷、气温低，秋栽宜冻死或抽条，多采用春栽。一般于 3 月中下旬至 4 月中旬栽植，即苗木萌芽前到萌芽期进行。

2. 苗木处理

按已设计好的田间定植图，进行主栽品种和授粉品种苗木的准备，核准品种名称及数量，并及时剔除劣质苗木。栽前修根，剪去因起苗造成的旧伤面和机械伤根等，用生根粉或萘乙酸浸蘸根系效果更好，有利于伤口尽快愈合，发根快。长途运输和假植的苗木，栽植前可用 1% ～ 2% 过磷酸钙溶液或清水浸泡 12 ～ 24 小时，使根系充分吸水，能提高苗木含水量，从而提高栽植成活率。

3. 挖定植穴（沟）

定植穴（沟）是幼树根系生长发育的基本环境。既关系到栽植成活率和早期发育，又关系到以后根系和地上部的生长及结果。因此，栽植前应尽量扩大定植穴（沟），并酌情改土换土，施足底肥。

为了使土壤有一定的熟化时间，挖穴或挖沟的时间应较定植提前 3 ～ 5 个月，如果选择春栽最好在前一年秋季挖坑，选择秋栽则宜在夏季挖坑。定植穴一般要求深 80 ～ 100 厘米、直径 100 厘米。定植穴的大小也可根据土壤质地、土层厚薄而定，下层如有砂浆层或砾石层，定植穴最好挖大些，并打破不透水层进行掏石换土，经改良土壤后，再行栽树。沙壤土条件较好，定植穴可适当小些。对于株距较小的宜顺行挖定植沟，沟宽 80 ～ 100 厘米、深 80 厘米，施肥后按株距栽植。

挖定植穴时，表土、底土应分别堆放在穴或沟的两侧。栽植前 5 ～ 10 天结合施底肥进行回填。一般穴底或沟底填 20 厘米厚的秸秆、杂草或落叶，然后回填表土与有机肥的混合物，填土至穴深一半时，再回填与有机肥、速效性磷钾肥混合的表土或底土，填至距地面 20 厘米处，灌透水沉实。

底肥以有机肥为主，一般株施优质有机肥 50 ～ 75 千克，加过磷酸钙 2 ～ 3 千克或加饼肥 2 ～ 3 千克，再加磷酸二铵 0.5 千克。底肥必须与土混合后才能回填。

4. 栽植方法

栽植前将回填沉实的定植穴底部堆成馒头形，并踩实，一般距地面 25 厘米左右。然后将苗木放于穴内正中央，舒展根系，扶正苗木，横竖捋顺。随后填入取自周围的表土并轻轻提苗，以保证根系舒展并与土壤密接，然后用土封坑、踏实。栽植深度以与苗木在苗圃时的深度相同为宜，嫁接口要高出地面。栽植后在苗木四周修筑直径 1 米的树盘或苗木两边 1 米处修好条畦，随后灌一次透水，待水渗后在树盘内盖地膜，以利于保墒、提高地温、促进根系生长。树盘内也可覆盖黑色地膜，可同时起到防除杂草的作用（彩图 2-14）。

彩图2-14　优质梨苗定植

四、栽后管理

1. 定干

按整形要求及苗木质量进行定干，一般定干高度为 80 ～ 150 厘米。将来采用纺锤形或延迟开心形整枝的，定干宜高些；苗木质量差，土质差、坡度大、风大的地方，定干宜低些。定干时，要求剪口下必须有 3 ～ 5 个饱满芽，以利于抽梢发枝，便于整形（图 2-7）。

2. 刻芽

为使芽子按要求萌发，萌芽前在芽的上方 0.5 厘米处用刀刻一道，深达木质部。对于定干较高的苗木，为促发分枝须进行刻芽。梨树成枝力较弱，定干后一般发枝较少，所以刻芽是促进梨幼树早果的重要措施之一。注意刻芽尽量与主干套袋结合进行。当苗木质量较差时，定植当年最好不要刻芽，以免影响苗木成活（图 2-8，彩图 2-15）。

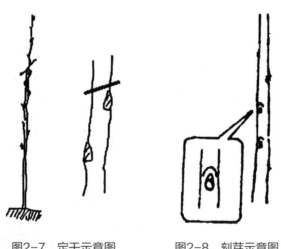

图2-7　定干示意图　　　　图2-8　刻芽示意图

3. 套袋

为了防止苗木抽干和金龟子等害虫对幼芽的危害，在春季栽植定干后，可用纸袋或塑料袋对苗干套袋。一般袋宽 5 ～ 8 厘米，长与苗干高度基本相同。袋的下口绑紧或堆小土堆封严。苗木发芽后，根据气温高低和芽子的生长情况，适时打开袋的上口放风，以免因袋内温度过高而灼伤嫩梢。放风几天后，最好在阴天傍晚将袋拆除。套袋对防止金龟子等害虫危害和提早萌芽具有明显作用（彩图 2-16）。

彩图2-15　刻芽　　　　　　　　彩图2-16　梨苗干套袋

4. 树盘管理与追肥

栽植当年应做出直径不小于1米的树盘，间作物需种在树盘外，间作物以豆类等矮秆作物为主。每次灌水或雨后应及时中耕除草，松土保墒。当苗木新梢长到15～20厘米时，可追施少量速效氮肥。每株追施尿素或磷酸二铵100～150克，7月下旬以后追施磷、钾肥为主，以利于枝条成熟。进行2～3次叶面喷肥，前期以喷施0.2%～0.3%尿素加叶面肥为主。后期（9～10月份）以喷施0.3%～0.5%磷酸二氢钾为主。苗木成活后适时灌水是保证幼树健壮生长的关键。5月份半干旱少雨地区，视土壤墒情灌水1～2次。灌水可结合追肥进行。

5. 补苗

栽植苗木时应事先留下一定数量的预备苗木暂时假植，以备补栽之用。当苗木发芽后及时检查成活情况，对缺株死苗应于雨季带土移栽补齐，栽后灌水。

6. 病虫害防控

一般第一年病害较少，主要是虫害。易发生金龟子和大灰象甲的年份和地块，发芽后要严防其啃食嫩芽。生长期要注意刺蛾、天幕毛虫、蚜虫、红蜘蛛、卷叶虫、梨茎蜂等害虫的防控。

7. 树体管理

苗木成活发芽后，及时抹除基部的萌蘖和苗干上距地面40～50厘米以下的萌芽，以利于新梢生长和树冠扩大。对整形带内的分枝，选留顶端直立旺枝作中心主枝延长枝，对其下部相邻的竞争枝采用拉枝开角、摘心等措施，以控制其长势。对整形带内的其他新梢，可用拿枝软化开张角度，或在新梢长到20厘米左右时先将其基部软化，再用牙签将枝梢顶开，保持半开张的角度（彩图2-17、彩图2-18）。

彩图2-17　拉枝（张建光）　　　　彩图2-18　新梢开张角度

8. 保证幼树安全越冬

幼树当年枝条充实度差，越冬能力弱。在北方易发生抽条、冻害及枝干日灼的地区，应加强综合管理，确保幼树安全越冬。应本着"前促后控"的原则，7月份以前灌水2～3次，7月下旬以后要控制灌水，并注意排水。加强病虫害防控，确保叶片完好。在大青叶蝉产卵为害期应及时喷药，防止其产卵为害以避免抽条。土壤结冻前需灌一次冻水，提高土壤湿度。能弯倒埋土防寒的小树，应埋土防寒。主干较粗，弯倒较困难的植株可主干涂白，并于西北侧距树干40～50厘米处培50厘米高的半圆形月牙土埂，以提高地温，减轻抽条危害。1月份在树下铺设地膜，以便提高地温，促使冻结土壤及早化冻。

第三章

梨园树下管理

　　土壤是梨树生长发育的基础，良好的地下管理是保障梨树早果、丰产、稳产、优质的前提。树下管理的主要内容包括土壤管理、施肥和灌水。与发达国家相比，我国梨产业在这些方面存在巨大差距。最关键问题是梨园土质结构不良、有机质含量低、土壤供肥能力较差。据全国梨主产区土壤肥力调查，我国梨园土壤有机质平均含量约为0.6%，其中绝大多数梨园土壤有机质含量低于1%，这是造成梨果单产较低、品质较差的主要原因。土壤肥力低下固然与梨园立地条件差有直接关系，但更主要的原因是长期以来，我国尚未形成一套优化的土壤管理模式。在施肥方面，生产上普遍采用经验施肥，且许多地方梨农又倾向于偏施化肥，导致了土壤元素间的不平衡，使缺素症在我国梨园普遍发生。在营养诊断基础上，实施配方施肥是发达国家梨生产现代化的标志之一，而目前我国距离实现此目标甚远。在灌溉方面，灌溉水源不足和灌溉方法落后是长期困扰我国梨生产的难题，不仅在很大程度上影响了梨树生长发育和梨果品质，而且落后的灌水制度也耗费了大量宝贵的水资源。因此，建立梨园优化地下管理模式，采用适宜的土壤管理制度以及先进的配方施肥方法，创新节水途径，改变落后的灌溉方式，既是我国梨产业面临的巨大挑战，又是当前亟需解决的重要问题。

第一节　土壤管理

　　我国梨园多建在丘陵、山区、沙滩及盐碱地上，一般土层较浅，土质瘠薄，有机质含量很低，不利于梨树的正常生长发育，因此土壤改良任务突出而艰巨。梨园土壤管理模式就是指常年管理土壤的基本制度。不同管理模式均有基本的目标要求和技术规范，并通过实施具体的土壤管理方法来实现。梨园土壤管理的模式较多，适宜在我国立地条件下采用的主要有清耕法、生草法、覆盖法和间作法。近些年来，一些地区尝试创建各种生态梨园，在土地利用和管理方面有所创新，其模式也可以暂时归为土壤管理的范畴。至于土壤管理的具体技术则有很多，其作用和适用场合也各有不同。

一、土壤管理模式

不同土壤管理模式所包含的具体管理内容有很大不同。各种模式均有其优点和缺点，具体应用的范围和前提条件也有所差别。所以，掌握不同模式的实质及应用范畴，有助于根据各自梨园的特点确定适宜的土壤管理模式，并扬长避短，达到不断培育良好土壤结构、可持续培肥土壤的目的。

1. 清耕法

（1）概念及应用现状　梨树行、株间土壤全年保持休闲状态。即通过生长季多次耕作，使土壤保持疏松和无杂草状态。这是一种传统而古老的土壤管理模式，曾被国内、外梨农广泛应用。然而，随着梨树生产规模化、集约化和商品化的发展，一些发达国家率先摒弃了这种不适应大规模商品生产并相对落后的土壤管理模式，转而采用以梨园生草为主流的先进土壤管理模式。然而，我国由于受几千年来精耕细作管理惯性的影响，加之生产单元规模小、生产基础条件较差以及其他一些阻碍先进土壤管理模式应用因素的制约，至今在我国清耕法仍是梨园应用最广泛的土壤管理模式。

（2）基本做法　一般在秋季对梨园行间土壤（或株间）进行深耕，春、夏季进行多次中耕，生长季梨园地面始终保持疏松无杂草状态。发现地面板结或有杂草时，及时耕耘。一般松土和除草同时进行。至于除草的方法，可采用人工锄、铁锨翻、镐或镢头刨、机械旋耕或化学除草等多种方法，心土坚硬时，还可采用土壤深层震动松土的方法。

（3）主要优缺点

①优点　可以减少土壤水分蒸发、灌溉或雨后中耕，防止土壤板结，增强土壤透气性，加速土壤养分的矿质化过程，有利于微生物活动，加速有机质分解，短期内可显著增加土壤有效态养分含量。此外，及时灭除杂草，可减少其对水分和养分的消耗，并消除了病虫繁殖场所，也有利于梨树的正常生长和发育。

②缺点　中耕除草较费工，尤其是采用人工作业时，劳动生产成本较高。长期清耕会减少土壤有机质，破坏土壤团粒结构，降低土壤肥力。山地、丘陵地实施清耕会加重水土流失，地表风蚀现象严重。此外，在雨季清耕较难进行，尤其

是山坡地，容易造成草荒，导致恶性杂草上树。

（4）适用范围及条件　在我国现有条件下，如果梨园土壤比较肥沃，管理水平较高，梨园管理者有较雄厚的经济实力，每年都能保证施用充足的有机肥料，从而使梨园在保证丰产优质的前提下，土壤肥力还能不断巩固和提高，或者土壤有机质含量能维持在 1.5% 以上，还是可以采用清耕土壤管理模式的。但在水土易流失的山地和丘陵地梨园，应尽量改用其他土壤管理模式（彩图 3-1～彩图 3-3）。

彩图3-1　梨园春季清耕

彩图3-2　清耕梨园初夏效果（张建光）

2. 生草法

（1）概念及应用现状　在梨园内除树盘外，在行间种植禾本科、豆科等草种，生长季及时对生草进行刈割和管理，并将割下的鲜草留于园内的土壤管理方法。可分为永久生草和短期生草两类：永久生草是指在梨园行间播种多年生牧草，定期刈割，使草能维持多年生长；短期生草一般选择一年或二年生的豆科和禾本科草种，逐年或越年播于行间，待草生长至一定时期全部翻压。由于生草法为梨园土壤建立了一种良好的

彩图3-3　清耕梨园机械旋耕除草
（张建光）

营养循环模式，使土壤结构不断得到改善，有机质含量可持续增加，因而成为发达国家大面积商品梨园广泛采用的土壤管理方法。近年来，我国一些条件较好的地方，也开始推行梨园生草模式，并取得了良好的效果。然而，目前在我国广泛推行生草模式尚存在一些实际困难。首先，我国多数梨园采用乔化砧木，但栽植距离一般较小，进入结果期后梨园群体很快郁闭，行间光照条件恶化，难以满足草种生长需要；其次，北方大多数梨园自然降水量少，又缺乏灌溉水源，难以保证草种的正

常生长；最后，受传统清耕意识的影响，梨农对生草制度的认识存在误区。由于上述原因，导致目前在我国梨生产上，实际应用生草模式的梨园，面积很有限。

（2）基本做法　通常在行间种植一年生或多年生豆科或禾本科草种，株间冠下实行清耕。大树稀植园株间有空间的也可在行间和株间同时种植。种植草种后，应加强管理，关键时期补充肥水，待生长到一定高度后刈割覆盖于地面或直接翻压。为了便于梨园管理，减少草对梨树的影响，一般每年根据草的长势，刈割 3～5 次，使其高度保持在 10～20 厘米。若采用多年生草模式，每 5 年左右彻底翻压，然后重新种植。

（3）主要优缺点

① 优点　生草后土壤不再进行耕锄，土壤管理比较省工。遗留在土壤中的草根和刈割下的鲜草，可保持和改良土壤理化性状，保持良好的团粒结构，增加土壤有机质和有效养分含量。生草有效减少土壤冲刷，防止山地、丘陵地水土和养分流失。在雨季，生草可消耗土壤中过多水分、养分，促进果实成熟和枝条充实，提高果实品质。生草还有利于改善梨园地表小气候，减小冬夏地表温度变化幅度。采用生草模式，建园成本低，适宜采用节水灌溉，有利于梨园机械化作业。

② 缺点　易造成多年生草类与梨树在养分和水分上的竞争。在水分竞争方面，以持续高温干旱时表现最为明显，梨树主要根系分布层（10～40 厘米）的水分丧失严重；在养分竞争方面，对于梨树来说，以氮素营养竞争最为明显。随树龄增大，与生草植物间的营养竞争逐渐减少。长期生草的梨园易使表层土壤板结，影响通气。此外，有些草种根系强大，在土壤分布层密度大，由于截取下渗水分和消耗表土层氮素，易导致根系上浮，与梨树争夺水肥的矛盾加大。

（4）适用范围及条件　在梨园面积较大、有机肥源不足、土壤有机质缺乏、土层较深厚、水土易流失的梨园，如果当地年降水量达到 800～1000 毫米或有良好的灌溉条件，梨园群体光照条件尚好时，可以采用生草法（彩图 3-4～彩图 3-6）。

彩图3-4　梨树行间生草　　　　彩图3-5　梨树行间种植黑麦草
　　　　　　　　　　　　　　　　　　　　（张建光）

　梨高效栽培与病虫害看图防治（第二版）

3. 覆盖法

（1）概念及应用现状　利用各种农作物秸秆、杂草、落叶、谷壳、绿肥、树皮、木屑、砂砾、淤泥或地膜等，对全园地面、行间或树盘进行覆盖。可分为长期覆盖和短期覆盖两种。短期覆盖即在全年某一时期对土壤进行覆盖，达到目的后即撤除覆盖物，一般多用于早春土壤增温保水，或果实成熟期地面铺反光膜增进果实品质等；长期覆盖则是全年或连续几年对梨园土壤进行覆盖。覆盖法是一种优良的土壤管理制度，在干旱缺水或雨水比较多的地区比较适宜，有利于梨园土壤保水和机械化作业。目前，我国一些地区梨园已经应用各种覆盖方法，

彩图3-6　梨树全园生草
（董彩霞）

取得了理想的效果。至于覆草法，由于一些地区梨农（尤其是北方干旱地区）担心鼠害、病虫害和火灾的发生，所以在生产上的应用并不普遍。

新疆对库尔勒香梨园连续进行5年生草和覆草试验，结果表明：覆草能显著提高库尔勒香梨的产量和品质。5年间的年均增产幅度为15.2%～65.3%，节水幅度达到28.8%～36.1%，土壤有机质含量增加25.6%～70.5%，速效氮、速效钾和速效磷含量分别增加39.1～76.4毫克/千克、4.5～18.0毫克/千克、29.8～76.9毫克/千克，0～30厘米土层的1厘米直径总根数增加幅度达到55.0%～122.1%。

（2）基本做法　在梨园地面（行间、树盘下或全园）覆盖农作物秸秆、杂草、落叶、谷壳、树皮或地膜等，以覆草最为普遍。一般可于早春在梨园树盘内或行间覆盖作物秸秆或杂草，覆后由于逐年腐烂减少，需不断补充新草。在覆盖3～4年后，将覆盖物翻入土中，再重新进行覆盖。短期覆盖一般在早春梨树萌芽前后或果实成熟前进行。

（3）主要优缺点

① 优点　可以有效控制杂草，节省中耕除草用工。减少土壤水分蒸发，防止返碱，提高土壤含水量，节省灌溉用水。随着覆盖物的腐烂分解，能显著增加土壤有机质和有效态养分含量，并能防止磷、钾、镁等元素被土壤固定而呈无效态。能促进土壤团粒结构形成，提高保肥保水能力。覆盖还能保护地表防止土壤冲刷，减少水土流失，稳定地面温度，避免夏热、冬寒对根系的伤害。

② 缺点　春季土壤温度回升较慢，使梨树萌芽、开花期稍有推迟。在冬春季节不宜加厚覆盖物，覆盖后会引根向上。覆盖不能中断，必须每年添补覆盖物，否则，根系易受到损害。在温度较高、雨量充足的地区，覆盖容易引起旺长，影响花芽形成。有时还会导致某些病虫害、鼠害及火灾的发生。

彩图3-7　梨园覆盖秸秆
（张绍林）

彩图3-8　梨树行间生草行内覆盖
（张建光）

彩图3-9　梨树行内地膜覆盖
（张建光）

（4）适用范围及条件　最适宜干旱、半干旱地区，土层浅薄、土质较差、土壤有机质含量低、灌溉水源缺乏的梨园使用。也适用于南方雨量较大的湿润地区。实践证明：利用地膜或反光膜短期覆盖，效果显著。若采用梨园覆草，北方梨区则应在消除火灾和鼠害隐患的前提下使用（彩图3-7～彩图3-9）。

4. 间作法

（1）概念及应用现状　利用梨树行间、株间空地，间作或套种其他作物，以取得适当的经济收入，一般多应用于幼龄梨园。由于国外发达国家提倡大规模集约化商品生产，这种方法比较少见。但在我国现行的社会经济体制下，梨园规模小，大多分散经营，梨农对梨园前期的投资能力差。所以，为获得早期经济效益或经济补偿，大多在幼龄梨园采用间作法。

（2）基本做法　根据梨树冠大小留足树盘作埂。根据间作物的种类，于生长季一段时间内在树盘外行间种植。幼龄梨园每年随着树盘不断扩大，间作面积逐渐减小。一般到梨树开始大量开花结果、行间空间较小时，彻底停止间作。

（3）主要优缺点

① 优点　合理间作可充分利用土地和光能，增加梨园早期经济收入。一般在梨树需肥水较多的生长季前期保持清耕，减少杂草对养分和水分的竞争；后期或雨季种植间作物，减少土壤冲刷，防止水土流失，控制杂草危害。间作物在雨季可吸收利用土壤中的过多水肥。

② 缺点　树盘留得太小、间作物选择不合理或间作物管理不当时，会加剧间作物与梨树争肥、争水、争光的矛盾，影响梨树正常生长与结果。据河北赵县调查，小麦和梨树根系分布情况是：小麦垂直根系深达 80～100 厘米，以 0～40 厘米处根系最多（达77.9%）；梨树根系则集中分布在 20～60 厘米土层中。二者根系交叉层主要在 20～40 厘米处，因而就

会出现梨麦间对肥、水供需的矛盾。另外，间作物选择不当还会加重某些病虫害的发生。

（4）适用范围及条件 在处理好梨树与间作物关系的前提下，幼龄梨园可以考虑合理间作。但必须严格控制间作面积，认真选择间作物种类。通过科学管理，使梨园间作不仅有利于梨树正常的生长和发育，而且还要有利于梨园土壤供肥能力的不断提高（彩图3-10）。

彩图3-10 梨园间种豆科作物
（张建光）

5. 生态管理法

生态梨园是近些年来新兴的一种梨园管理模式。它是以生态学理论为基础，梨园生物多样性为核心，实现系统内的生态动态平衡，促进物质在系统内部的循环和多次重复利用，以尽可能减少燃料、肥料、饲料和其他原材料投入，从而获得梨高产、稳产及优质，以达到生产、生态环境、能源再利用和经济效益共同提高的目的。

目前全国各地尝试的生态梨园模式有多种，如休闲观光梨园、间作套种梨园、草畜结合梨园等。就实际效果和对产业未来发展的前景而言，以草畜结合模式较好。目前，各地通过试验取得了一些有益的经验。四川省已正式提出丘陵区生态梨园"梨 - 牧草 - 畜（禽）"结合的三种模式，可供各地借鉴。

（1）梨 - 草 - 兔模式 草种可用多年生黑麦草、鸭茅草、白三叶草、紫花苜蓿等。草种混播，用量每亩1千克；兔种可用天府肉兔、新西兰兔、加利福尼亚兔等。

（2）梨 - 草 - 鹅模式 草种用一年生黑麦草、苏丹草、高丹草、莴笋等及专用配合饲料，用量每亩1千克；鹅可选用天府肉鹅。

（3）梨 - 草 - 羊模式 草种选用一年生或多年生黑麦草、扇穗牛鞭草、紫花苜蓿、光叶紫花苕、白三叶草。草种混播，用种量每亩1 ～ 1.5 千克。羊种可用波尔山羊、金堂黑山羊、南江黄羊等。

实践证明：梨园行间种植牧草，以草养畜（禽），畜（禽）粪便经沼气池或粪窖发酵后施入梨园，是一条较好的生态营养循环模式。据报道，沼渣含有机质36% ～ 49%、腐植酸10.3% ～ 24.7%、全氮0.80% ～ 1.65%、全磷0.39% ～ 0.72%、全钾0.61% ～ 1.30%。相关试验表明：梨园施用沼液，可以促进幼树健壮生长，显著提高成年树产量和品质。

二、土壤管理方法

梨树根系集中分布层随土壤类型、肥力水平、管理方法等有所不同。黏土地一般在地表下15 ～ 35 厘米处，沙土地一般在20 ～ 40 厘米处。采用合理的土壤管理措施，创造和扩大适宜根系生长范围，是土壤管理最基本的目标和任务。梨园土壤管理具体方法有：深翻、耕翻、刨树盘、刨园、除草、覆盖、生草和间作等。

1. 土壤深翻

梨园土壤深翻可以改善土壤的理化性质，增加土壤孔隙度和有益微生物数量，显著增加根系数量。同时，土壤深翻还可促使根系向纵深发展，减少土壤表层浮根，改善根系分布状况，提高抗旱能力。

深翻一般多用于山地、丘陵地以及土层较薄、结构不良的梨园。多数梨园在建园时虽然对栽植穴土壤进行了深翻改良，但改良的范围比较小，幼树生长2～3年后，根系就会生长到原来定植穴以外。因此，随着根系的逐年扩展，将根系集中分布层逐步改造成疏松肥沃的活土层，才能保证树体健壮发育，产量稳步提高。深翻必须在幼树期抓紧进行，否则，大树断根太多，会直接影响树体生长及产量。

（1）深翻时期　梨园土壤深翻，以秋季果实采收后结合秋施基肥一并进行最好。此时地上部生长基本停止，地下根系仍处在旺盛生长期，损伤根系容易愈合，对树体削弱作用较小。春季深翻会加重旱情，影响萌芽、开花、坐果和新梢生长，无灌溉条件的梨园不宜进行。夏季深翻对树体削弱作用较大，一般不适合进行，但对于生长过旺、成花困难的梨树，采取夏季深翻，能够抑制生长，促进花芽形成。

（2）深翻方法　梨园土壤深翻方法很多，具体采用哪种方法应根据定植时挖坑形式决定。当初挖定植穴栽树的，应采用放树窝子的办法进行深翻扩穴，即在原来定植穴外缘挖环状沟深翻。劳力不允许时可分步实施，使定植穴逐年扩大，直到全园翻完为止（图3-1）。栽树时挖定植沟的，应进行隔行深翻，即在原来的定植沟外缘挖条状沟深翻，每年只翻树行的一侧，来年再深翻树行的另一侧。直到与相邻树行深翻连接为止（图3-2）。栽植株、行距较大的梨园，有机械化作业条件的可采用全园深翻的方法，即一次性将梨园深翻。但必须在幼树期尽早进行，否则梨树长大后，树盘难以翻到，且伤根太多，会影响梨树正常生长及结果。

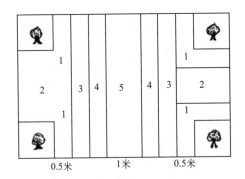

图3-1　幼龄梨园各年深翻部位

1，2，3，4，5为逐年深翻位置

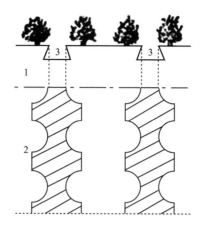

图3-2 隔行深翻法

1—断面图；2—平面图；3—深翻沟

（3）深翻深度 应根据梨园下层土壤状况和以后采用的土壤管理制度等灵活确定。一般深度为 60 ～ 100 厘米。如果下层土壤坚实、黏重或砾石较多，则必须深翻 80 ～ 100 厘米，以改良深层土壤。若土层深厚，疏松肥沃，可适当浅翻，60 ～ 70 厘米即可。沿用清耕制度的梨园，应深翻 80 ～ 100 厘米，使根系分布层加深，提高抗旱、抗寒和耐高温能力。改用覆盖制的梨园，可适当浅翻，40 ～ 60 厘米即可。

（4）深翻注意事项 为提高深翻效果，具体操作时应特别注意以下五个方面。

① 深翻挖出的表土与心土应分别堆放。土壤回填时，先将表土填入底层和根系附近，以利于根系生长。心土填在上层促使其熟化。

② 无论采用哪种深翻方法，一定要与前次深翻接茬，不留中间隔层。

③ 深翻时应尽量少伤根系，尤其是粗度在 1 厘米以上的根。如果损伤了粗根，应将断根伤口修剪平滑，以利于愈合和促发新根。

④ 结合深翻应施入大量有机物和农家肥，增加土壤有机质含量。先将秸秆、杂草、落叶或树枝等有机物压入深翻沟底层，并撒少量氮素化肥，以利于有机物分解。将农家肥与表土混匀，填入深翻沟中部，以满足根系吸收利用。将剩余底土填在沟的上部，促使其熟化。

⑤ 深翻后应及时回填，避免根系久晒失水或受冻损伤。土壤回填后，及时灌水，使土壤与根系密接，加速伤根愈合，促进新根发生。同时，也有利于有机质腐烂分解。

2. 土壤耕翻

土壤耕翻一般可在秋季、春季或夏季进行。耕翻狭义指犁耕或机耕，广义则指梨园浅翻，包括刨树盘、用锹翻地等。

（1）秋季耕翻 秋耕时间一般在梨果实采收后进行，生产上多配合施基肥一同进行。此时，根系处于生长高峰，断根愈合快，有利于新根形成，又可抑制秋梢生长，促进枝条成熟，防止冬季抽条。还可接纳存储大量雨水和雪水，满足梨树翌春生长的需要，并可铲除杂草，消灭地下越冬害虫。秋耕深度一般在20～30厘米。冬季雨雪稀少的地区，耕后及时耙平；雨雪多的地区或年份，耕后不耙，以促进水分蒸发，改善土壤水分的通气状况。在低湿盐碱地耕后不耙，以防止返碱。坡地耕翻应沿等高线进行。面积较大、有条件的梨园可以采用土壤旋耕机耕翻，以提高工作效率。无条件的小梨园，也可采用铁锹翻压。山地、丘陵地梨园，多用镢头刨园。

（2）春季耕翻 深度较秋耕浅，一般在5～10厘米。在将要化冻时趁墒及时进行，可保蓄土壤水分。大面积平地梨园可进行机耕，耕后耙平，风多地区还需要镇压。有的地区翻后不耙，以防风蚀。在春季风大少雨的地区以不耕为宜。

（3）夏季耕翻 多在伏天进行。此时杂草繁茂，土壤较松软，耕后可增加土壤有机质，提高土壤肥力，并加深土壤耕作层，促使根系向土壤深层生长，提高梨树的抗逆性。适宜在干旱缺水的山区、丘陵区梨园进行。

3. 除草

杂草滋生对梨树生长发育影响较大。一方面，杂草容易与梨树争夺养分和水分，甚至有些杂草还能上树，影响梨树的通风透光；另一方面，杂草形成的小气候，助长了某些梨树病虫害的发生。梨园除草是常规土壤管理中费时、费力的一项工作。目前，除草方式主要有人工除草、机械除草和化学除草三种。

（1）人工或机械除草 重点在杂草出苗期和结籽前除治，一般每年进行3～4次。根据河北省赵县梨区的经验，中耕除草全年进行4次。第一次在3月中旬浇萌芽水后进行，第二次在落花浇水后进行，第三次在5月中旬浇水后进行，第四次在采收前20天进行。除掉的杂草可埋在树下，以增加土壤肥力。中耕深度以6～10厘米为宜，中耕后耙平。有条件的梨园可用旋耕犁进行中耕除草，效果好，速度快。许多梨园往往在进入雨季后杂草生长迅速，由于雨水过勤，土壤湿润无法耕锄，锄后又易复活，使草害迅速蔓延，甚至形成草荒。尤其是山地梨树，枝叶离梯壁较近，杂草极易上树造成草害。故应特别重视雨季杂草的控制。锄下的杂草可作为有机肥料使用。一般北方梨园，采用前期人工锄草与后期化学除草相结合的方法效果较好。雨季前人工锄草2次，麦收前混喷1次草甘膦＋莠去津（阿特拉津）。

（2）化学除草 为彻底除治杂草，提高管理效益，生产上常使用除草剂。化学除草省时、省力，经济也比较合算。但有时由于施用技术掌握不好，常常出现效果不佳或发生药害的情况。为此，在施用除草剂时应注意以下几点。

① 选择适宜除草剂种类　许多除草剂都有选择性，选用不当会直接影响灭草效果，各地应针对梨园主要杂草种类选用。如草甘膦虽是防除深根性杂草的优良除草剂，但某些 1～2 年生杂草已产生了抗药性；西玛津对禾本科杂草效果最佳，一般用于封闭土壤。从近年各地梨园使用除草剂情况看，草铵膦是较为理想的梨园除草剂，对梨园常见的 100 多种恶性杂草都有良好的防除效果，且使用得当梨树不易遭受药害。

② 掌握适当施用次数　根据梨园杂草发生期的早晚，大致可分为春季杂草（6 月份以前）和夏季杂草（7 月初以后）两大类，所以喷药次数一般为 1～2 次。若春季杂草和夏季杂草均危害严重，可于 5 月中下旬和 7 月中下旬各喷药一次。由于北方多数梨园春季干旱，杂草危害较轻，也可在雨季到来前采用人工除草，7 月份再采用化学除草。

③ 确定好施药时期　草铵膦是具有传导作用的灭生性茎叶处理剂，土壤处理无效。所以，只有在杂草具有较多叶片，能够附着足够药量时施药才能获得理想除草效果。一般以杂草株高 15 厘米左右时用药效果最佳。

④ 施足药量　施药量会直接影响除草效果。草甘膦一般用药量每亩（实喷面积）应达到 1.5～2 千克，对水 50 千克均匀喷雾。

⑤ 合理使用添加剂　适当加入助剂，可提高杂草对药液的吸收率，因而大大增强灭草效果。常用添加剂有：硫酸铵（增效剂）1.5 千克 / 亩、中性洗衣粉（展着剂）0.15 千克 / 亩或柴油（浸透剂）0.2 千克 / 亩。

⑥ 严把施用技术关　喷药防除杂草时一定要做到均匀周到，喷洒时间以杂草上无露水为宜。喷前注意天气预报，喷后 12 小时不能遇雨，否则需要重喷。草甘膦对梨树也有不良影响，若喷到树上会在当年表现（死枝、死树）或在翌年表现（叶片呈柳叶状）出药害。因此，喷药要求做到以下三点：一是有大风的天气不能喷；二是尽量不使用机动式喷雾器，而选用背负式喷雾器；三是喷雾器喷头处安装一个塑料罩，以确保做到定向喷雾。

⑦ 提高配药质量　应用水质较好的清水配药，浑浊水配药会降低药效。低温时，除草剂原液常有结晶析出，故用药前应充分摇动容器，使结晶充分溶解，以保证药效。喷药后，药械一定要洗刷干净，以备再用。

4. 土壤覆盖

我国北方降雨量少，大多数梨园没有灌溉条件或灌溉水源严重不足。在这些地区，采用节水旱作措施就显得十分必要。而在梨树节水旱作方法中，最为有效的就是地膜覆盖或树盘覆草。此外，土壤覆盖对于提高地温、减少病虫害、提高果实品质也有一定的促进作用。

（1）覆盖时期　全园长期覆盖在一年四季均可进行。北方梨园覆盖一般以在春季干旱、风大的3～4月开始为好。覆草一般在5月上旬以后，地温已明显回升后进行。短期覆盖则可根据覆盖目的择机进行。如幼树定植后及时覆盖保水增温，果实着色期铺设反光膜以提高品质等。

（2）覆盖方法　根据梨园土壤覆盖面积，可分为全园覆盖、树盘覆盖和行间覆盖三种方式，但覆盖方法基本相同。以覆草为例，覆盖前先将覆盖区域深翻或深锄一遍，施入适量氮肥（一般成年树每株施用0.5～1千克尿素），以满足微生物增殖对氮素的需求。有灌水条件的梨园，应先浇水后覆盖。覆盖厚度以15～20厘米为宜，初次覆盖每亩覆草3000千克左右，以后根据覆草腐烂情况，每年再添补600～800千克。树盘覆盖时，树干周围不宜盖草（距树干30厘米以内），以防土壤湿度过大而对根颈造成危害。在覆盖的草被上，零星点撒少量细土，以防火灾或被大风吹走。

（3）注意事项　梨园覆盖应保持连续性，否则，突然去掉覆盖物后根系不适应，会使表层根系受到破坏。但覆盖期也不应过长，3～5年后需耕翻一次，防止根系上浮，并于当年再行覆盖。此外，黏土、低洼地不宜覆盖。覆盖后也不能灌大水，并注意雨季排水。原因是覆盖物有较好的保水能力，会使土壤含水量过高，引起树体旺长，甚至积水成涝。

5. 生草

生草是目前比较先进的梨园土壤管理模式，在有条件的地区应大力推广。然而，我国不同梨产区立地条件、气候条件和生产条件差异巨大，所以，具体梨园生草种类、种植时期和方法以及生草管理技术有很大的不同。

（1）草种选择　应选择适合当地自然生态条件和生产水平的草种。一般梨园生草对草种的要求是：草棵低矮，生物产量大，覆盖率高；草种与梨树没有共同病虫害；草的根系应以须根为主，地面覆盖时间长，旺盛生长时间短，这样可以减少草与梨树争夺水分和养分的时间；还应具备耐阴、耐践踏的特性。根据近些年的生产实践，适宜北方地区梨园种植的草种有：紫花苜蓿、三叶草、黑麦草、羊茅草、草木樨、苕子、百脉根、肥田萝卜等。

（2）播种时期及播种量　自春季到秋季均可播种。种植多年生草种，最好在春季或秋季播种，这样可以处在杂草开始迅速生长前或基本停止生长后，播种的草能够顺利萌芽，迅速覆盖地面，形成群落优势。但不同草种或不同地区播种的具体时间有所不同。比如在河北省保定地区，白三叶草可在3月中旬或8月中下旬播种；紫花苜蓿最好在3月中旬播种，8月份以后播种不易越冬；一年生黑麦草，可在夏季5月份播种，而多年生黑麦草，则可在早春3月中旬或秋季8月底至9月上旬播种。不同草种播种量及播种深度可参见表3-1。

表3-1 不同草种适宜播种量及播种深度

类别	草种	播种量/（千克/亩）		种子播种深度/厘米		
		撒播	宽行条播	轻质土	中黏土	重质土
禾本科	鸭茅（鸡脚草）	1～1.25	0.75～1	2	1.5	1
	多年生黑麦草	0.75～1	0.35～0.6	3	2	1
	意大利黑麦草	0.75～1	0.35～0.6	3	2	1
豆科	紫花苜蓿	1	0.5	2	1.5	1
	红三叶	1	0.5	2	1	1
	白三叶	0.5～0.75	0.25～0.5	1	0.5	0.5
	杂三叶	1～1.5	0.5～0.75	2	1	1
	百脉根	0.75～1	0.35～0.5	1	0.5	0.5
	普通苕子（春箭筈豌豆）	5	2～3	8	6	4
	毛叶苕子（冬箭筈豌豆）	6	1.5～2.5	5	4	3
	紫云英	1.5～2.5	1～1.5	5	3	2

（3）播种方式和方法　播种方式分为单播或混播两种。混播对增加鲜草产量具有明显的促进效果。

播种前，应根据梨园行间空间大小和播种机械规格，确定适宜播种宽度，并修好地埂。整平播种土地，适当施用有机肥，充分浇水，然后翻耕，耙平。如果播种小粒种子，最好在播种前镇压，以防播种过深。对于大粒种子，则可直接播种。播种方法可根据草种及梨园行间状况，采用条播或撒播。播种完成后，对于一些出苗期需要保持适宜湿度的草种，最好立即覆盖地膜，以便增温保湿。

（4）管理及刈割　出苗后，应根据膜下温度变化（注意：温度不能超过35℃），及时支膜和揭膜。幼苗期应加强杂草防治，最好根据草种特性及杂草主要种类使用选择性除草剂。若用非选择性除草剂（如草甘膦、草铵膦），在杂草不多时，可采用点、片方式直接喷布杂草。此外，草生长期应及时施肥和灌水，促其旺盛生长。当草长至30厘米以上时，就可以考虑刈割，留茬15～20厘米，将鲜草留在行间或用作覆盖树盘。

（5）生草注意事项　生草后，为了减轻杂草与梨树争夺营养和水分的矛盾，应该加强对草的追肥和浇水，以小肥换大肥，以无机肥换有机肥。连续生草5～7年后，草逐渐老化，表层土壤也已板结，此时应及时耕翻，待休闲1～2年后，再重新种草。此外，值得指出的是：生草后，可能诱使某些虫害（如绿盲蝽、螨类）加重，所以，必须加强对草上害虫的防治（彩图3-11～彩图3-14）。

彩图3-11　机械播种草种（张建光）　　彩图3-12　草种播后覆膜（张建光）

彩图3-13　机械割草（张建光）　　　彩图3-14　紫花苜蓿（张建光）

6. 间作

在我国，幼龄梨园实行间作比较普遍。由于梨树寿命很长，现在北方梨区仍有一些几十年甚至百年以上梨园，结果累累。但由于这些梨园株行距较大，加上当地的传统习惯，有的仍然进行间作。合理间作、科学管理是对梨园间作的基本要求。

（1）适宜间作物的选择　应选择矮秆或匍匐生长的作物，根系分布浅，不能对梨树产生不利影响，与梨树没有共同的危险病虫害，管理上与梨树矛盾较小。适宜梨园间作的作物有：①农作物类：大豆、绿豆、豌豆、地瓜、花生、芝麻、小麦等；②瓜菜类：西瓜、冬瓜、甜瓜、油菜、菠菜、大葱、大蒜、生姜、萝卜等；③中药植物及果树类：白菊、甘草、沙参、党参、丹参、地黄、红花、草莓等。一般山区、丘陵区土质瘠薄的梨园，可间作耐旱、耐瘠薄、适应性强的作物，如谷子、绿肥作物、豆类、薯类等；沙滩、海滩地梨园，可间作花生、薯类、白豇豆；在平地梨园，一般土层较厚，土质肥沃，肥水条件较好，可适当间作蔬菜类和药类植物。

（2）种植方式　梨苗定植后的1～2年内最少要给梨树留出1米宽的树盘（畦），畦面保持土壤疏松无杂草状态。在畦埂以外的地方种植作物，并随着树龄增大扩大树盘，间作面积逐渐缩小。对于生产上现存的一些老龄梨园（树龄在100～200年及以上），有些园片株行距达到8～10米，株行间仍有较大空间的，可视实际情况进行间作。

（3）间作物的管理　实行多年间作时，要避免长期连作，以免造成土壤营养元素失调，宜实行轮作和换茬。另外，对于间作物，必须根据其特点，加强土肥水管理，以尽量缓和以及减少间作物与梨树营养的竞争。此外，注意不能间作生长季后期需水量大的作物，或在生长后期注意适当控水，以免对梨树越冬造成不利影响。

7. 客土和改土

我国一些梨园土壤结构不良的问题比较突出。土质沙性过大或过于黏重的土壤都不利于梨树生长发育，均应进行改良。沙地可以用土压沙或起沙换土，改善土壤的理化性质，提高土壤肥力。具体做法是：在树冠外围垂直向下挖深60～80厘米、宽40～50厘米的深沟，将沙取出，填实好土，及时浇水。随着树冠扩大，逐渐向外扩展，一般2～3年换土一次。在风沙流失严重的梨园，冬春在树下压盖一层好土，每次厚度约10厘米。以后结合施肥、翻刨，把黏土混入沙中。同样，黏土地可掺沙或炉灰，提高土壤通透性。山地梨园附近有云母片麻岩风化的黑酥石，可于冬季运入梨园压在地表，每次每亩用量25000千克。这种酥石富含钾、镁、铁等元素，既增厚了土层，又增加了营养，具有"以土代肥"的作用。

第二节　梨园施肥

生产实践表明：梨果高产、稳产和优质与土壤有机质含量以及营养元素相互平衡状态直接相关。一般优质丰产梨园土壤有机质含量应在2%以上，但目前我国绝大多数梨园土壤有机质含量不到1%。所以，改变土壤管理模式，广辟肥源，建立良好的土壤有机质循环机制，增加土壤有机质投入，是彻底改变我国梨果生产落后面貌的关键。此外，近年来各地梨园对于化肥的偏施和滥用，也已经直接威胁到梨果产量和质量的提高。建立在营养诊断基础上的平衡施肥，是世界上梨园科学施肥的发展方向，在发达国家已经取得成功的经验。目前我国梨树营养诊断技术也已基本成熟，应创造条件，尽快应用于生产。

一、梨树需肥特点

梨树一般结果量较大，需要的养分相对较多。梨树在一生中和一年中对营养的需求随生长发育阶段或物候期而有所不同。掌握这些特点有助于确定梨园适宜施肥时期和施肥量，从而满足不同年龄期梨树生长和结果的需要。

1. 需肥动态

（1）梨树不同年龄期对三要素的需求　梨树在幼树阶段以营养生长为主，主要是树冠和根系扩大，氮肥需求量最多，还需要适当补充钾肥和磷肥，以促进枝条成熟和安全越冬。结果期树从营养生长为主转入以生殖生长为主，氮肥不仅是不可缺少的营养元素，而且还会随着结果量的上升而增加；钾肥对果实发育具有明显的作用，因此，钾肥的施用量也随着结果量的上升而增加；磷与果实品质关系密切，为提高果实品质，还应注意增加磷肥的施用。

（2）梨树一年中对三要素的需求　春季为梨树器官的生长与建造时期，根、枝、叶、花的生长随气温上升而加速，授粉受精、坐果都要求具有充足的氮素供应，树体吸收氮的第一个高峰在5月。5～6月是幼果膨大期，大部分叶片停止生长，新梢生长逐渐停止，光合作用旺盛，碳水化合物开始积累。此期对氮的需求量显著下降，但应维持平稳的氮素供应。氮素过多易使新梢旺长，生长期延长，花芽分化减少；过少易使叶片早衰，树势下降，果实生长缓慢。8月中旬以后停止用氮，对果实大小无明显影响，如继续大量供氮，会导致果实风味下降。所以，为使果实保持良好的风味，在采收前1.5～2个月内避免偏施氮肥。一年中，磷元素的最大吸收期在5～6月份，7月以后降低。磷元素吸收与新生器官生长密切相关，新梢生长、幼果发育和根系生长高峰正是磷的吸收高峰期。钾的第一个吸收高峰期在5月份，7月中旬为钾的第二个吸收高峰期，吸收量大大高于氮，此时正处于梨果迅速膨大期，钾到后期需要量仍较高，所以后期钾肥供应不足，果实不能充分发育，风味也寡淡（图3-3）。

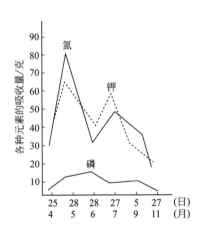

图3-3　二十世纪梨养分吸收量年变化动态

2. 需肥量

（1）树体所需的营养总量　梨树一年中所需营养量为树体生长和结果所需营养的总和。不同器官对氮、磷、钾的需求量不同。叶片和新梢生长需氮量较多，果实和新梢生长需磷量较多，叶片、果实新梢需钾量较多（表3-2）。亩产量为2500千克的长十郎梨树，一年中对三要素的吸收量为：氮10.7千克/亩、磷4.0

千克/亩、钾 10.3 千克/亩，植株生长总量为 3915.75 千克/亩（表 3-3）。

表3-2　梨树不同器官生长需要养分的数量　单位：千克/100千克鲜重

器官	氮	磷（五氧化二磷）	钾
根	0.63	0.1	0.17
新梢	0.98	0.2	0.31
叶片	1.63	0.18	0.69
果实	0.2～0.45	0.2～0.32	0.28～0.4

表3-3　长十郎梨每亩三要素吸收量

器官	总生长量/千克	氮/千克	磷/千克	钾/千克
叶	468.75	5.4675	1.405	1.6275
果实	2500	1.79	0.8175	4.4475
枝、干、根	947	3.45	1.8	4.1825
总计	3915.75	10.7075	4.0225	10.2575

（2）确定树体需肥量的因素　实际上，树体需肥量的计算是一个比较复杂的问题。一方面，不同品种、不同产量的梨园，养分吸收量有很大差异（表 3-4）。另一方面，对于不同器官的生物学产量只能估算，这样就会不可避免出现一些误差。

表3-4　不同梨品种氮、磷、钾年吸收量　单位：千克/亩

品种	树龄/年	产量	全树吸收量			每生产1000千克果的吸收量		
			氮	磷（磷酸）	钾（氧化钾）	氮	磷（磷酸）	钾（氧化钾）
长十郎	14	2500	10.7	4.0	10.3	4.3	1.6	4.1
二十世纪	18	1395	6.5	3.2	6.5	4.7	2.3	4.8

二、施肥量

目前，我国梨生产上施肥量确定还比较盲目，一般根据生产经验和田间肥料试验来确定，而且主要考虑"三要素"的施用，对于元素间的平衡关心很少。从未来发展趋势看，应在营养诊断指导下确定所需肥料种类和数量，然后通过配方施肥来解决。

1. 施肥量计算

（1）理论施肥量　单从理论上讲，用梨树在一年中的养分吸收量减去养分的天然供给量，再除以肥料利用率，即可得出这一年里所需的施肥量。

$$施肥量 = \frac{肥料元素的吸收量 - 肥料元素的天然供给量}{肥料元素的利用率}$$

上式中各因素的估算方法是：施肥比例按氮∶磷∶钾为1∶0.5∶1计；土壤天然供给量一般氮按树体吸收量的1/3计，磷、钾按树体吸收量的1/2计；肥料利用率氮按50%计，磷按30%计，钾按40%计，最后除以肥料的元素有效含量百分比，即可得出单位面积实际施入化肥的数量。

下面举例说明如何计算某一梨园一年每亩需施的三要素。从表3-4可知，二十世纪梨（亩产量为1395千克）氮吸收量为6.5千克，氮的土壤供量为6.5千克×1/3=2.17千克，氮的肥料利用率为50%；磷吸收量为3.2千克，磷的土壤供量为3.2千克×1/2=1.6千克，磷的肥料利用率为30%；钾吸收量为6.5千克，钾的土壤供量为6.5千克×1/2=3.25千克，钾的肥料利用率为40%。从而可以得出理论施肥量如下：

$$施氮量 = \frac{6.5 - 2.17}{50\%} 千克/亩 = 8.66 千克/亩$$

$$施磷量 = \frac{3.2 - 1.6}{30\%} 千克/亩 = 5.33 千克/亩$$

$$施钾量 = \frac{6.5 - 3.25}{40\%} 千克/亩 = 8.125 千克/亩$$

（2）根据产量确定施肥量　日本细井等对亩产量为2500千克的18年生二十世纪梨的研究表明：每生产100千克果实所需的各种肥料要素的吸收量（以纯量计算）为：氮0.47千克、磷0.23千克、钾0.48千克、钙0.44千克、镁0.13千克。氮磷钾比例为1∶0.5∶1。目前，我国梨生产上为方便起见，通常根据单位面积的产量来确定施肥量。一般每生产1000千克梨果，全年应施入纯氮3.0～4.5千克、磷1.5～2.0千克、钾3.0～4.5千克，三者相对比例为1∶0.5∶1。此外，对进入盛果期的树，一般每年每亩施用有机肥2500～5000千克，或者每生产1000千克果实施用有机肥1000千克。通过如下方法计算出每亩的用肥量，再乘以梨园的总面积，即可得到全园的年施肥量。

$$施氮量 = \frac{(亩产量 \div 1000) \times (3.0 \sim 4.5)}{化肥的含氮量}$$

$$施磷量 = \frac{(亩产量 \div 1000) \times (1.5 \sim 2.0)}{化肥含五氧化二磷的量}$$

$$施钾量 = \frac{(亩产量 \div 1000) \times (3.0 \sim 4.5)}{化肥含氧化钾的量}$$

$$施有机肥量 = \frac{亩产量}{1000} \times 1000$$

2. 施肥试验

施肥试验是指选择当地有代表性的梨园，进行施肥量比较试验，从而提出当地梨园施肥量标准。梨树需肥量受土壤、树龄、管理等诸多因素的影响，要得出一个较合理的施肥量，一般试验需要进行10年以上。我国北方梨产区，通过多年施肥试验，曾提出了一些有价值的施肥量参考指标。例如，鸭梨、秋白梨等密植园的施肥量，在一般地力水平下，每生产100千克梨果，应年施入纯氮0.5～0.6千克、纯钾0.25～0.3千克、纯磷0.5～0.6千克（指有机肥和化肥的总纯含量）。山东省果树研究所对亩产5000千克的初盛果期鸭梨估算，每年每亩吸收氮量为8.24千克，以氮肥利用率35%～40%推算，每产5000千克鸭梨年需施纯氮20.6～23.5千克。在保肥力较好的梨园进行了7年的试验，结果证实：盛果期鸭梨经济适宜氮肥施肥量是每亩22千克。河北省昌黎果树研究所20世纪50～60年代在晋县河头村平地沙壤土鸭梨试验田进行丰产施肥研究，连续17年平均亩产都在7500千克左右，5年间平均株产572.25千克，每株平均实际施肥量为：氮6.325千克、磷4.125千克、钾5.16千克。据孙士宗试验，在缺磷富钾的滨海潮土地区，梨树用肥最佳配方为高磷、中氮、低钾，其比例为1.0∶1.4∶0.6，有效成分为氮20%、磷28%、钾12%。

3. 营养诊断与平衡施肥

根据梨树营养诊断结果，判断土壤及树体营养盈亏，依据养分平衡原理，确定施肥种类及数量，是梨园科学施肥的发展方向。目前，在一些发达国家，以叶片分析、果实分析和土壤分析为主要手段的营养诊断方法已在生产上广泛应用（表3-5）。近年，在我国梨区的一些初步试验也取得了良好效果，平衡施肥可以有效提高果实可溶性固形物含量，增加含糖量和糖酸比，且增产效果显著。

表3-5　梨叶片主要矿质营养元素正常浓度范围（尾形亮辅，1996）

元素种类	氮/%	磷/%	钾/%	钙/%	镁/%	铁/（毫克/千克）	锰/（毫克/千克）	铜/（毫克/千克）	锌/（毫克/千克）	硼/（毫克/千克）
标准值	1.8～2.6	0.12～0.25	1.0～2.0	1.0～3.7	0.25～0.90	100～800	20～170	6～20	20～60	20～60

（1）利用叶片分析指导施肥的意义 梨树叶片一般能够及时准确地反映树体营养状况。叶片分析虽然不能直接提供施肥量的标准，但它可以判断梨树体内各营养元素含量状况（适宜、不足或过剩），为调节梨树的施肥量及肥料比例提供参考。营养诊断主要是根据叶片分析结果，与丰产优质梨树叶片分析标准值进行比较，参考果实和土壤分析结果，提出各种元素的亏缺或盈余的状况。在此基础上，根据元素拮抗和相助原理以及当地土壤的理化性质，提出适宜的肥料配方。

（2）叶片矿质元素标准值的建立 营养诊断的关键环节就是矿质营养标准值的建立。山东省果树研究所研究认为，初盛果期茌梨的适宜叶氮为2.5%、鸭梨为2.0%～2.3%；鸭梨叶氮量高于2.5%为过量，而低于1.8%为缺乏；三季梨幼树适宜叶氮量为3%左右。河北省石家庄果树研究所认为鸭梨适宜叶氮量为2.0%～2.2%。中国农科院果树研究所研究提出，秋白梨适宜叶氮量为2.1%～2.4%。日本佐藤认为二十世纪梨叶适宜含氮量为2.5%，丰产园最低含量为2.44%。在欧美各国，提出丰产西洋梨的叶片分析标准值如表3-6。

表3-6 丰产优质西洋梨叶片主要矿质营养含量标准值

元素种类	氮/%	磷/%	钾/%	钙/%	镁/%	锰/(毫克/千克)	硼/(毫克/千克)
标准值	2～2.5	0.15～0.3	1.2～1.6	1.2～1.8	0.2～0.3	30～50	20～50

然而，从上述结果不难发现，梨不同种类和品种在不同立地条件下叶片适宜矿质营养含量标准值有所差异。所以，必须在一定的条件下进行长期试验，才能比较准确地建立某一品种矿质营养元素的标准值。河北农业大学通过多年研究，确定了冀中南沙地梨区盛果期优质丰产鸭梨叶片10种矿质营养的含量标准值（表3-7），为此区域鸭梨营养诊断和配方施肥的实施奠定了坚实的科学基础。

表3-7 盛果期优质丰产鸭梨叶片主要矿质营养含量标准值

元素种类	氮/%	磷/%	钾/%	钙/%	镁/%	铁/(毫克/千克)	锰/(毫克/千克)	铜/(毫克/千克)	锌/(毫克/千克)	硼/(毫克/千克)
标准值	1.75～1.92	0.10～0.12	1.07～1.49	1.65～1.99	0.30～0.39	107.54～148.21	64.50～82.58	15.20～64.82	17.75～27.88	17.15～26.49

（3）平衡施肥 河北农业大学梨课题组通过在河北省中南部沙地梨区多年研

究，以营养诊断为基础，提出了优质丰产（产量3000千克/亩）盛果期鸭梨有机肥及氮、磷、钾、硼、锌的施用方案：每亩年施有机肥4000～6000千克、纯氮（N）12～15千克、磷（P_2O_5）6～8千克、钾（K_2O）13～16千克，配合施用适量的微量元素（表3-8）。

表3-8 盛果期鸭梨亩产量3000千克的梨园施肥方案

施肥时期	有机肥/（千克/亩）	氮（纯）/（千克/亩）	磷（P_2O_5）/（千克/亩）	钾（K_2O）/（千克/亩）	硼（纯）/（千克/亩）	锌（纯）/（千克/亩）
萌芽前	—	4～5	6～8	5～7	4.5	6
果实膨大期	—	4～5	—	8～9	—	—
采收后	4000～6000	4～5	—	—	—	—
全年合计	4000～6000	12～15	6～8	13～16	4.5	6

在目前尚无条件开展配方施肥的梨园，应根据各自品种、树龄、立地条件、产量等特点，推广使用果树系列专用复合肥。不仅可以补充土壤中的微量元素，而且肥效持久，肥料利用率可以明显提高。有条件的梨园，还可以使用生物有机复合肥。这种由有机肥、无机肥、菌肥和增效剂复合而成的"四合一"肥料，综合了化肥"速"、有机肥"稳"、菌肥"促"的优势，可使养分利用率提高到50%。山西农业大学资源与环境学院对8年生砀山酥梨施用微生物肥料试验结果表明，合理施用微生物肥料可以提高产量，增加果实含糖量、糖酸比和维生素C含量。在试验条件下微生物肥料的最佳施用量为每株1千克。

（4）利用养分平衡法计算追肥量 养分平衡法是建立在对土壤养分状况充分了解基础上的一种确定追肥量的方法。计算公式与前面所提到的理论施肥量公式类似，只是对某些参数进一步细化而已。

$$施肥量 = \frac{目标产量 \times 单位产量养分吸收量 - 土壤养分供应量}{所施肥料中的养分含量 \times 肥料当季利用率}$$

参数的确定：目标产量可根据梨园植株的整齐度、生长势、历年的产量情况及要达到的质量指标确定。单位产量的吸收量，可参考表3-9确定。土壤养分供应量是土壤提供的有效养分和当年施入的有机肥所能提供的养分量之和。可以表示为：

土壤养分供应量 = （土壤养分测定值 × 土壤养分利用系数 ×0.15）+（当年施入的有机肥量 × 有机肥料有效养分含量 × 当季利用率）

上式中的0.15为换算成千克/亩的系数；土壤养分利用系数、有机肥料有效养分含量和当季利用率均可从相关书籍或当地土肥站查询获得。

表3-9 梨果单位产量养分吸收量

品 种	每100千克梨果的需肥量/（千克）			氮、磷、钾比例	材料来源
	氮	五氧化二磷	氧化钾		
二十世纪	0.47	0.23	0.48	1:0.5:1	日本
秋白梨	0.5~0.6	—		1:0.5:1	中国
苹果梨	0.35	0.175	0.175	1:0.5:0.5	吉林延边
茌梨	0.225	0.1	0.225	1:（0.5~0.7）:1	山东
鸭梨	0.3~0.5	0.15~0.2	0.3~0.45	1:0.5:1	河北昌黎

例如，有一潮土地梨园，测得土壤碱解氮（N）=80毫克/千克、有效磷（P_2O_5）=23毫克/千克、速效钾（K_2O）=90毫克/千克。本例中，潮土养分利用系数氮为0.40、磷为0.50、钾为0.45。化肥利用率：氮（N）、磷（P_2O_5）、钾（K_2O）分别为30%、20%、45%。每亩施厩肥3000千克，其氮（N）、磷（P_2O_5）、钾（K_2O）含量分别为0.5%、0.2%、0.5%，厩肥中氮（N）、磷（P_2O_5）、钾（K_2O）养分的当季利用率分别为25%、35%、40%。当梨园目标产量为每亩达到3000千克时，每亩应施用氮（N）、磷（P_2O_5）、钾（K_2O）各多少？若以尿素（含氮量为46%）、过磷酸钙（P_2O_5含量为14%）、硫酸钾（K_2O含量为52%）为肥源，应各施用多少？

追肥量可分以下三步计算：

① 按每生产100千克梨果需氮0.45千克、磷0.2千克、钾0.45千克计算，实现目标产量3000千克所需总养分量分别为：氮=13.5千克、磷=6千克、钾=13.5千克。

② 每亩应追施养分量分别为：

$$氮=\frac{13.5-(80\times0.15\times0.4)-(3000\times0.5\%\times25\%)}{30\%}=16.5（千克）$$

$$磷=\frac{6-(23\times0.15\times0.5)-(3000\times0.2\%\times35\%)}{20\%}=10.88（千克）$$

$$钾=\frac{13.5-(90\times0.15\times0.45)-(3000\times0.5\%\times40\%)}{45\%}=3.17（千克）$$

③ 折合追施化肥量：

尿素：16.5÷46%=35.9（千克）

过磷酸钙：10.88÷14%=77.7（千克）

硫酸钾：3.17÷52%=6.1（千克）

（5）梨树缺素症的形态诊断　我国梨园由于施肥技术和方法落后，缺素症发生比较普遍。掌握梨树缺素症的形态特征，有助于及时对症下肥，采取正确的矫正措施（表3-10）。

表3-10　梨树缺素症检索表

缺素种类	缺素典型症状
氮	树体衰弱，矮小，根系不发达，新梢细弱，萌芽、开花不整齐。叶小而薄，色浅，果个小，落花落果严重。严重缺氮时，叶片全部黄化，缩小，基部叶片早落
磷	植株生长矮小，萌芽和开花期延迟，新梢和细根发育不良。叶片变小，叶缘出现半月形坏死斑块，叶片呈青铜色，甚至紫红色，早期脱落
钾	树体营养生长不良，叶片小，果实小，产量降低，品质下降。根系和枝条加粗受阻，严重时顶芽不发育，出现枯梢。严重时，老叶边缘呈现上卷的枯斑，落叶延迟
钙	新生根短粗，弯曲，根尖易死亡，叶片变小，叶缘有枯斑。严重时枝条枯死，花朵萎缩，抗寒力降低，果实品质和贮藏性变差。常引起苦痘病和水心病发生
镁	新梢下部叶片首先失绿，叶脉间及叶缘褪绿，出现黄褐色斑点，变褐枯死脱落。受害部逐渐向新梢尖端发展，最后暗绿色叶片丛生在新梢尖端
铁	新梢顶部幼叶最先出现症状。叶片小而薄，幼叶叶脉间黄化，重时黄白色，仅叶脉为绿色，呈网纹状；严重时叶边缘呈现棕褐色斑块，后逐渐枯死
硼	根、叶等生长点枯萎，叶片黄化。新叶生长缓慢，叶片厚而脆，变色或有淡黄色斑，畸形以致枯死，枝条下部叶片先出现焦边。花早期干萎，幼果发生缩果病。果实萼端出现干疤，果面凹陷，果肉木栓化
锌	枝条先端叶皱缩，叶脉间黄化。新梢细，节间短，叶密集丛生，小而窄（小叶病）。严重时，从新梢基部向上逐渐落叶，果也变小
锰	树冠各部位、各叶龄的叶片均表现从边缘向脉间轻度失绿，叶脉为绿色，叶脉间黄化，但梢顶部新生叶症状轻或不表现症状
铜	叶明显大而枝条柔软，叶尖及周边变黄甚至枯死

三、施肥时期

施肥时期应根据梨树需肥规律、树体营养状况、肥料性质、土壤肥力和气候条件而定，尽量做到适时施肥。生产上施肥一般分基肥和追肥两种。

1. 基肥

基肥是在较长时期内能供给梨树生长发育所需养分的基础肥料，必须保证每年施用一次。生产上提倡适当早施基肥（8月末～9月底）。优点是：①有利于树体贮藏养分积累；②有机肥当年即可发挥肥效（一般从施入到开始发挥肥效需20～30天）；③此时正值根系秋季生长高峰，吸收力强，断根易愈合。

基肥应以优质农家肥（畜禽肥、人粪尿、堆沤肥、绿肥、饼肥等）为主（表3-11），再适当配以少量速效性氮素化肥，以利于土壤微生物活动，加速有机质分解。试验表明，如果把过磷酸钙、骨粉等与有机肥料混合施用，肥料利用率可提高50%以上。

表3-11　基肥的种类及有效成分含量　　　　单位：%

种类	有效成分			
	有机质	氮	磷	钾
人粪尿：				
人粪	20.0	1.00	0.50	0.37
人尿	3.0	0.50	0.13	0.19
厩肥：				
猪厩肥	11.5	0.45	0.19	0.60
马厩肥	19.0	0.58	0.28	0.63
牛厩肥	11.0	0.45	0.23	0.50
羊厩肥	28.0	0.83	0.23	0.63
鸡粪	25.5	1.63	1.54	0.85
堆肥：				
青草堆肥	28.2	0.25	0.19	0.45
麦秸堆肥	81.1	0.18	0.29	0.52
玉米秸堆肥	80.5	0.12	0.16	0.84
稻秸堆肥	78.6	0.92	0.29	1.74
绿肥：				
苜蓿	—	0.56	0.18	0.31
毛叶苕子	—	0.56	0.13	0.43
草木樨	—	0.52	0.40	0.19
田菁	—	0.52	0.70	0.17
饼肥：				
大豆饼	78.4	7.00	1.32	2.13
棉籽饼	82.8	2.80	1.45	1.09
花生饼	85.6	6.40	1.25	1.50
菜籽饼	83.0	4.60	2.48	1.40

在目前有机肥源缺乏的状况下，枝条和落叶还田是增加梨园土壤有机质的有效途径之一（表3-12）。据测定，每100千克干梨叶中含氮2.24千克、含五氧化二磷0.41千克、含氧化钾0.54千克，并含有大量的有机质。因此，各地梨园应尽量做到枝叶还田，及时补充梨园土壤肥力和有机质的损耗。

表3-12　施用梨树落叶的效果

处理	土壤有机质含量/%	水解氮/（毫克/千克）	速效磷/（毫克/千克）	速效钾/（毫克/千克）	土壤容重增长率/%	含水量增长率/%	花芽分化/%	平均单果重/克	土壤孔隙度比较/%
梨叶还田	0.61	29.1	4.8	18.8	39.5	8.4	54	256	114
对照	0.45	18.7	4.0	14.5	—		39	210	100

2. 追肥

追肥是调节果树生长与结果的重要手段之一，是在基肥的基础上，根据梨树各物候期需肥特点和树体营养状况及时补充的肥料，追肥可以缓解养分供需矛盾。追肥时间与次数应根据气候、土壤、树龄、树势和结果量等具体情况而定。一般高温多雨或沙质土，肥料容易流失，追肥应少量多次；幼树、旺树追肥次数宜少；结果多、长势弱的树追肥次数应适当增加。为增强树势和提高坐果率，应侧重春季和秋季追肥；为促进花芽形成，应重视花芽分化前追肥；为促进枝条生长，迅速扩大树冠，应着重在新梢生长前和旺盛生长期追肥。早、中熟品种以前期追肥为主，晚熟品种则以中后期追肥为主。追肥次数和数量要结合基肥用量、树势、花量、果实负载情况综合考虑，如基肥充足、树势强壮，追肥次数和用量均可相应减少。根据追肥位置，可分为土壤追肥和叶面喷肥两种（彩图3-15）。

彩图3-15　梨园追肥（张建光）

（1）土壤追肥　一般梨园每年土壤追肥主要有以下三个时期，每个时期的追肥目的及追肥量有所不同。

① 萌芽前后追肥　一般在3月下旬至4月上旬进行，这次追肥能促进萌芽和开花，提高坐果率，有利于新梢生长。肥料种类以速效性氮肥为主，占全年用量的30%左右。

② 花芽分化期追肥（疏果结束至套袋完成）　在5月中旬至6月中旬进行，早熟品种应稍早些，晚熟品种可略晚些，氮、磷、钾配合，施氮量占全年用量的

40% 左右，施钾量占 50% ～ 60%，磷用全年用量（如果基肥未施用磷肥）。

③ 果实膨大期追肥　一般在 7 月末施用，氮、钾肥配合。为了提高果实风味，采收前 1.5 ～ 2 个月内避免偏施氮肥。

（2）叶面喷肥　可在叶片生长 25 天以后至采收前施用，既可以单独喷布，也可结合防治病虫害一并进行。喷肥种类则依据梨树不同时期对营养的需求规律以及树体缺素状况而定。

四、施肥方法

梨园施肥方法主要有土壤施肥、根外追肥和树干强力注射或滴注施肥三种。

1. 土壤施肥

将固体或液体肥料直接施在根系集中分布的土壤中，具体方式有以下 7 种（图 3-4）。

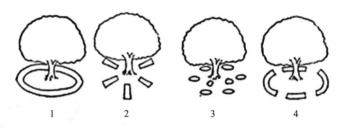

图3-4　梨树常用的施肥方法

1—环状施肥法；2—放射状施肥法；3—穴状施肥法；4—半环状施肥法

（1）环状沟施　在树冠外缘挖宽 40 厘米、深 50 厘米左右的环状沟，施入有机肥料并与土壤拌匀，然后填土，踏实，灌透水，封沟。

（2）条状沟施　在树冠垂直投影的外缘，行间或株间相对两侧各挖一条深 60 ～ 80 厘米、宽 40 ～ 50 厘米的施肥沟，沟长应超过冠径。每年应变换开沟位置，即上年东西向开沟、下年则南北向开沟。密植果园采用此法施肥，应顺行开挖通沟，逐年向外扩展，直到与相邻树行施肥沟连接为止。还有一种方法是用深耕犁开沟施肥，即在主干 1 米以外的行间，每隔 40 ～ 60 厘米用深耕犁开沟一条，施入肥料。次年则在今年两沟间犁沟施肥（彩图 3-16）。

彩图3-16　行间条状沟施肥

（3）放射沟施　在距树干 1 米以外，挖 4 ～ 6 条深 30 ～ 50 厘米的放射沟，沟长超过树冠外缘，长短相间，里浅外深，与表土混合施入肥料。

（4）全园撒施　把肥料均匀撒开，然后翻耕20厘米左右。距树干50～100厘米（视树冠大小而定）范围内可以不撒肥料，其他地方要均匀撒到。此法施肥面积大，伤根少，适用于根系布满全园的密植园或成龄园。但因施肥深度较浅，容易引导根系上移，降低梨树抗逆性。因此，应与放射沟或条状沟施肥交叉使用（彩图3-17）。

彩图3-17　树下撒施有机肥

（5）穴　施　在树盘的中、外部，挖宽、深各25厘米左右的小穴10～15个，内外交叉呈三角形排列，将肥料均匀施入各穴，及时覆土填平。此法幼树或大树都可应用，树冠较大时，应适当增加施肥穴，以扩大施肥范围，充分满足根系吸收的需要。

（6）地膜覆盖穴贮肥水　以树干为中心，均匀挖6～8个直径25厘米、深40厘米左右的穴，每穴内直立填埋直径20～30厘米、长30厘米的草把1个，草把上端比地面低约10厘米。在草把四周掺上部分有机肥和氮磷肥，随即浇水4千克左右，然后覆膜，穴上面留一浇水孔，用石块压上，以利于保墒和积水（图3-5）。对于密植果园，也可顺行平行设两排肥穴，每隔1米左右挖1个。此法适宜瘠薄干旱的山地梨园采用。

穴贮肥水使以往施肥方法盲目的"根找肥"转变为定向的"肥找根"，因而大大提高了肥料的吸收效率。贮肥穴内的草把既能起到肥水载体的作用，又有利于保持土壤疏松和通气状况良好，同时草把腐烂后还为土壤增加了有机质。在这样的环境中，可形成大量吸收功能强的网状根。

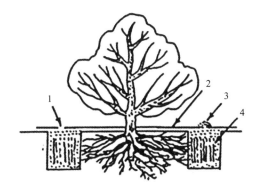

图3-5　穴贮肥水方法
1—浇水孔；2—地膜；3—土堆；4—穴肥

（7）液体施肥　利用喷灌、滴灌、渗灌系统或渠水，将肥料随水输送到土壤中。施肥时，先将肥料用少量水溶解，然后均匀掺入灌溉水中，一定要控制好肥料浓度。还可利用专用注入式施肥器将液体（或固体）肥料直接注入根系集中分布层。此法供肥及时，肥料在土壤中分布均匀，利用率高，不伤根系，不破坏土壤结构，操作简单易行，节省劳力。

2. 根外追肥

分为生长季叶面喷肥和萌芽前枝干喷肥（或涂抹）两种，在解决急需养分需求方面最为有效。如在花期和幼果期喷施氮肥可提高坐果率，在果实着色期喷施过磷酸钙可促进着色，在成花期喷施磷酸二氢钾可促进花芽分化等。叶面喷肥在防止缺素症方面具有明显矫正效果，特别是硼、镁、锌、铜、锰等元素的叶面喷肥效果更明显。

（1）生长季叶面喷肥　叶面喷肥种类很多，可以根据梨树不同物候期对养分的需求以及不同梨园养分亏缺的状况选用（表3-13）。叶面喷肥一般每年进行3～5次。既可单喷，又可结合防治病虫害与农药混喷。应避免阴雨、低温或高温曝晒。喷肥时间以上午10时以前和下午4时以后为宜。而中午前后气温较高，水分蒸发快，容易造成肥液浓缩，影响叶片吸收，甚至产生肥害，故不宜喷肥。喷肥要周到、细致、均匀，尤其是吸收能力强的叶片背面和新梢上半部都要喷到，以提高肥料吸收利用率。如果与农药或生长调节剂混合喷布时，首先要了解是否可以混喷，因为有些药剂与肥料混合后会降低药效。配兑时，应按药品和肥料的使用说明进行，不可盲目混用。此外还应特别注意，叶面喷肥只是梨树施肥的辅助性措施，不能代替土壤施肥。

（2）萌芽前枝干喷肥（或涂抹）　梨树的枝干也有吸收肥水的能力。对于贮存营养严重不足或缺素症严重的园片，可于春季萌芽前用较高浓度的肥液喷洒（或涂抹）枝干。实践证明：梨树萌芽前主干涂抹氨基酸、涂抹宝原液、全树喷洒2%～3%尿素溶液可使梨树开花、萌芽整齐，促进短枝发育，显著提高坐果率；喷洒1%～2%的硫酸锌溶液可保持树体的含锌量，喷洒3%～4%的硫酸锌溶液对矫正小叶病效果显著。

表3-13　梨树常用叶面喷肥种类、时期及浓度

肥料种类	使用浓度/%	使用时期
硫酸锌	0.5+0.5生石灰	萌芽期
尿素	0.3～0.5	全生长季
硼砂	0.3～0.5	盛花期、幼果期
硼酸	0.1～0.3	盛花期
腐熟人尿	10～15	花期
氯化钙	0.5～1	幼果至成熟期

肥料种类	使用浓度/%	使用时期
硝酸钙	0.5～1	幼果至成熟期
过磷酸钙	2～3	果实发育期
硫酸亚铁	0.3～0.5	新梢旺长期
光合微肥	0.1	幼果发育前期
硝酸稀土	0.1	展叶至幼果期
柠檬酸铁	0.1	新梢旺长期
磷酸二铵	0.5～1	果实中、后期
硫酸钾	0.5～1	果实中、后期
硝酸钾	0.5～1	果实中、后期
草木灰浸出液	2～4	果实中、后期
磷酸二氢钾	0.3～0.5	果实发育期
氯化钾	0.5～1	果实中、后期

3. 树干强力注射或滴注施肥

利用机械产生的高压将梨树所需要的营养元素从树干或主枝压入树体内部，或靠自然压力滴注进入树体。高压注射或自然滴注是通过新生木质部将药液迅速压（滴）入树冠及根系各个部位。主要优点有五个方面。

① 操作简便，短时间内可以完成；
② 肥效快，持续期长，肥料可迅速均匀分布到树体各个部位；
③ 将肥料直接注入树体，不需通过土壤，大大提高了肥料利用率；
④ 用肥量少，成本低；
⑤ 避免了施肥对环境（土壤、空气、水）的污染。

（1）树干强力注射　在距地面 50 厘米处树干上打孔，选择与主枝相对应的部位打三个孔，孔深 3 厘米，拧入专用螺旋固定头，然后将皮管与注射机连结起来。注射机压力应选择在 1.27 兆帕（13 千克 / 厘米²）以上。配制溶液时要采用软水，注射量随树龄、树势不同而有差异，树干直径在 7 厘米以下的树不宜采用此方法。

① 缺锌矫治　缺锌严重的大树，每株用 0.5% 硫酸锌溶液 2000 毫升，压力保持在 1.27 ～ 1.47 兆帕（13 ～ 15 千克 / 厘米²），将液体从干孔压入树体。因锌只能在酸性溶液中溶解，配制时要先用 27.7 毫升硫酸加 1000 毫升水配成稀溶液，再用其溶解锌肥。

② 缺铁矫治　用 1000 毫升水对 7 毫升硫酸，将硫酸慢慢加入水中，调节 pH 值至 3 ～ 4，用来溶解硫酸亚铁。需要注意的是该溶液应现配现用，溶液的正常颜色为天蓝色，变黄色后不能再用，且所用容器不能使用铁器。

（2）自然滴注　一般可在萌芽前或生长季进行。在树干基部沿稍下斜方向钻2～3个孔（根据树干粗度确定），然后将滴注头插入孔中，将营养液袋挂在树冠高处的枝条上，根据树体大小和缺素状况灌入适量营养液，靠自然压力缓慢滴注入树体内。滴注完成后，可用胶泥封堵孔口。具体操作时需注意如下四点：

① 滴注的溶液浓度或滴注量不能太大，以免造成滴头附近输导系统和树皮伤害。

② 往树孔内插入滴头时，位置及松紧度要适宜，滴头前稍留空隙，否则滴不出水。

③ 安装好后及时检查，如果有漏液的，适当拧紧滴头。

④ 滴注完成后，及时拔除滴头，收回输液装置，以备下次再用（彩图3-18）。

彩图3-18　树体输液（张建光）

五、梨园种植绿肥作物

我国梨园主要分布在山区、丘陵、河滩沙地及盐碱地上。这些地区一般土质较瘠薄，有机质含量低。梨园种植绿肥，既能培肥和改良土壤，又能经济利用土地。在沙地、坡地种植绿肥作物，还可起到防风固沙、保持水土的作用。绿肥的成分因种类不同而异，除了含有大量水分外，还含有氮、磷、钾及有机质。每亩苕子产草量相当于6000千克土杂肥的肥效。绿肥作物的产草量也与土壤肥力有关，通过给绿肥作物适当补充肥水，尤其是氮肥和磷肥，可达到以少量无机肥换取大量有机质的效果。

1. 梨园种植绿肥作物的效果

生产实践表明：种植和施用绿肥能够增加土壤可给态养分，增加土壤有机质，促进微生物活动，改善土壤结构，改良土壤理化性状，对梨树生长、产量和品质均有良好的促进作用（表3-14）。同时，也有利于充分利用光能，防止水土流失，防风固沙和稳定地温。

表3-14　绿肥压青对秋白梨生长、产量和品质的影响

（中国果树研究所，4年试验结果）

处 理	年压青量	平均新梢长度/厘米	平均产量/（千克/株）	总糖/%	维生素C/%
春箭麻压青	60～65千克/株	67.9	41.85	12.83	4.23
夏箭麻压青	12750千克/公顷	61.5	36.8	10.89	3.58
对照	0	62.5	31.65	10.22	3.48

2. 绿肥作物种类的选择

绿肥作物种类很多，各地应根据立地和气候条件选择。平原梨区，土质条件较好的梨园可以间种油菜、黄豆、黑豆、乌豇豆、豌豆、绿豆、地丁等；土质瘠薄、干旱、沙地或河流故道梨园，可间种沙打旺、毛叶苕子、光叶紫花苕子、草木樨或紫穗槐。山地、丘陵地梨园，可在园边、地埂、梯田沿种植紫穗槐，既能保持水土，又能增加肥源。盐碱地梨园可以间种草木樨、田菁、紫花苜蓿等。

3. 主要绿肥作物的特性

各种绿肥作物的特性和播种量有所不同（表3-15）。有些绿肥作物播前还需特殊处理。例如，百脉根的种子很小，春播出苗较困难，可以在冬季封冻以前播种。扁茎黄芪的种皮很硬，不易吸水，播前要用旧布鞋底等物搓磨，去除硬皮后再播种，以保证出苗。小冠花和三叶草出苗较容易，播时只要墒情好，一般能保证出苗。为使出苗整齐，播前可先浸种催芽，然后进行撒播、条播或穴播，穴间距离以 25～30 厘米即可。

表3-15 梨园常见绿肥作物特性及播种量

种类	主要特性	播种量 /（千克/亩）
草木樨	豆科作物，适应性强，耐瘠薄，抗旱，耐寒，较耐盐碱，可生长在沙壤土和黏土上，适应pH值5.0～8.5，每亩产鲜草量1500～3000千克	1～2
田菁	一年生豆科作物，适应性较强，适应pH值5.5～9.0，可生长在壤土和黏土上，耐盐、耐湿、耐瘠薄、耐旱，每亩产鲜草量1500～2400千克	3.5～5
毛叶苕子	豆科作物，可在沙土和黏土上生长，适应pH值5.0～8.5，不耐瘠薄，耐寒性较强，耐旱性较差	3.5～5
沙打旺	多年生豆科作物，适应性强，耐瘠薄，抗旱，耐盐，抗风，不耐涝	1～1.25
光叶紫花苕子	较耐旱、耐寒、耐瘠薄，但不耐涝和重盐碱土。生长快，枝叶茂盛，植株不高，越冬前有7～15个分蘖，地面被全部覆盖，防风固沙作用强，质地柔嫩，易腐烂，肥效高。每亩产鲜草量1500～2000千克	3.5～5
豌豆	对气候、土壤要求不严，抗寒力较强，耐旱，不耐湿，深根性。紫花豌豆植株高大，抗逆性强，每亩产鲜草量1250～1500千克	7.5～10.0
绿豆	耐旱，耐瘠薄，不耐涝。一般酸碱性土壤均可种植。播种期长，播后50天可翻压；枝叶嫩，覆盖好，每亩产鲜草量1000～1250千克	3.5～5

种类	主要特性	播种量 /（千克/亩）
苜蓿	适应性强，耐寒、耐旱、耐盐碱、不耐涝。每亩产鲜草量2000～3000千克。一次播种可利用3～5年	0.75～1
紫穗槐	适应性强，耐寒、耐旱、耐湿、耐盐碱。山坡、地堰、沟谷、水旁都可栽植。每亩产鲜草量1000～1500千克。一次种植可多年收获，肥效高	1.5～2
乌豇豆	一次播种，一次收获，生长快，产量高，年内可多种多收。枝叶鲜嫩，易腐烂。喜高温多湿，有一定抗旱力，宜作夏绿肥。每亩产鲜草量1000～1500千克	4～5

4. 种植时期及方法

（1）播种时期　一般分为春播和秋播。当年翻压的绿肥作物，应在早春进行播种。越冬绿肥作物，应于8月下旬到9月中旬播种。播种深度以1～2厘米为宜。播种方式可撒播、点播或条播，以条播最佳，行距为30厘米左右。近些年来，北方有的规模较大梨园，在果实套袋后开始行间播种黄豆或黑豆，雨季豆科植物开花时翻压。这种做法不仅便于梨园春季打药、花期管理及果实套袋等技术的顺利实施，而且也便于果实采收和运输。

（2）播种方法　幼龄梨园可以在树盘以外的行间、株间全部种绿肥作物。行间种植绿肥作物时，要留足树盘。幼树树盘的直径不少于1米，树冠超过1米的，其树盘直径应比树冠大25厘米左右。成龄梨园可在行间种植绿肥作物。播种前结合整地，每亩施磷肥50～100千克作为底肥，或者苗期追肥。如果绿肥作物苗期根部未形成根瘤，可适当追施少量速效氮肥，以加速幼苗生长。幼苗期注意杂草防治和及时灌水。山地、丘陵地梨园还可在梯田边埂上种植绿肥作物，在其适当的物候期，刈割覆盖于树盘内或树行间，或深压于施肥沟中。

播种方式可采用单播或混播。采取混播方式，可以有效提高绿肥的生物学产量。如将毛叶苕子、黑荞麦和苦油菜按3：0.2：0.25的比例，以每亩3.45千克用种量进行混播，与单播毛叶苕子相比，其地上部鲜草增加66.8%。将乌豌豆与柽麻按2.5：1的比例，以每亩3.5千克用种量进行混播，其地上部鲜草可增产149%。

5. 翻压时期

对于绿肥作物，还应掌握好翻压时期。一般各种绿肥作物均应在其盛花期刈割、翻压或割后覆盖，此期产草量大，养分含量高，秸秆嫩，易腐烂。

6. 利用方式

（1）覆盖或压青　利用刈割的鲜草覆盖树盘或放在树行间覆盖，草逐渐腐烂分解，最终变为肥料。可在适宜翻压时期（花期或花荚期），直接用旋耕犁将绿肥作物翻压到行间土壤中，或根据树冠大小，在树冠外开 30～40 厘米深的环状沟或条状沟，将刈割下来的绿肥作物与土层相间施于沟内，最后覆土并踏实。鉴于绿肥植株中含磷量较低，可在每 100 千克绿肥中混入磷酸钙 1～2 千克，以调节氮、磷与钾等营养元素间的相对平衡，有利于梨树根系吸收和利用。

（2）挖坑沤制　选离水源较近的地方，根据绿肥数量挖足够大的沤肥坑，将绿肥切成小段，铺于坑底，厚 30 厘米，上面撒 10% 的人粪尿或马粪等，加 1% 过磷酸钙，再覆盖 6 厘米土，并适量浇水。依此层层堆放，一般 3～4 层即可，最上层用土封严踏实。最好上面再用塑料薄膜盖严。夏天经过半月左右，冬季经过 3 个月，绿肥即可腐熟，可在适当时期以基肥的形式施于树下。

7. 注意事项

绿肥作物选择要适当，播种区域应严格控制，防止间作物与梨树发生激烈的营养竞争。绿肥作物生长期，需要适量施用无机肥和灌水，以增加产草量。翻压应及时，以免丧失养分。播种多年生绿肥作物，需 4～5 年耕翻一次，然后重新播种，并且改换绿肥品种，以免影响鲜草的收获量，并避免土壤养分失衡。

第三节　灌水与排水

水分是影响梨树生长发育的主要因素之一。土壤水分的相对稳定对于稳定树势具有重要作用。梨园灌溉标准主要依据土壤水分状况。在生长季，梨树根系集中分布层（60 厘米以上）含水量以达到 60%～80% 为宜。高于或低于这个标准，就应及时进行调节。

梨树对水分要求较多，需水量是苹果的 3～5 倍。特别是沙地保水能力差的土壤，在生长期间遇到干旱，如能浇足水，增产效果十分显著。据研究测定，产量达到每亩 2000 千克的梨园，全年需水 360～600 吨，相当于年 360～600 毫米的降水量。对于北方许多高产梨园而言，单产连续维持在每亩 5000 千克左右，所需水量就更大了。

一、梨树需水特性

1. 梨树的需水量

水分是梨树各器官组成的最主要成分。梨树梢叶中水分含量达 60% 以上，枝干中 50% 左右，根中 60% 以上，果实中含水量达 90% 以上。梨树的需水量是指梨树在正常生长发育过程中所必须消耗的水量。可以用下面的公式表示：

梨树需水量＝各器官生产干物质量×蒸腾系数

梨树的蒸腾系数为300～500，即每生产1千克干物质，需耗水300～500克。以亩产2500千克梨的梨园为例，梨果含水量为90%时，其果实干物质为250千克；梨树枝、叶、根的干物质约为果实的三倍，其干物质应为707.875千克（表3-16）。那么该梨园的需水量为每亩300～500吨。1平方米叶面积每小时蒸腾40克水，小于10克时，各种代谢就不能正常进行。

表3-16　根据年生长量和蒸腾系数推算需水量（以每亩计算）

器官	年产量/千克	干物质含量/%	干物质产量/千克	蒸腾系数	年需水量/吨
果实	2500	10	250	400	100
枝、叶、干、根	1415.75	50	707.875	400	283.2

若按每亩需要400吨为生产用水的参数，则与年降水量600毫米的水量相当。但这并不能说明年降水量等于或大于600毫米的地区就不需要灌溉，因为我国广大地区年降水量分布不均匀，尤其是北方梨区，多呈现"春旱、夏燥、秋涝、冬干"的现象，7～9月份雨量过多，而且地面蒸发、地表径流和土壤渗漏等水分损失严重，故仍需进行排灌调节。

根据表3-16推算，当年生长量（以干物质产量计）为958千克时，约需水383吨。当然，这只是一个大概数字，随着树体生长量的增加和产量的提高，需水量也随之增多；但产量越高，水的利用一般越经济（蒸腾系数越小）。如果以华北地区年降水量600毫米计算，则每亩的降水量为400吨（0.6×666.7）。一般认为仅1/3的降水可被树体利用。所以，实际上自然降水难以满足树体生长结果需要，必须通过灌水加以补充。

2. 梨树一年中的需水动态

梨树整个营养生长期内都需要水，但一年中的各个时期，需求量有所差别。梨树新梢加速生长期需水量最多，称为需水临界期，缺水则影响新梢生长。春季发芽前供水不足，常造成萌芽延迟、萌芽不整齐，进而影响新梢生长和新形成芽的质量。花期干旱，常引起落花。大气湿度低，会缩短花期，影响授粉受精，降低坐果率。夏季干旱常引起果实日烧，严重时也会造成早期落叶。秋季干旱，叶片易早衰，光合能力下降，影响营养物质的合成与积累，使贮藏营养水平下降，进而影响翌年梨树生长、开花和结果。

3. 北方降水特点对梨生长结果的影响

梨是需水量较多的树种，对水分的反应亦比较敏感。我国北方梨区，干旱是生产面临的主要问题之一。春夏干旱对梨树生长结实影响极大，秋季干旱易引起早期落叶，冬季少雪严寒，树体易受冻害。凡降水不足的地区和出现干旱时均应及时灌水，并加强保墒工作。根据我国北方春旱、秋旱和雨季易涝的特点，总的灌水原则是：春季及时灌水促进新梢和叶片生长；5月下旬到6月适当控制灌水，以减缓新梢和叶片生长，有利于树体积累养分，促进花芽分化；7～8月雨季注意排水防涝；秋季适量灌水促进根系生长，防止叶片早衰，提高叶片功能，加强营养积累和贮藏；落叶后灌足上冻水，保证梨树安全越冬。

二、灌溉时期

土壤能保持的最大含水量称为土壤持水量。当土壤的含水量达到最大持水量的60%～80%时，最适宜梨树的生长和发育。当土壤含水量低于60%时，应及时进行灌溉。实际生产中，可以用土壤水分张力仪测定土壤含水量，从而确定灌溉时机。

梨树主要灌水时期有：萌芽期至开花前、花后、果实膨大期、采后和土壤上冻前。特别是果实发育期，如果土壤含水量不足，应及时灌溉补充。我国北方梨园一般年份需浇水5～7次。早春萌芽前浇一次水，5月上旬至7月雨季前浇2～3次水，采收后结合秋施基肥浇1次水，落叶后浇1次上冻水。雨季到来前和生长后期，如土壤不太旱可不浇水，以防枝条徒长和降低果品质量。水源不足的地区，应考虑发展省水灌溉或采取节水栽培措施。

（1）萌芽期　此期灌溉可及时恢复梨树越冬失去的水分，能明显促进新梢生长，有利于开花坐果，还可减轻春寒和晚霜的危害。

（2）新梢速长期　落花后半月左右是新梢旺盛生长期，此期树体生理机能最为旺盛，对缺水反应特别敏感，是树体需水量最大的时期。这时灌水对促进新梢生长、减轻生理落果具有重要作用。但应注意灌水不宜太多，灌水时期不能太晚，以免引起新梢旺长，进而影响花芽形成。随着春梢生长逐渐减慢，花芽生理分化期来临（5月下旬～6月上旬），树体需水量趋于平缓。此期适当干旱可使新梢及时停长，促进营养积累，有利于花芽形成。如果供水过多，易引起新梢徒长，对花芽分化极为不利。因此，接近花芽分化期不宜灌水。

（3）果实膨大期　在果实膨大的7～8月，要求保证适宜的水分供应。这一时期气温较高，土壤水分蒸发量大，且容易发生伏旱。此期合理灌水，对促进果实膨大、增加产量和提高果实品质具有重要作用。如果降雨过多或频繁灌溉，会降低果实含糖量，影响果面着色，容易引起裂果，使果实品质变差，降低耐贮性。接近果实成熟期需水量减少，应控制灌水。据河北省昌黎梨树研究所试验表明：雨季至采收前控制灌水，三年中雪花梨平均果实可溶性固形物含量为12.38%，果实硬度为5.79千克/厘米^2，而对照仅为11.5%和5.60千克/厘米^2。

（4）生长后期　9月中旬至10月上旬，一般梨果已经采收。此期树体负担减轻，随着气温下降，枝条生长逐渐停止，树体处于营养积累阶段，需水量较少。

彩图3-19 梨园浇灌封冻水
（张建光）

但结合秋施基肥进行灌水，有助于增加树体贮藏营养。

（5）越冬封冻水 一般在落叶前后至土壤封冻前进行，在冀中大约为11月上中旬。灌足封冻水，有利于提高梨树越冬能力，促进翌年梨树生长和发育（彩图3-19）。

三、灌溉方法

传统的灌水方法有沟灌、畦灌、盘灌、穴灌等。近年来，许多先进的灌溉技术在梨果生产上开始推广应用，如喷灌、滴灌、微喷灌和渗灌等。总的看来，漫灌耗水量大，易使肥料流失，盐碱地易引起返碱。早春导致地温明显降低，对萌芽和开花不利。有条件的地区应改用喷灌、滴灌，或者采用开沟渗灌。尤其是盐碱地宜浅灌，不宜采用深灌和大水漫灌（彩图3-20～彩图3-23）。

彩图3-20 梨园漫灌（张建光）

彩图3-21 梨树沟灌（张建光）

彩图3-22 梨树顺行滴灌

彩图3-23 梨树环式滴灌（何天明）

1. 地面灌溉

地面灌溉是目前我国梨树生产上应用最普遍的方法。地面灌水简单易行，灌水量足，维持时间较长。但用水量大，土壤侵蚀较严重，盐碱地容易返碱，灌后若不及时中耕松土，易造成地面板结。地面灌溉因方式不同可分为树畦灌、树盘灌、穴灌和沟灌等。

（1）树畦灌　树盘顺行整成平畦，然后顺畦或顺行灌溉。一般适宜土地较平整的梨园。近些年来，北方一些大型梨园沿树干修筑畦埂，顺行浇灌，浇水效率较高。

（2）树盘灌　以树盘为单位作畦，一般适宜土地不平整的梨园。在山地、丘陵地梨园应用较多。浇水方式为逐株浇灌，形似"串糖葫芦"。

（3）沟灌　即在梨树行间开沟，沟深20～25厘米，密植园在每一行间开一条沟即可，稀植园如为黏土可在行间每隔100～150厘米开一条沟，疏松土壤则每隔75～100厘米开一条沟，灌水渗入后1～2小时将沟填平。平地梨园也可采用"井"字沟灌，即在株行间纵横开沟呈"井"字形，沟宽、深各20～30厘米。幼树可用轮状沟，以树干为中心，在树冠外围开一条轮状沟，并与行间的输水沟相连。坡地梨园采用等高沟灌，即在树冠内外各挖深、宽各20～30厘米、长1米的6～8条等高沟，在沟内灌水。

沟灌的优点是使水经沟底和沟壁渗入土中，土壤浸润均匀，蒸发渗漏量少，用水经济，并克服了漫灌导致土壤结构恶化的缺点。黏土地行间已开挖排水沟的梨园，可以一沟两用，省去每次灌水时再开沟。

（4）穴灌　适宜无灌溉条件、运水又比较困难的山地、丘陵地梨园。其方法是在树冠下均匀挖坑，坑深度约60厘米，直径一般为30～40厘米。挖坑要注意防止伤根过多和伤大根。灌后应及时掩埋灌水穴。

2. 管道灌溉

管道灌溉克服了输水过程中的渗漏和蒸发，用水比较经济。根据管道位置不同，可分为地下管道灌溉和地面软管灌溉。

（1）地下管道灌溉　即在地下埋设固定管道，引水灌溉。一般用铁管、塑料管或水泥管铺设。管道上按植株的株距开设喷水孔，使水从管道口流出地面。与地面灌溉相比，此法具有省水、省工、省地和不影响耕作管理等优点。但前期需要一定的投资，此外，埋设塑料管还需注意防止被老鼠咬坏。

（2）地面软管灌溉　用可以连接的塑料软管输水灌溉。灌水时，根据梨树与水源的距离将数节管子相互连接，一头接通水源，另一头对准需要灌溉的树盘。一处灌完，再移向另一处，灌溉完毕后收回管子。此法比地下管道灌溉投资少，用水省，机动灵活，不受立地条件限制。但在使用时，安装、移动和拉运管道比较费工且麻烦。

3. 节水灌溉

目前适宜梨果生产上应用的主要有滴灌、喷灌、细管渗灌和小管出流等。国外发达国家绝大部分梨园采用喷灌，一小部分梨园采用滴灌。我国一些自然条件较好，灌溉水源较充足的梨园可采用喷灌，在干旱缺水但灌溉水质尚好的梨园可采用滴灌或渗灌，一般丘陵地梨园水质较差的地方可采用小管出流灌溉。

（1）滴灌 滴灌可为局部根系连续供水，能较好地保持土壤结构，土壤水分状况稳定，省水、省工，对防止土壤次生盐渍化有明显作用，一般可增产20%～30%。尤其适于干旱缺水的地区采用。

滴灌系统由水泵、过滤器、压力调节阀、流量调节器、输水管道和滴头等部分组成。干管直径80毫米，支管40毫米，毛管10毫米。干管、支管分别埋入地下100厘米和50厘米处。毛管在每株树下环绕1根，每50～100厘米安装1个滴头。

滴灌次数和水量因土壤水分和梨树需水状况而定，春旱时可天天滴灌，一般情况下2～3天滴灌一次。每次灌水3～6小时，每个滴头每小时滴水2千克。首次滴灌时，必须使土壤水分达到饱和，以后可使土壤湿度经常保持在田间最大持水量的70%左右即可。

（2）细管渗灌 近年来在一些干旱缺水梨区发展很快，收效甚好。在地头建一蓄水池，在蓄水池出水口上连接打有孔眼的渗水细管，埋设干、支、毛输水管道，行与行、株与株间相互连通。将渗水管铺设于梨树根际土壤内40厘米深的根系集中分布层。灌溉时将水注入蓄水池，开启阀门，水通过管道均匀渗入梨树根部。一次投资建成后，可以连续使用10～20年。这种灌溉方法具有省水、省工、投资少、效益高的特点。

（3）喷灌 将水输入地下管道，从直立竖管顶部喷嘴喷向空中，变成水滴洒落到梨树和地面上。或将水输入地面管道，在树冠下设立微喷头，直接将水喷在地面上。此法便于机械化作业，省水（20%～70%），省工，能调节小气候，适合土地不平整或山地梨园，还可兼顾喷药和施肥。但喷灌要求有专门设备，一次性投资较大，设施长期留在梨园，不易看管。

（4）小管出流 小管出流灌溉系统是针对微灌系统在使用过程中，灌水器易被堵塞的难题和农业生产管理水平不高的现实，打破微灌灌水器流道的截面常规尺寸（一般直径为0.5～1.5毫米）而采用超大流道，以PE塑料小管代替微灌滴头，并辅以田间渗水沟，形成一套以小管出流灌溉为主体的实用微灌系统。

小管出流田间灌水系统包括支、毛管道及渗水沟。渗水沟可以绕树修筑，也可以顺树行开挖。前者多用于高大的成龄梨树，并称之为绕树环沟，沟的直径约为树冠直径的2/3；后者则用于密植梨树，一般每隔2～3米用土埂隔开，故又称为顺行隔沟。渗水沟的作用是把灌水器流出的水均匀分散地渗入到梨树周围的土壤中。管道均埋于地表以下，小管灌水器在渗沟内露出 10 ～ 15 厘米。

4. 建贮水窖

在干旱少雨的北方，雨水大多集中在 6 ～ 8 月份，此时可将多余的雨水贮存起来备用，尤其适宜干旱、缺水的山地、丘陵地梨园采用。修筑蓄水窖时，应选在梨园附近，地势低、易积水的地方，水窖大小根据降水量和梨园面积而定，窖底和四壁要保持不渗水。干旱时可用窖水浇灌梨园。

四、灌水量

灌水量应以完全浸润梨树根系集中分布层为原则。单位面积上枝叶量越多，灌水量越大。不同质地和类型的土壤灌水量亦有不同，沙地灌水量要适宜，以保证根系正常生长，在返碱梨园不要使灌溉水浸湿到地下水的深度，土层浅的梨园以浸透土层为度。总的灌水标准是：土壤含水量达到田间最大持水量的 60% ～ 80%。灌水量计算公式如下：

灌水量＝灌水面积 × 主要根系分布深度 × 土壤容重 ×（田间最大持水量－灌前土壤湿度）

从上式看出，计算具体灌水量时，需要首先搞清以下 4 个数据：①灌前土壤湿度（%）；②主要根系分布深度（米）；③田间最大持水量（%）；④土壤容重（克/厘米^3）。第一个数据需要田间测定，第二个数据需要根据实际情况确定，后两个数据则可直接查出（表 3-17）。

表3-17　不同土壤容重及田间最大持水量

土壤类别	土壤容重/（克/厘米^3）	田间最大持水量/%
黏土	1.3	25～30
黏壤土	1.3	23～27
壤土	1.4	23～25
沙壤土	1.4	20～22
沙土	1.5	7～14

例如，要计算一个 6.67 公顷的梨园（100 亩）1 次灌溉水用量，除去道路等非灌溉占地（约为 1/4），实际灌溉面积约 50000 米^2，测得灌前土壤湿度为 15%；要求灌水深度达 0.6 米。土质为壤土，查表 3-17 土壤容重为 1.4 克/厘米^3，其最大持水量为 25%，分别代入以下公式：

灌水量：50000 米^2×0.6 米 ×1.4 吨 / 米^3×（0.25-0.15）=4200（吨）

计算结果得出：此梨园灌溉每亩大约需水 42 吨。

五、保水方法

除了在土壤管理一节中讲到的中耕除草、土壤覆盖等方法外，施用土壤保水剂是近些年来发展起来的一项新技术。保水剂是一种高分子树脂化工产品。它在遇到水分后，能在极短时间内吸水膨胀 350 ～ 800 倍。吸水后形成胶体，即使施加压力也不会把水分挤出来。可将保水剂与土壤按 1:（500 ～ 700）的比例掺入土壤中，降雨时贮存水分，干旱时释放水分，可持续不断地供给梨树吸收。保水剂在土壤中能反复吸水，可连续使用 3 ～ 5 年。

六、梨园排水

在我国，无论南方还是北方，梨园涝害均有可能发生。尤其是在 7 ～ 9 月多雨的年份，在低洼地或地下水位高的平地，甚至在山脚下的"尿炕地"，在栽植穴下具有不透水连山石的山地梨园，常常因雨水过大而集中，不能及时排水，造成局部或全园涝害（彩图3-24）。

彩图3-24　低洼涝害梨园

1. 涝害对梨树的影响

梨树虽较耐涝，但梨园土壤水分过多时，土壤透气性降低，氧气不足，会抑制根系生长，不利于养分吸收。长期淹水会造成土壤缺氧并产生有毒物质，容易发生烂根，造成根系死亡，地上部叶片萎蔫、落叶，严重时枝条枯死，直至整株死亡。因此，位于低洼地、盐碱地、河谷地及湖、海滩地上的梨园，地下水位较高，雨季易涝，应修筑好排水工程体系，保证雨季排涝顺畅。

2. 排水方法

梨园排水方法分为明沟或暗沟排水两种类型。明沟排水是在地表每隔一定的距离，顺行挖一定深度和宽度的排水沟。对于降雨量少、地下水位低的梨园，通常只挖深度小于 1 米的浅排水沟，并与较深的干沟连接起来，主要用于排除地表积水。对于降雨量多、地下水位高的地区，在梨园内除开挖浅排水沟外，还应有深排水沟，后者主要用于排除地下水，降低地下水位。暗管排水是在梨园安设地下管道，排水系统通常由干管、支管和排水管组成，适合于土壤透水性好的梨园。暗沟排水不占地，不影响耕作，便于机械化施工，是今后发展的方向。

山地黏土梨园，梯田面较宽时，雨季应在内沿挖较深（1 米左右）的截流沟，以防内涝。砂石山地梯田内沿为蓄水挖出的竹节沟，在雨量过大时应将竹节沟埂扒开，以利于过多的水分及时排出。平原黏土或土质较黏的梨园应开挖排水沟，排水沟间距和深度依雨季积水程度而定，积水重而土质黏重的应每2～3行树（8～12米）挖一条沟，积水较轻或土质不黏的可每4～6行树（16～24米）挖一条沟。行间排水沟口应与园外排水渠连通。排水沟深度应保证沟内雨季最高水面比梨树根系集中分布层的下限再低40厘米。河滩地梨园，如果雨季地下水位高于80～100厘米时，也应挖行间排水沟，一般4～6行树一条（彩图3-25、彩图3-26）。

彩图3-25　梨台田栽植及排水沟　　　　彩图3-26　梨园排水沟

3. 受涝梨树的管理

对已受涝害的梨树，首先要疏通排水渠，尽快排除梨园积水。如果受淹时间较长、涝害严重，必须将根颈周围和部分粗根上面的泥土扒开，进行晾根，并对根系和周围土壤进行喷药消毒，以防根系感染病害。株、行间土壤也应耕翻，扩大蒸发面积，降低土壤湿度，提高通透性能。结果量大的梨树，要及时疏去部分果实，减少养分消耗。加强叶面喷肥，及时防治病虫害，促进树势恢复。

第四章

梨树整形修剪

整形修剪是梨树栽培管理中的一项重要技术措施。基本任务是培养牢固的树体结构，协调好生长与结果的关系，提早幼树结果期，保持成龄树连年丰产、稳产、优质。然而，生产中必须清醒地认识到，修剪并不是万能的，它仅仅是营养调节的一项技术措施，只有在树势健壮的前提下，树体才能表现出正常的修剪反应。因此，修剪目的及作用是否能够得到理想的发挥，在很大程度上依赖于以梨园土肥水为中心的综合管理水平。

第一节 梨树生长结果特点

梨树寿命较长，生产上有很多百年以上的大树仍然能够正常结实。梨树枝条萌芽率高，成枝力低，幼树生长较慢，枝条显得比较稀疏；顶端优势强，单枝长势差别较大，树冠层性明显；成花结果容易，促花效果明显。正是由于具备了上述这些特点，梨树在整形修剪方面与其他果树相比有很大不同。

一、幼树生长慢

梨树萌芽率高，成枝力低，幼树枝叶量增长较慢。大部分品种一年生枝条除先端生长 1～4 个长枝和基部盲节不萌发外，大都萌发成为短枝（图4-1）。梨树对于短截修剪比较敏感，短截后虽然能够刺激发生长枝，但总枝量会减少（图4-2）。梨树幼树枝叶量小，枝条比较稀疏。成枝力依梨不同系统而有所差别，秋子梨系统和西洋梨系统中某些品种成枝力较高，白梨系统一般表现中等，沙梨系统中某些品种则较低。所以，要实现梨幼树丰产，促进早期增加枝叶量是关键。生产上采取的主要措施有：计划密植、开张枝条角度、刻芽和轻剪多留枝等。

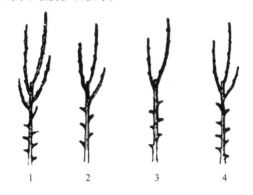

图4-1 梨树枝条的萌芽率与成枝力
1—萌芽力强，成枝力弱；2—萌芽力中等，成枝力中等；
3—萌芽力中等，成枝力弱；4—萌芽力强，成枝力中等

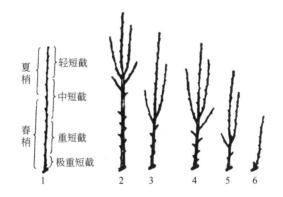

图4-2 梨树枝条对不同程度短截的反应
1—短截程度；2—轻短截；3—成枝力低的品种重短截；
4—成枝力强的品种重短截；5—极重短截；6—盲节处短截

  由于梨树成枝力较弱，对幼树期间发生的长枝要尽量利用，以扩大早期枝量。特别对发枝较少的日本梨或鸭梨等品种更要少疏枝，对树冠上发生的强旺枝也应尽量设法利用，通过改变方向，削弱长势，使之成为有用的枝条。如直立旺枝可拉平缓放，待结果后枝条下垂时，再回缩利用。对主枝背上发生的旺枝，可通过夏季摘心、扭梢等技术加以控制。总之，梨树幼树修剪应尽量从轻，做到多促枝、少疏枝。

二、顶端优势明显

梨树树姿直立，干性比较强，层性明显。中心干和主枝如不注意控制，其延长枝往往生长过强，上升及延伸过快，易造成树体上强下弱，主枝前强后弱。主枝间、主侧间易失去平衡，侧枝如不注意特别培养，则难以形成。长放枝回缩后，常表现为先端生长势强而后部缺枝，造成大枝后部"光秃"现象。因此，应尽早注意主枝中、后部枝组的培养，及时开张主枝角度，适当加大层间距，多培养背斜侧大、中型枝组，培养后部和两侧新生枝条，控制主侧枝先端延伸速度，防止结果后下部空虚无枝。主枝基角一般应开张到50°以上。对日本梨等发枝特少的

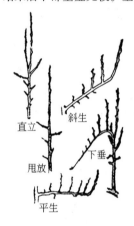

图4-3　梨枝条顶端
优势的表现

品种，主枝开张角度不宜小于60°，以增加发枝，否则很容易在主枝上形成脱节现象，只发生较多的短果枝及短果枝群，侧生枝条既少又弱。在骨干枝基角开张以后，每年还要注意开张梢角，如果梢头上翘，则易发生前强后弱，内膛光秃加快。由于梨树枝条分枝角度小，较硬脆，易劈裂，所以开张骨干枝角度的工作宜在生长季进行。如果夹皮角不易拉开，可先行固定再拉或朝反弓背方向拉开。

梨树枝条顶端优势的强弱，不仅与枝条、芽的角度及所处位置有关，还取决于先端芽的强弱和着生母枝的势力、位置与角度。一般枝条先端的芽位置较高，发枝较直立，长势强壮，反之则弱（图4-3）。生产上可根据整形修剪的需要，采用变方向、变位置、变高度、变角度、分散势力等方法改变枝条的顶端优势。

三、骨干枝变化灵活

由于幼龄期梨树中、长枝发生较少，整形时选择主枝（或其他骨干枝）常会遇到一定困难。实际整形过程中，应根据树形要求，尽量利用刻芽和拉枝技术促发所需分枝。如果达不到预期分枝要求，不要急于确定骨干枝，可对所发的弱枝破顶，并选择方位好的强壮短枝，萌芽前在其芽上方刻伤，促发长枝，这种短枝所发的枝基角较大，生长发育好。对于成枝力强的品种，在幼树选择培养主枝时，可多留几个枝条，作为备选主枝。此外，对于成枝力低的品种第一层主枝应适当多留，侧枝在主枝上本着有空就留的原则，尽量扩大结果部位。有些梨品种侧枝生长较慢，需待树龄渐大，主枝开张以后，利用侧生分枝、辅养枝和结果枝组占满空间。由于梨树寿命较长，骨干枝常因结果后角度变大或病虫害等原因而不能维持原来的从属关系，需要及时更换或重新培养。所以，梨树骨干枝在一生中可能会有多次变化。

四、单枝长势差别大

　　梨树同一枝条上不同芽子抽生的新梢，一般从上向下依次减弱。先端枝条长而粗，向下逐渐变得细而短，单枝之间生长势差别较大。大多数品种，长枝上较易抽生出长、中、短枝；而中枝和短枝上则很难再抽生出中、长枝，即中枝和短枝的转强能力较弱。因此，对多数梨品种而言，进入结果期后很快就会转为以短果枝群结果为主。修剪时，要注意不同类型枝条和结果枝组的培养与更新复壮。此外，梨树枝条的尖削度一般较小，相对负载能力较差，所以骨干枝开张角度不宜过大，在培养骨干枝时，要尽量注意避免过长枝的缓放，延长枝短截应逐年减短。

五、成花结果容易

　　梨树新梢在年周期中停止生长较早，顶芽和侧芽发育均好，秋梢健壮，芽子饱满（图4-4）。长枝缓放后，一般当年便能形成花芽。短枝多次结果后，果台上也能继续抽生短枝，易形成短果枝群。芽鳞片的大小和数目一般可作为判断花芽的形态指标。一般白梨短枝顶芽鳞片达15片以上、日本梨11片以上、西洋梨10片以上，均可形成花芽。梨花序和花朵坐果率一般较高，且促花技术效果显著。所以，进入结果期的梨树，修剪中一般不必特别考虑促花问题，而重点应放在如何防止结果过多。

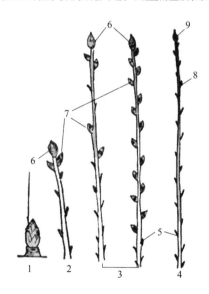

图4-4　芽的种类

1—短果枝；2—中果枝；3—长果枝；4—发育枝；5—叶芽；
6—顶花芽；7—腋花芽；8—侧芽；9—顶芽

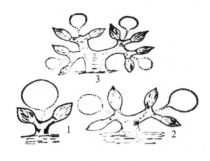

图4-5 短果枝群形成过程
1——年生；2—二年生；3—三年生

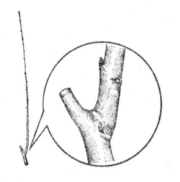

图4-6 梨枝条基部的副芽

梨树结果枝组容易培养，树势中庸时，放、疏、缩、截均有较好的效果，徒长枝也能够很容易地改造为结果枝组。梨树的大、中、小型枝组均易单轴延伸，所以应尽量使其多发枝，形成扇形展开式枝组，幼树期要多留、早培养。梨树许多品种，由于连续发生果台副梢能力较强，容易形成短果枝群（图4-5）。短果枝群一般寿命较长，但在多次或连续结果后，生长易衰弱，要注意及时疏弱留强，进行更新复壮。所以，对许多梨品种而言，盛果期树修剪的主要任务之一就是短果枝群的精细修剪。

六、副芽发育良好

梨枝条基部两侧的副芽发育良好，是梨树休眠芽的主要来源（图4-6）。梨潜伏芽寿命长，在受到较重刺激后易萌发或抽枝。梨树一生中容易进行多次更新，并且更新后的枝条再生能力也强。所以在梨树修剪中，应该根据其所处的年龄时期和生长势，及时确定"小更新"或"大更新"方案，并加以实施。此外，值得一提的是：梨枝条基部为盲节，无瘪芽（西洋梨除外），所以在修剪中不能利用瘪芽，但可利用副芽。

七、喜光性较强

梨树对光照强度较为敏感，一般在50%以上的光照强度下容易形成花芽，光照低于30%难以成花。当树冠郁闭光照不足时，内膛结果枝组特别是小枝组容易衰弱或枯死。所以整形修剪时，树冠结构必须合理，应该创造较好的通风透光条件，修剪时做到留枝量适宜，主枝的层间距离适当大些，并充分注意全树各部位枝量、枝类的分布和调整。

第二节　修剪时期及修剪量

修剪时期和修剪量是制约修剪效果的重要因素。以往生产上比较重视冬季修剪，近些年来，对于生长季修剪的作用给予了充分的认识和肯定。不同梨品种对于修剪反应规律不同，不同年龄时期和不同树势对于修剪量的要求也不一样，所以确定适宜的修剪量对于保证良好的修剪效果至关重要。

一、修剪时期

梨树的修剪时期，分为休眠期修剪和生长期修剪。休眠期修剪是指梨树落叶后到次年春季萌芽前这一段时期内的修剪，主要目的是培养树形、促进树冠扩大、培养结果枝枝组和改造辅养枝等，主要修剪手法有短截、疏枝、长放等。生长期修剪是指春季萌芽后到秋季落叶前这一段时期的修剪，主要目的是缓和树势、促发分枝、控制旺枝、促进成花、培养结果枝组等，主要修剪手法有抹芽、目伤、疏枝、拉枝、扭梢、摘心、拿枝、环剥等。不同时期的修剪作用有所不同。只有二者相互配合，取长补短，才能取得良好的修剪效果。

二、修剪量

1. 对梨树生长与结果的影响

（1）对树体营养的影响　一般而言，一株梨树经过冬季修剪，剪掉枝条数量（或重量）的总和即为修剪量。修剪量能影响梨树对修剪的反应，进而影响梨树生长和结果关系。修剪对枝条内氮、磷、钾含量有很大影响。如鸭梨修剪后的1～2年生枝中，因修剪损失的氮、磷、钾分别是4.5千克、1.3千克和3.8千克，相当于同样面积内吸收养分量的20%～30%。因此，修剪越重对树体的削弱作用越大。枝条中氮素含量的变化与年龄有关，一般树龄越小，含氮量越多，有利于生长。而碳水化合物（尤其是淀粉的含量）则随着修剪程度的加重而减少，不利于花芽形成。所以，生产中对幼树进行重剪导致旺长，推迟了花芽的形成，可能与碳氮关系失调有关。

（2）对结果的影响　修剪量对于梨树结果具有明显的影响。河北省石家庄果树研究所对鸭梨幼树采用连年重剪（短截和疏剪）、一般修剪（多留长放、及时回缩、适当短截）和连年轻剪（只放不截）三种剪法，剪后对发枝数、叶片数、花芽数和果实数进行调查，结果表明，连年重剪树花芽指数为17.5%，而轻剪处理为341.9%，二者相差近20倍。

2. 修剪量的确定

一般而言，随着修剪量越大，对梨树促进生长的作用就越强。然而，若修剪量过大，就会破坏梨树生长与结果的协调关系，破坏地上部与地下部相对平衡的关系，引起树体旺长，显著抑制花芽形成。但如果修剪量过小，对于一些弱树或花量过大的成年梨树而言，就不能起到复壮或减少花果、维持生长与结果平衡的目的。一般可根据树势确定修剪量，中庸健壮的树修剪量适中，强旺树修剪量减小，而衰弱树修剪量必须加大。

（1）中庸树势　外围骨干枝延长枝长度 30 厘米左右，枝条粗壮，花芽适量（30% 以上）、饱满、中、小枝组占 90% 左右。这类树可采用等量修剪法，即当年剪掉的枝量与下年新生的枝量相等或略多，不动或少动大枝，保持树冠枝量与地下根量总体平衡。一般盛果期树修剪量以 40% 左右为宜。枝组内部要实行"三套枝"修剪，使结果枝、育花枝和生长枝各占 1/3 左右。

（2）强旺树势　外围骨干枝延长枝长度 35 厘米以上，成花量较少。这类树可采用缓势修剪法，即多放少截，只疏不"堵"，去除强壮直立枝，留平斜枝，用弱枝、弱芽带头，多留花果。一般盛果期树修剪量应小于 1/3。树势过强时，可实行晚剪、二次剪，采取环剥、绞缢等夏季修剪措施，促使梨树多成花、多结果，使树势缓和下来。

（3）衰弱树势　外围骨干枝延长枝长度在 25 厘米以下，开花较少或花多果少。这类树可采用助势修剪法，即多截少放，重缩轻疏。一般盛果期树修剪量应大于1/2。对结果枝组可采用去弱留强，抬高角度，用强枝上芽带头，少留花果，配合以土肥水管理为中心的综合管理措施，使弱树尽快转化为中庸健壮树。

第三节　常用树形

20 世纪 50 年代以来，我国梨树生产上总体经历了一个栽植密度由稀变密、树冠由大变小的过程。各地研究人员和梨农经过多年的摸索和实践，创造出许多适宜当地条件的树形。"只有不丰产的结构，没有不丰产的树形"已经成为梨树管理者的共识。

由于我国梨栽培历史悠久，加上梨树寿命较长，所以现在生产上可见到的树形仍有很多。这些树形的变迁一直是与栽植密度的变化紧密相关。新中国成立前栽植的大树，仍在沿用大冠形；而 20 世纪 70 ~ 80 年代栽植的梨园，多采用中冠形；90 年代后，在一些条件比较好的局部地区，采用乔砧或矮化中间砧栽培，成功地使用了小冠形。我国梨产业上出现的这种情况在国外或是在国内其他树种上是很少见的。所以，大、中、小冠树形在现代梨生产上共存也是在我国特定时空条件下所形成的独特现象。

一、大冠形

由于梨树寿命较长，现在一些老梨区，生产上还存在一些树龄在 50 年以上的梨园。这些梨园株行距大多在 8 ～ 10 米以上。适宜的树形有主干疏层形、三挺身形、多主枝自然形等。

1. 主干疏层形

（1）树体结构　干高 50 ～ 70 厘米，有中心主干，主枝分 3 ～ 4 层着生在中心干上，一般有 6 ～ 9 个主枝，第 1 层为 3 ～ 4 个，第 2 ～ 3 层为 2 ～ 3 个，第 1 层 3 个主枝间距为 25 ～ 40 厘米；第 3 主枝至第 4 主枝（即层间距）为 80 ～ 100 厘米；以上层间距略小，第 4 层主枝 1 ～ 2 个。基部三主枝基角 50° ～ 60°，其上第一侧枝最好在同一方向。第一侧枝距主干 40 ～ 60 厘米，呈平侧或背斜侧。每一主枝上有 2 ～ 3 个侧枝，全树共有侧枝 15 ～ 20 个。当树长到 3 ～ 4 层，最上一个主枝长成后，逐渐落头开心（图 4-7、彩图 4-1）。

图 4-7　主干疏层形　　　　彩图 4-1　主干疏层形梨树

（2）特点　过去在北方梨区普遍采用。树冠呈半圆形，骨架结构牢固，结果面积大，负载量高，主枝分层着生，通风透光良好，枝多、级次多，成形快。但与现代中、小冠树形相比，整形时间长，进入结果期较晚。

2. 三挺身形

（1）树体结构　山东省青岛梨区过去创造的一种适合中国梨的优良树形。无中心主干，由三个生长势较强、近于直立的主枝所构成。干高 80 厘米左右，主枝基部角度 35° ～ 45°，向上逐渐减小，呈弓形上升，每主枝交错分生侧枝 4 ～ 5 个，可成层排列（图 4-8）。

（2）特点　骨架牢固，通风透光良好，丰产，适宜密植。适用于生长势强、主枝不开张的品种，幼树期中心干损坏的树也可采用

图 4-8　三挺身形

这种树形。

3. 多主枝自然形

多主枝自然形树冠，通常是在幼树定植后，任其自然生长，进入盛果期时，锯除中心干，并疏去过密的大枝而形成的。

（1）树体结构　干高 60～80 厘米，幼树有明显中心干，主枝自然分层。层间距一般为 50～60 厘米，第一层主枝 3～4 个，第二层主枝 2～3 个，第三层主枝 1～2 个。各层主枝自然分布，上下互重叠。主枝上分生侧枝，最后形成圆头形树冠（图 4-9、彩图 4-2）。

图4-9　多主枝自然形　　　　彩图4-2　多主枝自然形（张建光）

（2）特点　这种树形近于自然，修剪量轻，成形快，结果早，过去在北方梨区常见。进入盛果期后枝条比较密集，冠内光照条件差。可将中心干去掉。适宜在直立性强、成枝力低、树冠较小的品种上应用，如大多数日本梨品种。

二、中冠形

20 世纪 70 年代后，我国梨生产上开始提倡合理密植。这时期梨园大多采用 3 米 ×5 米或 4 米 ×6 米的株行距。此时，河北、山东等地率先对梨树形进行了改革，多采用中冠疏散分层形、小冠疏层形、多主枝自然开心形等。其中，中冠疏散分层形是河北省石家庄果树研究所 20 世纪 70 年代在原来大冠形"主干疏层形"的基础上加以改进而成的。

1. 中冠疏散分层形

（1）树体结构　干高 80～100 厘米，最后一主枝着生在距地面 3 米左右的位置，整个树高 4～5 米，主枝 5～6 个，分两层。第一层 3～4 个主枝（鸭梨与成枝力弱的品种可 3～4 个，雪花梨与成枝力较强的品种以 3 个为宜）；第二层两个主枝。第一层主枝配备三个侧枝（第一层为四主枝者可酌情减少侧枝数），第二层主枝配备两个侧枝。两层主枝的层间距 1.0～1.2 米（图 4-10）。

（2）特点 整形过程比较简单，树形成形早，树体骨架牢固，通风透光好，结果早，产量高。

2. 小冠疏层形

小冠疏层形也是由疏散分层形演化而来的。一般用于乔砧密植栽培，常用株行距（3～4）米×（4～5）米。由于不配备侧枝，比中冠疏层形更适宜密植。

（1）树体结构 树高 3 米左右，干高 60～70 厘米，冠幅 3～3.5 米，树冠呈半圆形。第一层主枝 3 个，层内距

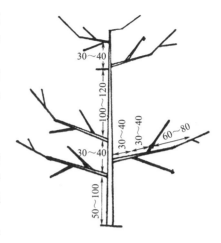

图 4-10 中冠疏层形（单位：厘米）

30 厘米；第二层主枝 2 个，层内距 20 厘米；第三层主枝 1 个。第一层与第二层层间距 80 厘米，第二层与第三层层间距 60 厘米，主枝上不配置侧枝，直接着生大、中、小型结果枝组（图 4-11、彩图 4-3）。

（2）整形技术 定植后，选饱满芽处定干。定干高度 80～90 厘米；在定植后的 2 年内，从基部 3 个方向选出 3 个主枝，水平夹角互为 120°。此后，在中心干上距离第三主枝 80 厘米处选出第四和第五主枝，在距第五主枝 60 厘米处选留第六主枝，其方位上下插空错开。6 个主枝配齐后，顶部落头开心，以利于光照。在定植后的 4 年内，对中央干和主枝延长枝进行轻度短截。主枝用撑、拉、别、坠等方法开张角度，基角 60°、腰角 80° 左右。主枝上不安排侧枝，直接着生结果枝组。

图 4-11 小冠疏层形

彩图 4-3 小冠疏层形（王迎涛）

3. 多主枝自然开心形

该树形适于中等密度或密植梨园采用。一般栽植密度为（2～3）米×
（4～5）米。该树形树冠形成快，树体光照条件好，骨架牢固，丰产，结果早，
树冠结果几乎在一个水平面，果实大小、糖度差异较小，果大质优，且抗风能力
较强，操作管理方便，省工。

（1）树体结构　树形无中心干，主干高60厘米，主干上均匀分布3～5个主
枝（随株距大小而增减），主枝开张角度50°～60°，再在每个主枝上配备若干中、
小枝组和短果枝群，树高3米左右（图4-12、彩图4-4）。

图4-12　多主枝自然开心形　　彩图4-4　多主枝自然开心形（李健）

（2）整形技术　要求栽植优质壮苗。苗木定植后，留60～70厘米定干。待
春季萌芽后，在主干上选留3～5个强壮的新梢作为主枝，将其余的新梢抹除。
待选留的新梢长到100厘米左右时，将其拉成水平状。当年冬季修剪时，在新梢
弯曲部位短截。第二年，将主枝上萌发的新梢，于5月底至6月初向主枝的两侧
拉成水平状，以促进大量腋花芽形成。第三年以后，除树冠空当处再行拉枝外，
主要在主枝两侧培养2～3个较大的结果枝组。结果枝组在主枝上，以上小下大
均匀分布排列。主枝的背上与背下不能培养大型结果枝组。树形经过3～4年培
养后基本形成。

三、小冠形

20世纪90年代后，随着乔砧密植的进一步发展以及利用矮化中间砧苗木密
植，一些梨园的栽植密度采用（1.5～2）米×4米。相应地树形多采用树冠较小
的纺锤形、"Y"字形、单层高位开心形等。

1. 纺锤形

该树形适于密植梨园采用。一般行距3.5～4.0米，株距0.75～2.5米。既可
用于乔砧梨树，也可用于矮化中间砧梨树。只有一级骨干枝，便于主枝轮流更新，

易培养结果枝组，树冠紧凑，叶幕层薄，通风透光好。结果早，产量高。

（1）树体结构　树高不超过3米，主干高度60厘米，在中心干上着生10～15个小主枝。从主干往上螺旋式排列，间隔20厘米，插空错落着生，互不拥挤，均匀地分布在各个方向，同侧两个小主枝间距50厘米左右。小主枝与中心干分生角度70°～80°，在小主枝上直接着生小结果枝组。小主枝的粗度小于着生部位主枝的1/2，结果枝组的粗度不超过小主枝粗度的1/2（图4-13、彩图4-5、彩图4-6）。

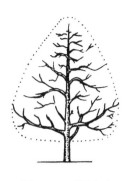

图4-13　纺锤形

彩图4-5　纺锤形树开花状（张建光）

彩图4-6　纺锤形树结果状
（张玉星）

（2）整形技术　定干高度80厘米，中心干直立生长。第一年在中心干60厘米以上选2～4个方位较好、长度在100厘米左右的新梢。在新梢停止生长时进行拉枝，一般拉成水平状态，将其培养成小主枝。冬剪时，中心干延长枝剪留50～60厘米；第二年以后仍然按第一年的方法继续培养小主枝，将小主枝上离树干20厘米以内的直立枝疏除。对其他的枝条，根据培养枝组的要求，通过扭梢等方法使其变向，无用的疏除。冬剪时，中心干的延长枝剪留40～50厘米。经过4～5年基本成形。每年在中心干上选留2～4个小主枝，拉成水平状。延伸过长的，及时回缩。小主枝上配备中、小型结果枝组。当小主枝已选够时，就可落头开心。为了保持2.5～3米的树冠高度，每年可用弱枝换头或直接将强枝拉平。

2.　"Y"字形

该树形适于密植梨园采用。该树形成形快，结果早，有利于管理和提高果品质量。适宜株距1米、行距3～4米的高密度栽培。

（1）树体结构　整形不留中心干，在主干上仅留两大主枝呈"Y"字形对称分布。梨园若为南北行向，2个主枝分别伸向东南和西北方向，每一个主枝两侧再配置2～3个大型结果枝，作为全树的结果部位。间插一些中小结果枝。主枝腰角70°，大量结果时达80°，树高2.5米（图4-14、彩图4-7）。

图4-14　"Y"字形
1—定干；2—当年萌发新梢；
3—拉枝；4—结果枝组分布

彩图4-7　"Y"字形树形（张玉星）

（2）整形技术　要求栽大苗、壮苗。定植后留60～70厘米定干。春季萌芽时，保留两个生长强壮的新梢，将其余的抹除。到5月底至6月初，待新梢长到100厘米左右时，将保留的两个新梢分别向东西方向，拉成70°～80°的开张角度，呈"Y"字形，这两个新梢以后即成为两大主枝。当年冬季修剪时，在枝梢顶部弯曲部位短截，并抹去背生强芽。定植后第二年的5月底至6月初，将两大主枝上萌发的直立新梢，沿主枝两侧全部拉成水平状，以促进花芽形成。第三年以后，把主枝两侧的结果枝，每隔40～50厘米培养成一个结果枝组。结果枝组在主枝上的分布，上小下大，呈三角形。主枝背上不能培养较大的结果枝组，大型枝组均匀分布在主枝的两侧。经过3～4年的培养，该树形基本完成。

彩图4-8　双株"V"字形
（张建光）

此外，随着高密度栽植的不断发展，"Y"字形树形又逐渐衍生出了双株"V"字形，即相邻两株分别向行的左右拉开，每株既是主干又是主枝，主干上直接培养结果枝组（彩图4-8）。

3. 单层高位开心形

该树形是20世纪70年代由石家庄果树研究所研究提出的。适合乔砧密植梨园，具有骨干枝级次少、成形快、结果早的特点。已在河北省等梨产区推广应用。一般适用于株距2～3米、行距4～5米的栽培。

（1）树体结构　树高3米，干高70厘米，中心干高1.7米，树冠厚度3米左右。在中心干上均匀插空排布伸向四周的基轴和长放枝组，全树共着生10～12个大型长放枝组。落头开心后，最上部两个枝组反弓拉倒呈90°角，并垂直伸向行间。下部枝组基轴和枝组与中心干夹角为70°左右。并在距地面1.6～1.8米处高位开心，称单层高位开心形（图4-15）。

（2）整形技术　定干高度100厘米左右，剪口下第一芽方向全行要求一致。萌

图4-15　单层高位开心形

芽后，抹除主干40厘米以下的萌芽。生长期对新梢开张角度，对顶端的竞争枝进行反弓弯曲，或用竞争枝代替原头，将原头反弓拉倒，培养成长放枝组。第一年冬剪时，对中心干延长枝留30～50厘米、4～6个饱满芽短截；其余一年生枝条，选位置、长势较好的枝条留30厘米短截，剪口下留两个侧生饱满芽，对弯倒的枝条进行缓放。第二年，萌芽前对中心干剪口下第三、第四芽进行目伤；5月份对弯倒枝的基部环割，促其尽早形成花芽；7月份进行开角，并疏除过密枝、无空间的竞争枝，对顶端的竞争枝仍用第一年的方法进行处理，冬剪时仍对中心干延长枝留4～6个饱满芽短截，对中心干上长势较好的一年生枝条留30厘米短截，剪口下留两个侧生的饱满芽，并对第一年选留的枝组基轴所发出的枝条缓放不剪。第三年仍按第二年的方法继续培养，对顶端的两个枝条反弓平拉向行间；通过拉、缚、扭等方法调整全树的枝角，及时疏除内膛过密无用枝。

4. 圆柱形

适宜高度密植的梨园采用，最好是采用矮化砧或矮化中间砧的梨园。整形技术简单，修剪量小，结果早。

（1）树体结构　干高40～60厘米，有中心干，在中心干上直接着生结果枝组，不留主枝，不分层。树高2.5～3米，冠径1.5～2米，呈圆筒形。中心干上选留30～35个结果枝组，均匀分布在各个方向。对结果枝组要根据空间、长势

和结果情况及时回缩更新（彩图4-9）。

（2）整形技术　采用优质壮苗，栽后不定干，60厘米以下芽子全部抹掉，60厘米以上的芽子于萌芽前全部刻芽。从第一年冬剪开始，掌握去大枝、留小枝的修剪方法，一般枝组的粗度应是着生部位中心干粗度的1/3以下。修剪时，注意保持中心干的优势，及时去除竞争枝。

彩图4-9　圆柱形梨树

四、水平棚架形

棚架梨园一般要求栽植密度为5米×5米或6米×8米。为了提高梨园早期产量和经济效益，在建园时可将栽植密度增加一倍，即2.5米×2.5米或3米×4米。加密栽植时，应注意安排和区分永久定植树与加密树（临时树），二者在管理上应区别对待。当临时树影响永久树生长时，应及时回缩，直至间伐。棚网架栽培，树冠扩展快，成形早，早期叶面积总量大，枝条利用率高，树势稳定，树冠内光照条件良好，生产出的果实个大均匀，果实品质好。缺点主要是：架材成本较高；背上枝条生长旺盛，夏季修剪量较大；幼树期枝条修剪量大；管理费工，对肥水要求较高。

（1）树体结构　干高1米左右，主干上着生3个主枝（也可着生2个或4个主枝），主枝向四周伸展，主枝间距保持7～8厘米，主枝基角50°、腰角70°，每个主枝着生两个侧枝，侧枝上每隔20～25厘米直接培养长轴型结果枝组（图4-16、彩图4-10～彩图4-12）。

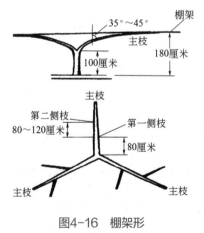

图4-16　棚架形　　　　彩图4-10　水平棚架形梨园

彩图4-11　网架栽培（张建光）　　　　彩图4-12　棚架梨树结果状（张建光）

（2）棚架的搭建　棚架分为平面式和斜拉式两种。一般高 1.8～2 米，以水泥柱为支撑，用 8# 镀锌铅丝为主线，用 12# 镀锌铅丝为副线，主线与副线结成 0.5 米 ×0.5 米的方格。

① 立支柱　先将梨园四个角的支柱位置确定下来。然后将同侧的两根支柱连接成线，沿直线每隔 4～6 米定下四周支柱的位置，最后再定田间的支柱。支柱间距 4～6 米，均匀排列。支柱垂直于地面，高度一致，纵横成行。埋支柱时，先在地面做好混凝土基础，埋入地下深度由棚架的高度而定。

四个角的支柱，采用 12 厘米 ×12 厘米 ×330 厘米水泥柱，四周的支柱采用 10 厘米 ×10 厘米 ×285 厘米水泥柱，田间的支柱采用直径 8 厘米左右、长 4 米的镀锌钢管或水泥柱。

② 抛地锚　由于四个角和四周的主枝承受的压力较大，每个支柱顶端用 8# 钢筋拉紧成方框，并分别配一个或两个地锚（四个角配 2 个，四周配 1 个），用斜拉铅丝固定，斜角为 30°～40°，地锚深度 1 米。

③ 架设网面　先用 8# 镀锌铅丝，沿纵横方向每排立柱拉一道主线，用紧线器拉紧，固定于每根支柱上端。然后用 12# 镀锌铅丝，每隔 50 厘米添拉一道副线，拉紧后固定于主线上，形成网格为 50 厘米见方的网面。

（3）整形技术　定干高度为 1～1.2 米，剪口下 30 厘米内要保留 6 个以上不同方位的饱满芽，并把剪口下第一个芽抹去。待新梢抽出后，根据新梢生长方向、位置、角度和长势，选配三个主枝，三个主枝的平面夹角为 120°，主枝间距保持 7～8 厘米。

新梢长至 50 厘米以上时，用竹竿诱引上架。竹竿长 2.5 米左右，使竹竿与地面的夹角为 50°，三根竹竿平面夹角为 120°，把主枝绑缚在竹竿上。主枝先端用垂直长竹竿诱引，使延长头向上笔直生长，确保其长势，同时抑制后部发旺枝。

主枝每生长 20 厘米左右，在直立支柱上绑缚一次。

对主枝以外的新梢，要尽量保留。如果生长旺枝，可通过扭拉抑制其长势。在每个主枝上选留两个侧枝，第一个侧枝选留在距离主干 1 米左右，主枝与侧枝的粗度比要保持为 7 : 3。每个主枝上的第一侧枝要分布在同一侧，第二侧枝在距离第一侧枝 80 ～ 100 厘米的对侧。选定的主枝、侧枝冬剪时均要适当抬高角度，并禁止顶端挂果，以促进营养生长，提早成形。栽后的前三年均去掉花芽，不留果，第四年开始投产。

在侧枝上直接培养长轴形的大型结果枝组，其数量为每 10 平方米大约 25 个，这种长轴形的结果枝组衰老时要及时进行更新修剪，更新到 3 ～ 4 年生部位。对于枝量不足者，可在侧枝上用皮下腹接方法补充枝条，或刺激残桩上隐芽萌发形成枝条。

第四节　不同年龄时期修剪特点

一、幼树期

一般指 1 ～ 4 年生以前的梨树，是树冠形成的主要时期，也是从生长到开始结果的转化时期。此期修剪的主要任务是根据所采用的树形，选择和培养各级骨干枝，并在骨干枝上培养结果枝组，同时对一些枝条进行适当控制，使之及时成花结果。

1. 培养骨干枝

根据所采用的树形，优先保证骨干枝的顺利生长。在选择骨干枝时，必须保证骨干枝生长势和粗度明显大于其上着生的所有枝条。开张角度也应小于其上着生的大型侧生枝。一般中心干及主侧枝的延长枝都应适度短截，不宜缓放。对骨干枝延长枝的竞争枝，要进行重剪，待发枝后再行长放，不能在骨干枝头附近直接长放竞争枝。

2. 促进枝叶量迅速增长

梨树由于成枝力低，幼树树冠生长缓慢，所以应运用各种修剪方法增加枝叶量。对幼旺树要轻剪、缓放、多留枝。对树冠内的枝条，如果空间较小，可先缓放形成花芽后再回缩成枝组；如果空间较大，可先短截促分枝，再缓放形成枝组。对于旺长的直立枝、徒长枝和直立的竞争枝，一般也不要疏除，到 5 月份枝条变柔软时，可通过拉枝等变向技术，填补树冠空隙。

3. 开张骨干枝角度

分枝角度小、生长极性强，是梨树的生长特征之一，因而容易造成生长过旺，枝条密挤，通风透光不良，形成花芽困难，影响早期结果。为缓和主、侧枝的生长势和改善冠内通风透光条件，要及早开张角度。在 2～3 年生时，可用支、拉、顶或里芽外蹬的方法开张角度。梨树枝条尖削度小，负载能力低，开张角度不宜过大。另外，梨树夹皮角较多，枝条硬脆，开角拉枝时注意防止大枝劈裂（彩图 4-13）。

彩图4-13　大枝开张角度（张建光）

4. 控制中心干过强

采用有中心干的树形，要特别注意防止"上强"。当中心干的粗度明显大于基部主枝的粗度，或由于生长过快，树冠变得既高又窄，或第二、第三层主枝的枝展接近第一层主枝时，对中心干就要加以控制。对成枝力强的品种，可每年小换头或每隔 1～2 年换头一次，使中心干弯曲上升；对成枝力弱的品种，可把原头压倒，另换新头。对第二层主枝以上的部位，不留大辅养枝，通过增加结果量，以结果缓和其生长势。

5. 培养结果枝组

当冠内枝条增多后，根据骨干枝的分布，在其上逐步选留大、中型结果枝组。小枝组则见缝插针留用。树冠空间大的地方，利用先短截长枝再缓放的方法，培养结果枝组。特别是在主枝下部侧面，发展空间较大，对斜生状态的长枝，可进行中截或轻截，促发分枝，培养大型结果枝组；或利用长枝缓放的方法，形成花芽结果。对于树上的辅养枝，根据空间大小及时改造。在骨干枝的背上，幼年期只留小型枝组，枝轴长度控制在 25 厘米以下。不能留大型和中型枝组，如果背上枝组转旺时，要在夏剪或冬剪时，疏间强枝，留平斜弱枝。

6. 促进开花早结果

在保证骨干枝顺利生长的同时，通过轻剪长放、拉枝和环剥等方法，促进一部分枝条形成花芽和开花结果。树冠内的中庸枝、弱枝，一般均长放，促其成花，及早结果。如果冠内空间较大，可以在该枝条上部深度刻伤，促使其转化成长枝。对内膛有空间而不影响主侧枝生长的辅养枝，可通过环剥、缓放等措施，促使其提早结果。

7. 控制旺枝

对生长较旺的直立枝及徒长枝，除疏去过密的以外，可进行冬季重短截，来年再去强留弱，并将其逐渐培养成结果枝组。对于骨干枝背上发出的直立强壮枝，有空间要压倒、拉平长放，结果后视情况再行改造，徒长枝要及时疏除。

二、初果期

一般指 4～6 年生的梨树。幼树在即将完成整形时，逐渐开始结果。此期的初期树体生长量仍然很大，应以继续整形扩大树冠和促生大量结果枝为主，但树势很快就会缓和下来，从而进入大量结果期。

1. 骨干枝的培养

注意各级骨干枝之间要主从分明，树势要均衡。按照既定树形要求，继续培养骨干枝。保持中心主干的优势，迅速扩大树冠。重点是开张梢角，分清层次。如果中心干上部较强，已达到既定树高，上层主枝开张较好，即可落头。如中心干转弱，则应削减中心干下部的生长优势和果实负载量。对延长枝的修剪应逐年减短，以加强骨架担负能力。如果树冠已经达到预定大小，延长枝可以不再短截。

2. 结果枝组的培养

初结果期树的修剪重点是促生大量结果枝，进一步培养好结果枝组。在枝组培养方面，可掌握小枝不动自然转化中长枝，待成花后回缩。梨树成花容易，一般在枝条长放后都能成花，所以，在初果期前期还需适当控制结果量，增加枝叶量，保证树冠扩展，使树冠内部形成丰满的枝组。进入初果期后期，对树冠内长枝要区别对待，有长放，有短截，使每年在冠内形成一定量的长枝，长枝应占总枝量的 1/15 左右。如发生的长枝少，说明修剪量轻，需增加短截数量；如发生的长枝量大，说明修剪过重，需减少短截量，多留枝长放。

三、盛果期

盛果期是梨树大量结果的时期。此期树冠大小基本固定，产量达到高峰。修剪的基本原则是：调整好树势，维持良好的生长与结果的平衡关系和各级枝条的主从关系，及时更新结果枝组，保持适宜的枝量和枝果比例，使结果部位年轻健壮，结果能力强，改善冠内光照条件，确保梨果优质。

1. 树势调整

采取有针对性的修剪技术，使强树或弱树都转化为健壮的中庸树。对强旺树，可采用主干环剥、强枝环剥或芽目伤、只疏不截、多缓放和多留果等方法；对于弱树，可采用多截少缓放、抬高枝梢角度、回缩弱枝、疏花疏果和少留果等方法，使其转化为中庸健壮的树势。当然，对于弱树，还必须在加强以土肥水为中心的综合管理的前提下才能奏效。

2. 骨干枝的修剪

进入盛果期的梨树，各级骨干枝已经基本固定。对结果后角度加大的骨干枝，在尚未下垂前，不要急于回缩，可先培养背上新的延长枝，待其加粗后，再行换头更新。对于角度开张过大的骨干枝，可以在背上培养角度小的新枝头。待新枝头经过数年培养而原头显著衰弱时，可对原头缩剪，用新头代替。部分发生交叉紊乱的骨干枝或大型枝组，可以分清主次，改变延长枝方向，也可轻度回缩。维持骨干枝单轴延伸的生长方向和生长势，调整延长枝角度，对逐渐减弱的骨干枝延长枝适度短截。对于郁闭梨园，可利用交错控制法（有伸有缩）解决株间枝头搭接问题。

3. 改善树体内的光照

梨树盛果期容易出现冠内枝条过密、光照不良现象。此期树体内布满各级骨干枝、各类结果枝组、残留辅养枝、新发的直立枝和结果后压低的下垂裙枝，导致内膛光照不良，树体呈现外强内空。解决方法是：可疏除一部分过密的大、中型辅养枝，或用以缩代疏的方法改为结果枝组。需疏枝量较多时，应分年分批解决，以免修剪过重产生不良后果。骨干枝背上发出的徒长枝，有空间时利用夏剪摘心或长放、压平等方法培养成枝组，无空间则疏除。此期修剪的主要任务是：打开天窗，通畅行间，清理层间，疏除下裙枝，疏缩冠内直立枝。

4. 及时更新结果枝组

结果枝组内结果枝数和挂果量要适当，并留足预备枝。中、大型结果枝组应壮枝、壮芽当头，每年均应发出新枝。枝组间应有缩有放，错落有致。内膛枝组多截，外围枝组多疏枝少截，以确保内膛枝组能得到充足光照，维持较强的生长和结果能力。内膛发生的强壮新梢可先放后截或先截再放，培养成新结果枝组代替老枝组。利用回缩法及时更新细弱枝组。对已形成的结果枝组要注意稳定其生长势和结果能力。梨的小型枝组容易变弱，应掌握疏前促后、疏弱留强的原则，使其转弱为强。中型枝组变弱时，可疏掉部分短果枝。大型枝组变弱时，应先处理其上部中、小枝，以减轻负担，恢复保留枝条的生长势。对于中型单轴生长的水平枝（鞭杆枝）可回缩至"抬头短枝"处，促生发育枝或健壮的果台长枝，其后部还可形成小型结果枝组（图4-17）。对于大型单轴延长的结果枝组，因下垂而后部光秃时，可逐年回缩更新或腹接新枝补空。此外，对于许多以短果枝群结果为主的品种，盛果期还应特别注意短果枝群的精细疏剪，防止分枝过多、密挤引起老化。修剪时要做到去弱留强、去上留斜、去远留近，以维持短果枝群生长紧凑、健壮（图4-18）。一般每个短果枝群中以不超过5个短果枝为宜，其中留2个结果，2～3个作预备枝，破顶芽。

图4-17　结果枝组的更新　　　　　图4-18　短果枝群修剪

盛果期结果枝组的主要修剪方法是回缩、更新、复壮。生长衰弱的结果枝组，可分年分批轮流回缩，一般每年回缩量为 1/4 ～ 1/3。要选择角度向上、方位适宜、生长较好的分枝，作为缩剪后的带头枝。留下的分枝，要适度短截。花芽多的枝组，要多疏衰弱瘦小的花芽，以促进枝组生长健壮，提高成花结果能力。前强后弱的枝组，可适当疏去前部一些强旺分枝和 1 年生枝；中、下部分枝适度短截或回缩，促使后部枝、芽健壮。短果枝群上的短枝，可采取去弱留壮、去远留近的方法修剪。着生在主、侧枝背上的强旺直立枝组，要分年逐步回缩。回缩枝组的一年生枝，生长强旺的缓放，生长中庸或较弱的要适度短截。主、侧枝中下部生长衰弱、延伸较长且基部光秃的枝组，可直接在较明显的潜伏芽处回缩，或生长前期在潜伏芽前环刻、环剥，促使潜伏芽萌发、抽枝，来年再重回缩，防止结果部位继续外移。梨结果枝组着生密或重叠交叉时，一般不宜疏除，可采取一放一缩、一抬一压的修剪方法，使各个枝组占有一定空间，增加树冠的结果体积。

5.“大小年”树的修剪

“大年”结果时，要重剪花多的结果枝组，轻剪或不剪花少或无花的结果枝组，尽量多保留叶芽。中、长果枝要多疏剪顶花芽和腋花芽；短果枝群上过多的花芽，健壮的可破顶（梨短枝不宜短截，短截后一般不萌发），衰弱的可疏掉，以减少花芽数量。修剪后全树的花芽留量，以占全树一年生枝（长、中、短枝）顶芽总数的 30% ～ 40% 为宜。枝组上的一年生发育枝，需要增加分枝的可适度短截，其余的一般要缓放。主、侧枝外围枝头上的花芽要疏剪。

“小年”结果时，结果枝组花芽少，叶芽多。修剪时，应尽量多留花芽，可在花芽前部短截或在分枝处回缩，以提高坐果率。无花芽或花芽很少的健壮枝组，要多短截，少甩放；衰弱的无花枝组，要重回缩。枝组上的一年生发育枝要多短截，少缓放，减少花芽形成数量。

"大小年"结果树，也可进行花前复剪。具体方法是：春季花芽萌动后，能清楚辨认花、叶芽时，进行修剪，以确保全树花芽留量适宜。花量较多的树，可多去花，留好花；花量少的树，要多留花，适当疏去无花枝条。

四、衰老更新期

梨树寿命较长，衰老期树通过加强管理还可恢复结果能力。通常梨树结果50～60年后，就会出现树势衰弱，主、侧枝残缺不全，内膛枝组枯死，结果部位外移，结果枝大量衰老，产量明显下降等现象。这时，应及时更新复壮。在更新复壮前，必须加强肥水管理，分年对部分骨干枝进行重回缩，以促进中、下部枝条的生长和萌发较多的徒长枝。同时，要对新萌发的徒长枝和一些多年生的发育枝进行适度短截，促其多发分枝，然后再有计划地把它们培养成新的主、侧枝头和各种类型的结果枝组。更新后的2～3年内尽量减少结果量，以促进新梢生长，增强树势。待树体复壮后，再让其正常挂果。

1. 骨干枝的更新复壮

更新前，应停止2～3年刮树皮，以免刮掉潜伏芽，影响发新枝。更新时，应从树冠的上层开始，然后到下层，并回缩到有良好分枝处的部位，待长出新枝后再调整方位。如果有可利用的背上直立枝，应尽可能加以利用。如果内膛出现大面积的光秃带时，可采用皮下接或腹接的方法，进行插枝补接。

2. 结果枝组的回缩复壮

梨树衰老时，结果枝组的延长头往往因结果过量而下垂，或先端衰弱无力。如果仅回缩个别小枝，就会导致复壮效果不明显。因此，应对一定数量的多年生下垂枝进行重回缩，回缩到有良好分枝处的部位，才能起到复壮作用。

对于已衰老、光秃、下垂的骨干枝，可选择适当部位回缩更新，有空间的地方应尽量利用徒长枝，培养成结果枝组，填补空间。短枝过多时应对部分短枝实行短截，使其抽枝复壮。在回缩大中型骨干枝时，应注意剪（锯）口下留"抬头枝"，同时对其下部的侧枝应进行相应回缩，以提高复壮能力。

第五节　生长季修剪

生长季修剪由于操作时间处于枝梢生长变化期，所以，能够根据枝、叶和果实生长的情况，采取有针对性的措施，及时调整和解决各种矛盾，保证生长结果的正常进行。正因如此，生长季修剪已越来越引起人们的重视。生长季修剪的主要方法有：刻芽、抹芽、摘心、扭梢、拿枝、开张角度与环割等。

一、刻芽

也叫目伤。一般是指在芽的上方（0.5厘米处）或下方，用小刀横切皮层，呈半环状，切口深达木质部。一般在萌芽前，对缺枝部位进行芽上目伤，可促进萌发新枝。为了抑制某芽的生长，也可在此期进行芽下目伤。此外，对长放枝每隔10厘米进行段刻，可促生短枝，有利于花芽形成（彩图4-14、彩图4-15）。

彩图4-14　刻芽后萌发的嫩梢　　　　彩图4-15　刻芽后萌生的枝条
　　　　　（张建光）　　　　　　　　　　　　（张建光）

二、抹芽

多于早春梨树萌芽后，一般在芽长2～3厘米时进行。抹芽的原则是抹早、抹小、抹了。一般抹芽的主要对象是：新植幼树整形带以下发出的芽、幼树整形带内同主枝并生成重叠生长的芽、邻近骨干枝剪口上位芽、弯枝弓背处与拉平枝背上的芽、根颈部的萌蘖及剪锯口附近的萌蘖等。此外，梨树背上枝长势强，生长量大，生长时间长，影响光照，消耗养分，所以应及时除去。抹芽的主要目的在于节约养分，改善光照，提高留用枝的质量。但梨幼树由于枝叶量小，抹芽量不宜过大，有空间的可先留，待发枝后再变向改造。

三、疏枝

若未来得及抹芽，已出现局部枝条密挤，可在枝条生长期将其及时疏去。疏枝时间一般自5月下旬到8月下旬。此外，对生长期萌发的过密枝、竞争枝、徒长枝、直立枝、多余果台副梢等均应及早疏除，以节约树体养分和改善树体内膛光照条件。

四、摘心

在新梢生长期，摘去最尖端的嫩尖（3～5厘米）叫做摘心。摘心可以促进侧芽发育，刺激萌发副梢，减少营养消耗，促进芽体分化，提高成花率或坐果率。摘心时间可根据摘心的目的而定。如果是控制旺枝，一般可在新梢长至 20～25 厘米时进行第一次摘心，当副梢长至 10 厘米时再进行第二次摘心。前期摘心（5 月上中旬～6 月上旬）可以促发分枝、加大分枝角、控制长势；后期摘心（6 月中旬～7 月上旬）则可以增加发育量，促进芽体充实，促进花芽发育、减少无效消耗、提高果实品质。对于旺树、旺枝摘心时间可以适当早些，摘心次数也可多些。

五、扭梢

在新梢半木质化或新梢基部 5～7 厘米的部位，用手扭梢并使新梢上部弯曲，方向呈水平或下垂方向。扭梢可以减缓养分和水分的供给，减弱新梢生长势、促使其转化结果。经扭梢的新梢一般 1～2 周后受伤组织愈合，这样容易成花和结果。同时，不至于基部"冒条"，使木质部受伤。扭梢主要用于控制主枝背上的徒长枝。

六、拿枝

拿枝多在幼树的直立枝、竞争枝、强旺枝上进行，使其损伤输导组织，开张角度，抑制旺长。在 5～8 月份，用手握住 1～2 年生枝条，拇指向下慢慢压低，食指和中指上托，同时使枝头上下左右摆动。从基部开始弯折，做到响而不断。然后每隔 5 厘米弯折一下，直到枝顶。如果枝条过旺，可连续弯折几次，枝条即可弯成水平状或下垂状。拿枝可以改变枝条的姿势，缓和枝梢的生长势，促进花芽形成。

七、拉枝

拉枝对于削弱枝条极性生长、增加枝量、提高产量具有显著效果。据调查，10 年生苹果梨树拉枝处理后，枝量相当于对照的 2 倍，增产 50% 以上。幼树拉枝在 6 月上中旬或 8 月中下旬进行效果较好，既能促进花芽形成，又能很快地固定角度。此期枝条较软，可根据不同树形对骨干枝角度的要求，通过拉枝、撑枝、坠枝和别枝等方法，使枝条改变方向和开张角度。梨树夹皮角较多，注意及早开张，并防止劈裂。对于徒长枝和辅养枝，一般拉枝角度要大些，以利于缓和枝势，促进花芽形成。拉枝后，背上会出现较强的枝，注意及时控制或疏除。一般在生长季当枝条长至 60～80 厘米时，用绳子（最好用布条、尼龙条、化纤毛线等）拉开角度，一端固定在木桩上，另一端用活扣绑缚在新梢基部的 2/5～1/2 处。对易拉成弓形的枝条一般结合拿枝进行（彩图 4-16）。

彩图4-16　幼树拉枝

八、环剥和环割

环剥和环割适用于生长过旺、结果不良的梨树或大枝，应在树体旺盛生长期进行。环剥前要灌足水，以利于伤口愈合。环剥时，可在大枝或主干适当部位先环切两刀，深达木质部，再取下两刀之间的韧皮部（树皮）。环剥宽度以枝或干直径的1/10为宜，一般为2～3毫米。最宽不要超过1.2厘米。环剥时应注意以下事项：①环剥时应避免对枝、干形成层造成损伤，不要用手触摸环剥口的黏液，环剥后用纸或塑料薄膜包扎伤口；②环剥后20天内，对环剥口处不能喷抹波尔多液、有机磷等农药；③环剥愈合期一般为25～30天，如果效果不明显或很快愈合，可在1个月后于环剥口附近再环剥一次，但两次剥口不能重叠交叉；④主干环剥时，若控制不好，则易死树或使树势严重衰弱，应当慎用；⑤环剥对梨树花芽形成具有明显的促进作用，使用时结合开张角度效果更佳。

环割是用小刀或专用环割刀将大枝或主干切一周，切口深达木质部。环割所起作用的时间短，效果较差，但比较保险。如果一次环割收不到效果，1周后可再环割一次，但一次只能割一刀，尤其在主干上不可2～3刀同时进行。

第六节　主要品种修剪特点

一、秋子梨系统

1. 南果梨

幼树树姿直立，极性生长势强，易抱头生长。成年树树体高大，生长健壮，树冠开张，先端披散下垂。潜伏芽寿命长。萌芽力和成枝力均强，枝条顶端第2芽极易形成竞争枝。容易形成腋花芽。以短果枝结果为主，短果枝群连续结果能力强。对短截反应敏感，短截过多，容易造成树冠郁闭。

树形以小冠疏层形、纺锤形等为宜。幼树期在培养好树体骨架的基础上，应采用轻剪缓放、多留枝、开张角度的方法。对中心干和主枝上的延长枝进行适当短截，其余枝条不短截，疏除过密的直立枝和徒长枝。对于有空间的强旺枝，采取夏季修剪方法，培养结果枝组。盛果期结果枝与营养枝比例宜保持在1:（2～3）左右。对多年生衰老结果枝组要进行适当回缩，当树冠长到适宜高度时，要及早落头，改善光照条件。注意控制外围枝和树冠上层枝量，及时处理层间辅养枝。"大年"树要重剪结果枝，"小年"树重剪发育枝、轻剪结果枝。盛果期树由于大量结果，常出现一些细弱枝、下垂枝，对这些枝条要适当回缩，回缩到有抬头枝的部位。衰老期树则应细致更新结果枝组，骨干枝重回缩，复壮树势，延长结果年限。

2. 京白梨

树势健壮，成枝力较高，长枝中截后可发长枝 3～4 个。分枝角度中等，幼树枝条直立，大树较为开张。枝条较细且密，结果后极易开张。每果台发 1～2 个副梢，分枝力弱，不易形成短果枝群，但中长发育枝和果枝延伸能力及分枝力均强，果台副梢连年结果能力差。

因新梢较短，幼树期对骨干枝的延长枝要在健壮的秋梢上部短截，以利于树冠扩大，并可减少小枝密度。盛果期要注意疏除拥挤的骨干枝。小枝组或短果枝群在一般情况下，可放任不剪。如果小枝过多而影响通风透光时，应对外围密生枝进行疏剪。山东梨产区总结出的"大枝要勤剪，小枝多不管"的剪法，有利于京白梨高级次枝条的结果。

二、白梨系统

1. 鸭梨

萌芽力高，成枝力低，一年生枝上容易上部抽生少数长枝、下部着生短枝。长枝短截后，剪口下一般只发 1～2 个长枝，向下依次发生中枝和短枝。如果长放，易形成串花枝或腋花芽。枝条自然开张，角度大，并有弯曲现象。幼树较开张，生长势中等。盛果期以短果枝结果为主，大部分果台可发生 2 个果台副梢，易形成花芽，无枝果台则很少。随年龄增加易形成短果枝群。

幼树整形期间，主枝延长枝修剪要短，因其发枝力低，对不作延长枝的枝条一般甩放不剪，以利于结果。对壮旺枝组应控制旺枝，结合使用留基部小芽、改变枝向、甩放等缓和枝势的方法促生花芽。如短果枝群较多、较密，应在群内或群间进行适当疏间（去直留斜、去弱留强），进行组内更新复壮。2 个以上的果台枝，应截一放一，交替结果，稳定产量。如果顶花芽够用，尽量不留腋花芽，以免影响新梢生长。

2. 雪花梨

幼树生长中强，较鸭梨直立，分枝角度较小，萌芽力及成枝力中等，长枝中短截后多发 4～5 个中长枝，其次为短枝，新梢较鸭梨多。在树势中等偏壮的情况下短枝易形成花芽，据河北省赵县调查，成年树的短果枝约占总果枝的 65.84%。平均每果台发一个副梢，常出现无枝果台。不易形成分枝多的短果枝群。随树势增强，腋花芽结果比例逐年增加，果台枝连续结果能力差，结果部位容易外移。

幼树生长直立，易出现上强现象，延迟结果期。在整形中以开张主枝角度为主，对辅养枝采用轻剪、多放和适当回缩，以改造成结果枝组。结果枝组应不断交替更新，轮换结果。外围枝组以缩剪为主，以利于改善内膛光照条件。结果多的年份应短截 1/3 带有腋花芽的中、长果枝，以调节结果枝和营养枝的比例；缓放 1/3 左右的中等偏旺枝，以利于次年形成果枝。内膛枝组应多采用疏密、缩弱和缓和中等的做法，大、中、小型枝组交错排列，以利于通风透光，防止结果部位外移。

3. 砀山酥梨

幼树生长直立，分枝角度较小，成年树树冠较小，不易开张。萌芽力较高，成枝力较低，短枝变长枝能力强。短果枝和短果枝群受修剪刺激后易发生健壮中枝，因而，枝干及结果枝组易于更新复壮。

幼树修剪时应注意轻剪长留，树冠在大量结果后即可自然开张。以短果枝群及短果枝结果为主，每果台能发生较短的果台枝 1～2 个。因成枝力低，选留侧枝时应该慎重，如有合适枝条作侧枝应该长留、少截，以免主枝强、侧枝弱，尽量减少主、侧枝生长差异。中、长果台枝也应轻剪，以维持结果枝组的生长势力。

4. 黄冠

幼树生长势较强，干性强，分枝角度小，新梢直立生长。萌芽率高，成枝力较强。树冠内易郁闭，影响通风透光，容易造成结果部位外移。花芽容易形成，以短果枝及短果枝群结果为主，开花坐果率高，果枝连续结果能力强。

树形宜采用小冠疏层形或自由纺锤形。树高控制在 3～3.5 米。幼树修剪以轻剪缓放为主。幼树冬季修剪除对中心干和主枝壮芽短截外，其余枝条缓放促花，留作结果或培养成结果枝组。大量结果后，及时回缩长放的结果枝组。对于已经形成短果枝的 2 年生枝，可采用多数长放、少数回缩的办法处理。利用枝条后部易抽生营养枝的特点，削弱前端枝组，等后部营养枝第 2 年形成花芽后，再行回缩。在整形修剪过程中，注意抑强扶弱，均衡树势。外围枝头不能过多、过大，以保持均衡的树势和枝势。同时注意拉枝开角。

5. 库尔勒香梨

干性很强，枝条轮生不易"卡脖"。中心干生长较旺，幼树易出现上强下弱。主枝分枝角度小，易与中心干形成竞争，成年树主枝背上枝大而强，易出现树上长树现象。萌芽力和成枝力均强，顶端数芽都能抽生长枝，中下部各芽则形成中短枝或叶丛枝。当年生新梢基部为盲芽，短截后不发枝，但大树隐芽的萌发力极强，受刺激后，可萌发徒长枝条。长、中、短果枝、腋花芽都能坐果，但短果枝坐果能力最强，且连续结果能力较强。

为防止树体出现上强下弱，修剪中心干时，除了疏除长势较强的部分枝条外，还需采取转主换头的方法加以控制，使其生长势力转向下部骨干枝。一般要求基部骨干枝基角达到 50°～60°，腰角达到 70°～80°。生长季应及时控制徒长枝，可采用扭梢等方法。由于枝条极性生长强，结果部位容易外移，下部枝条容易干枯死亡，出现光腿现象。因此修剪时要做到控外促内、控上促下，及时更新复壮结果枝组。

6. 早酥

幼树生长较旺，枝条常直立生长，结果后逐渐开张。萌芽力强，成枝力中等或稍弱，长枝中短截后，一般萌发2～3个较长的长枝。结果较早，以短果枝结果为主，中、长果枝结果较少。长枝缓放后能萌发较多的中、短枝，当年即能形成花芽。短果枝结果后，果台一般抽生1～2个较短的果台枝，形成短果枝群，短果枝群分生能力较弱，一般要隔一年才能成花。多年生枝较重回缩后，瘪芽或潜伏芽能萌发抽生较旺的长枝。

幼树要轻剪多留枝，除骨干枝延长枝适当短截外，其他枝一般不疏不截，待结果后逐步进行回缩或疏除。全树生长强旺的一年生枝，有的要缓放待成花后再回缩，有的要重短截，以利于再萌发强旺的长枝。主枝要适当多留，并在生长期通过拉枝等方法及时开张角度。幼树整形过程中，当中心干延长枝生长强旺时，可用竞争枝代头，并适度短截，同时将原延长枝弯倒拉平，以利于当年成花，提早结果。早酥梨枝量较少，要尽量多留枝，但生长衰弱的枝条要短截、回缩或疏除。辅养枝及大型结果枝组，过密的要疏除，生长衰弱的要重回缩，促使萌发较旺的新枝，然后再缓放成花，形成新的枝组。

7. 苹果梨

幼树生长强旺，枝条直立性强，结果后逐渐开张。幼龄树萌芽力和成枝力中等，长枝短截后仅剪口下抽生2～3个长枝。成年树萌芽力强。潜伏芽的萌发力较强，当骨干枝接近水平或下垂时，基部潜伏芽常萌发抽生徒长枝。幼树以短果枝结果为主，长果枝结果也不少，长果枝上有时能形成腋花芽。成年树以短果枝及短果枝群结果为主，短果枝寿命较长。

幼树要适当轻剪，除骨干枝延长枝适度短截外，其余枝条一般不短截。主枝宜稍多留些，但要通过拉枝及时开张角度。内膛直立枝在不影响骨干枝生长时，可将其拉平缓放，当年即能萌发较多的中、短枝而形成花芽，待结果后回缩。结果枝多次结果后，生长易衰弱或下垂，要及时回缩更新复壮。

8. 秋白梨

树势中等，萌芽力和成枝力均较强，枝条上80%以上的芽可萌发，幼树长枝短截后可发3～4个长枝，下部发少数中短枝。随树龄增大，长枝减少，中短枝增多。中短枝成花率提高，顶花芽下还可生2～3个腋花芽，坐果率较高。中下部发育枝不短截而能分生短枝，但隔年才能成花。果台抽枝少，隔年成花，形成短果枝群。5～10厘米的长果台枝能连续成花结果。幼树枝条角度小、直立、结果晚，成年树易出现"大小年"。

大、中冠树可用自然圆头形或疏层形，小冠形可用纺锤形或圆柱形。大冠树培养主侧枝时要多次短截和开张角度。若前期未拉枝、角度小时，可用里芽外蹬的方法逐渐开张角度。密植树注意拉枝开角和疏间过密枝。枝组培养可对发育枝去强枝、留平斜弱枝、缓放促花。中等枝条空间大者，短截增加分枝，培养大中型枝组，同时对内膛过密枝要疏间。为克服"大年"结果过多，应细致修剪枝组，3～4个枝中留1个果枝。对中长果枝破顶花芽，对内膛长弱果枝要堵花缩剪、减少花量。

9. 锦丰梨

树势旺，干性强。萌芽力、成枝力均强，短截和缓放枝均能发出3～4个长枝，中心头截断后，可发出5个以上长枝，所以，层性不强，枝条密度大，透光性差。强树强枝易成花，幼树的延长头也易形成大量腋花芽，但前期腋花芽坐果率较低。成年树以短果枝结果为主，连续结果能力差，短果枝易早衰。更新枝、壮枝易成花。

大、中冠树用主干疏层形，小冠树用纺锤形最适宜。因发枝力太强，宜少截多缓，适量疏枝，防止过密，疏开层间和外围。防止中心干上部过强，及时疏除上部过强过密枝，及早落头开心。严格按"三套枝"细致修剪枝组，并及时更新短果枝群。

三、沙梨系统

1. 翠冠

幼树生长较旺，树姿直立。萌芽率高，发枝力强，以短果枝结果为主，腋芽易形成。叶芽、花芽较大，顶芽明显。果枝连续结果能力较差，树势容易衰弱。

树形宜采用主干疏层形、多主枝自然形或棚架形。幼龄树宜采用轻剪长放。从定干后第一年起，每年发生的长枝，部分留作主枝或侧枝，其余可尽量少疏除或不疏除，并将其培养成结果枝组，中短枝要多保留。每个主枝上应选生长健壮、方向角度适合的枝条作延长枝，一般从夏梢中部短截。在各骨干枝空间较大处，要注意选留和培养辅养枝。生长季对骨干枝应用拉枝方法及时开张角度，一般要求拉到70°左右。对于主枝背上的直立枝，应通过夏季修剪的方法及时控制。盛果期树修剪要采取长放与短截相结合的方法，修剪应以培育中庸健壮树势和控制结果量为重点。对树势较弱的树，可以重短截骨干枝的延长枝；连年延伸过长的枝组，在有强分枝处回缩；部分骨干枝角度过大，可在2～3年生部位回缩；对枝组进行细致修剪。

2. 中梨1号

幼树生长旺盛，树势强健，枝条生长直立。成龄树树姿较开张，分枝少，背上枝较多。干性强，萌芽率高，成枝力中等，分枝角度较小。易形成花芽，早果性强，坐果率较高，有腋花芽结果习性。进入盛果期以短果枝结果为主。大小年结果和采前落果现象均不明显。

树形以疏散分层形或纺锤形为佳。幼树应采用拉枝、撑枝等办法，及时开张主枝角度。通过适当短截和刻芽，以促发短枝，扩大结果面积。一般枝条尽量不疏。初果期可用轻截缓放法在骨干枝两侧多培养大中型结果枝组。盛果期主要靠长放枝上的小型短果枝群结果，因此，不仅应对短果枝群进行及时更新，还要注意将长枝组轮换回缩更新，使之交替结果。

3. 黄金梨

树势强健，顶端优势明显，生长旺，树姿开张。萌芽率高，成枝力弱。枝条短截后多发2个长枝，其余为中短枝。对修剪反应比较敏感，中短截和重短截后，一般发枝较旺，抽生枝条的长度较长，坐果率下降。枝条结果后2～3年，先端带头枝易下垂，中后部易发背上枝。枝条头部易弯曲变向，枝条柔软下垂，易扰乱树形，在幼树期需要用竹竿支撑。幼树以腋花芽结果为主，中、长枝缓放后易形成大量短果枝，短果枝连续结果能力较强，果台副梢抽生双枝比率占80%以上，但不易转化成中长枝。坐果率高。

树体结构以小冠疏层形、纺锤形以及棚架形为宜。幼树要轻剪长放，除中心主干要重短截外，一般枝条如需短截，应尽量轻短截或中短截。由于枝条较软，易下垂生长，主枝角度可控制在60°左右，或用背上枝换头，抬高角度，或对延伸过长的枝条及时回缩，保持树体健壮生长。对于无用的背上枝、直立枝、徒长枝、竞争枝应及时疏除，空间大的适当短截，短截后萌发的壮枝长放，待成花后剪去先端无花部分（即齐花剪），以形成大型结果枝组。夏季对发育枝要及时进行摘心，保留35～40厘米，以增加枝叶量。结果枝连续多年结果后易老化、结果能力下降，不利于果实品质提高。因而，对结果2～3年后的结果枝应及时回缩，以保持壮枝结果，提高结实能力。长枝甩放后极易形成中短枝成花结果，经多次结果后易形成短果枝群，但再次抽生中、长枝的能力很弱。对生长弱、分枝多、结果能力下降的枝组，要在有分枝的部位及时回缩复壮。

4. 大果水晶

树势强健，树姿略直立。萌芽率低，成枝力中等。对修剪反应不太敏感。一般中、长枝短截后，萌发2～3个长枝。直立枝拉平缓放后一般少生或不生背上枝，即使产生背上枝长势也不强，一般不需特别处理。腋花芽的坐果率不如短果枝的坐果率高，果实发育也不如后者。

一般采用小冠疏层形或平顶架、拱棚架整形。树高控制在 3 米以下。幼树一般要轻剪长放，尽量不采用中短截和重短截，少疏枝，多拉枝缓放。在不影响通风透光的情况下，尽量多留辅养枝，以便提早结果。形成花芽比较容易，对结果枝组的培养一般可采取先放后缩的方法，尽量不采用先截后缩。

5. 丰水

幼树生长强旺，树姿半开张。萌芽率较高，成枝力强，枝条较软，尖削度大。幼树以腋花芽结果为主。树势缓和后，易成短果枝群，连续结果 2 ～ 3 年后，经修剪刺激，可抽生中、长枝，当年可形成腋花芽。腋花芽和短果枝均能生产优质果。

延长枝宜轻剪，短截时剪口下留外芽，抠去背上芽，并结合拉枝开张主枝角度。一年生枝较多，应疏除背上旺枝、竞争枝、徒长枝、交叉枝。生长空间大的可先短截促分枝，再缓放成花结果；生长空间小的，先缓放成花结果后，再回缩成枝组或疏除。宜采用先放后缩法培养结果枝组。缓放枝结果后可形成大量短果枝群，应适当回缩，疏去密枝、弱短枝，使结果部位尽量靠近骨干枝。结果枝组寿命较短，一般为 2 ～ 3 年，连续结果后可疏除或回缩，利用短枝和潜伏芽萌发成中、长枝，再次培养新的结果枝组。修剪后枝果比控制在（4 ～ 5）:1 时，优质果率可达 90% 以上。

6. 黄花梨

树势较强健，树姿开张，花芽形成容易，短枝多。长、中、短枝均能结果，果枝连续结果能力强。

整形要求留主枝数以 6 ～ 7 个为宜，骨干枝之间相距 100 厘米以内。树势旺时，应多疏少截，树势转弱后，则多采用短截修剪。枝组的培养可采用先放后缩法或先截后放法。幼年树保留中长果枝结果，成年期树势转弱后，可剪去中长枝的顶花芽，采用短果枝结果。

7. 圆黄

树势强，生长旺，树姿半开张。萌芽力强，成枝力中等。以短果枝结果为主，腋花芽形成较容易。对修剪反应不太敏感，枝条短截后，一般抽生 2 ～ 3 个中长枝条，枝条缓放后。易形成短枝和叶丛枝。

适宜采用主干疏层形和纺锤形。幼树轻剪长放，对中、长枝要适度短截。对发育枝一般缓放，以便形成较多花芽。幼树尽量利用腋花芽结果，结果后适当回缩，形成稳定的结果枝组。对主枝延长枝要进行中短截，其余的枝条掌握 1/3 缓放、1/3 轻剪、1/3 中剪，采用"三套枝"配套修剪方法。在夏季要对背上新梢进行重短截或疏除，其他的发育枝可轻短截，促使后部形成足够的腋花芽。

8. 金二十世纪

树势强，长势旺，枝条粗，节间短。树姿半开张，枝条稀疏，树冠小，结果枝组紧凑，萌芽率高，成枝力低。一般情况下对修剪反应不敏感，短截后幼树多发 2 个长枝、大树只发 1 个长枝。结果早，丰产。开始结果以短果枝结果为主，有一部分中、长果枝和腋花芽。

树形以多主枝自然形和主干疏层形为宜。定植后第一年往往只有顶端 1 ～ 2 个枝条是长枝，其他的芽只萌发中、短枝，冬季修剪时可将顶端的枝短截，其他的中、短枝不剪，使之转化为长枝，以便选留主枝。由于成枝力低，侧枝的选留应当灵活。幼树的修剪一定要轻剪长放，随树作形，待树势转弱后，再行调整。

9. 新高

树势旺，树姿半开张。萌芽率高，成枝力强。以短果枝结果为主，丰产。幼树形成腋花芽容易，坐果率高。中、长果枝腋花芽结果后，在其后部易形成短果枝，有利于结果枝组的培养。枝条易单轴延伸，分枝少，易出现枝条早衰现象。

适宜树形为主干疏层形和棚架形。幼树注意拉枝开角，注重夏季修剪。拉枝要在 7 ～ 8 月进行。冬季修剪时要轻剪，一般对主枝延长枝的剪留长度为 80 厘米左右。对中干延长枝则要重剪，一般剪留长度为 50 ～ 60 厘米，以控制上强，促发分枝。结果后要及时对短果枝组更新复壮，对单轴延伸的结果枝要回缩到有分枝的地方。

四、西洋梨系统

1. 巴梨

幼树生长强旺直立，枝条较软，大树结果后容易自然下垂，成枝力及萌芽力均较强，幼树长枝短截后能抽生 3 ～ 5 个长枝，顶端优势明显，角度稍大。大树中、长果枝比例大，果台枝连续结果能力强，形成短果枝量中等，但寿命长。

宜采用有中心干的树形，但幼树期必须及时开张主枝角度。旺枝需甩放 3 年才能形成花芽，故一般不宜甩放强旺直立枝。如果改变枝向，则容易形成结果枝。当短果枝结果能力下降以后，即应回缩复壮。对过密短果枝群应适当缩剪。巴梨生长停止较晚，冬季修剪造成的剪口和锯口愈合能力较差，而且易遭受冻害，故整形修剪多在冬季低温过后进行（盛果期尽量少去大枝）。进入盛果期后枝条下垂，应及时培养背上斜向外长的枝条，抬高主枝角度、增强树势。也可利用休眠芽易于更新的特点，对骨干枝进行回缩更新，但也应注意控制徒长枝。如放任不管，生长过旺，会导致全树衰弱，所以，除更新枝需保留之外，其余应于修剪时疏除。

2. 早红考密斯

树冠中大，幼树期树姿直立，盛果期半开张。萌芽率高，成枝力强，一年生枝短截后，平均抽生 4.3 个长枝。花芽容易形成，结果早。进入结果期，以短果枝结果为主，部分中长果枝及腋花芽也易结果。果枝连续结果能力强，大小年结果现象不明显。

树形以纺锤形或小冠疏层形为宜。幼树生长势较旺，树姿直立，对骨干枝应及时开张角度。应采取撑、拉、压、别、拿等措施开张枝条角度，缓和枝势，促进花芽及短枝形成。冬剪时多长放、少疏枝、少短截；利用短截与缓放相结合的方法培养结果枝组。并注意对结果枝组的更新复壮。夏剪时注意运用摘心、扭梢、拿枝等措施，控制旺长。对适龄不结果的幼旺树，可在 5 月中下旬对主枝进行环剥或环割促使成花。

3. 八月红

树势强健，幼树直立，萌芽力强，成枝力中等，剪口下一般萌发 3 个长枝，幼树以长果枝和腋花芽结果为主，成年树以短果枝结果为主。一年生强旺枝的顶芽及相邻侧芽当年可形成花芽，坐果率高，果台副梢连续结果能力强。

树形以采用纺锤形或小冠疏层形为宜。幼树应注意开张角度。冬剪时多疏少截、轻剪缓放。利用一年生强旺枝易成花的特点，并结合夏剪采取主干环剥、摘心、抹芽、拉枝等措施，促进幼树早结果。长放枝结果后要及时回缩。

第五章

梨树花果管理

随着人民生活水平的提高以及环保和健康意识的增强，人们对梨果质量的要求也越来越高。花果管理是直接对花和果实进行管理的技术措施，与果实质量密切相关。采用适宜的花果管理措施，是梨树连年丰产、稳产、优质的保证（彩图 5-1）。

彩图5-1　梨花盛开（张建光）

第一节　人工辅助授粉

在梨园授粉树充足且配置合理的情况下，梨树的自然授粉质量主要取决于气候条件和传粉昆虫的活动状况。花期如遭受不良气候条件，如大风、低温、霜冻和高温干燥等，不仅会影响授粉受精的质量，还会影响访花昆虫的活动，导致授粉不良。再加之梨树绝大多数品种自花结实率较低，有些品种花粉量非常少，如黄金梨和新高等，授粉树配置稍有不当，就会导致坐果率降低，从而造成减产。近年来，由于授粉不良而导致大幅度减产的事例在生产上频发。究其原因，一方面是随着化学农药的使用量增加，自然环境中授粉昆虫数量有一定程度的减少；另一方面随着全球气候的变化，梨树花期异常气候的出现越来越频繁，如花期大风、霜冻等。因此，完全靠自然授粉有时难以保证梨树授粉受精的需要。人工授粉就是对自然授粉的一种有效补充，通过人工辅助授粉，不仅可以有效地保证授粉质量，提高坐果率，达到丰产，并且人工授粉的授粉质量高，果实中种子数量多，在促进果个增大、端正果形及提高果品质量方面效果也很显著。因此，在河北省辛集、泊头、魏县等梨主产区，即使能够自然授粉的梨园，人工辅助授粉也已成为梨园管理的常规措施。

一、人工点授及机械授粉

1. 采粉制粉

（1）采鲜花　最佳采花时期以大蕾期为宜，即在开花前 1～2 天采集花蕾，此时花粉已充分成熟，过早采花，花粉粒不成熟，发芽率低；采集过晚，花朵一旦开放不利于脱花药。采集时，针对主栽品种在适宜授粉品种上采集，也可采集多个品种的混合花粉，便于多品种授粉。据雷世俊研究，一般鸭梨每 1 千克鲜花为 4500 朵，每万朵鲜花可采鲜花药 250 克，干燥后出带花药壁的干花粉 54 克左右。

（2）脱花药　将采下的花朵运回室内，摘去花瓣，两手各持一花相互揉搓，使花药脱落，拣除花丝、花梗等杂质。大型梨园也可采用机械脱药收集花粉，效率更高。目前，河北省张家口市涿鹿果树场和吉林延边大学分别研制出花药电动脱药机，每 8 小时可脱鲜花 400 千克以上，较人工脱药效率有显著提高。

（3）花粉制备与保存　将花药放在光滑的纸上（不适宜使用报纸等表面粗糙的纸张，以免粘粉造成花粉的浪费），均匀摊成薄薄的一层，置于 23～25℃温度下自然干燥（不要在强光下曝晒），经 24～36 小时后花药即开裂散出黄色的花粉，过细筛除去花药壁、花丝等杂质（人工点授可不过筛），筛出的花粉装入瓶中，盖口防潮，备用。干燥的花粉如当年不用，应装入试管密封，放入干燥器中置于 2～8℃低温避光环境下保存，第二年仍可使用。

2. 授粉技术

（1）授粉时期　梨树花的柱头接受花粉最适期为开花的当天和第 2 天，以后渐次减弱，开花 4 天以后授粉能力大大降低。对一株树或全园来说，盛花初期人工授粉最适宜。

（2）授粉方法　可分为人工点授法、掸授法、机械喷粉和液体授粉等几种方法。

人工点授是用授粉工具将花粉直接点到选定花的柱头上。授粉工具可用毛笔、纸棒、带橡皮的铅笔、香烟咀、软鸡毛等制作。授粉时蘸少量花粉在花的柱头轻点一下即可，花量大的树，间隔20厘米点授1个花序，每花序点授边花1～2朵。为了节省花粉，可将花粉与填充剂（干燥淀粉或滑石粉）混合，比例为1：（5～7）。此法效果最佳，但耗时费工，最适于小型家庭梨园采用（彩图5-2）。

彩图5-2　人工辅助授粉

掸授法是在鸡毛掸子或在竹竿上端绑一草把，外包白毛巾，于盛花期在授粉品种和主栽品种之间交替滚动，达到授粉目的的一种授粉方法。最好在盛花期掸授2次。此法简单易行，省时省工，适于品种搭配合理的梨园。

机械喷粉是用喷粉器在盛花期对开放的花朵进行喷粉。一般花粉用填充剂稀释50倍左右，混合后宜在4小时内喷完。此法授粉速度快，但花粉用量大，浪费大。

液体喷雾授粉是将花粉混入糖液中于盛花期用喷雾器喷洒到花朵柱头上的一种授粉方式。花粉液配制方法是，在10千克水中加入花粉20克、尿素30克、砂糖500克、硼砂10克，按比例先把糖溶解在水中，再加入尿素配成糖尿液，然后加入干花粉调匀，用2层纱布过滤，喷前加入硼酸混匀，用超低容量喷雾器喷洒。为防止花粉发芽，花粉液应现配现用，配好后在2小时内喷完。此法效率高，授粉效果较好，但花粉用量大，较适用于大型梨园。

二、梨园放蜂

1. 放蜜蜂

梨花为虫媒花，花期放蜂有利于花粉的传播，可提高授粉率。利用蜜蜂传粉时，一般平地梨园7.5～15亩放一个有蜜蜂1500～2000头的蜂箱即可，山地梨园可适当多放一些。放蜂时间在梨树开花前1～2天，将蜜蜂放入梨园内，让蜜蜂熟悉梨园情况，待梨花开放时，蜜蜂通过采粉飞访花朵便完成了传粉。蜜蜂在11℃时开始活动，16～29℃最活跃。放蜂期为了使蜜蜂采粉专一，可用果蜜饲喂蜂群，用梨树花粉泡水喷洒蜂群或于蜂箱口放置该树种的花粉，训练、提高蜜蜂采粉的专一性。放蜂期间严禁喷洒杀虫剂，以免蜜蜂中毒死亡。蜜蜂的活动范围为方圆40～80米的区域。此法适用于授粉树配置合理而昆虫少的梨园。

2. 放壁蜂

近年来，我国河北、山东、辽宁等地，使用野生蜂如凹唇壁蜂和紫壁蜂和从日本引进的角额壁蜂进行传粉。壁蜂1年1代，以卵、幼虫、蛹、成虫在巢管内越夏、越冬，可利用成虫在巢管外活动的约 20 天时间放蜂传粉。凹唇壁蜂和角额壁蜂较耐低温，在气温 13 ～ 14℃时便开始飞行访花；紫壁蜂在气温 15 ～ 16℃时开始飞行访花。由于壁蜂的放蜂时间短，既便于驯养管理，又不太影响梨园防治病虫害的喷药，再加之其传粉能力强、繁殖较快，故在很多梨产区应用发展较快。

（1）蜂巢的制作

① 巢管　用牛皮纸或旧报纸卷成的紧实纸管。纸管内径 5.5 ～ 6.5 毫米，管壁厚 0.8 ～ 1 毫米，管长 15 ～ 17 厘米，或用内径及长短相似的芦苇管及梧桐叶梗管也可。将管的两端切平，50 支巢管一捆，一端做管底，把底面撞齐，用两道细铁丝将 50 支巢管扎紧（勿勒变形），再用 1 ～ 1.2 毫米厚的硬牛皮纸涂乳胶封底，另一端敞口，并在管口上染成白、红、橙、黄、绿、蓝等不同颜色，以便壁蜂识别颜色和位置回巢（彩图 5-3）。

彩图5-3　壁蜂的巢管、巢箱
（张建光）

② 巢箱　用瓦楞纸折叠制成，仅一端敞口，其内径长、宽、高分别为 15 ～ 25 厘米、15 厘米、25 厘米。巢箱除露出一面敞口外，其他五面用塑料薄膜包严实，避免雨水渗入。也可用砖瓦直接在应设点垒成永久巢箱（彩图 5-3）。

③ 蜂巢　在每个巢箱内装 4 ～ 6 捆巢管，共有巢管 200 ～ 300 根。这样，就制作成了 1 个中小型野生壁蜂的蜂巢。

（2）蜂巢安置　选择梨园宽敞处安置巢箱。巢箱敞口朝向东南或正南，巢箱高度应设在箱底距地面 35 厘米以上的位置，在田间插支架支撑，支架上涂抹废机油，可预防蚁、蛙、蛇等侵入巢箱。箱顶再盖上遮阴防雨板压紧即可。每隔 40 ～ 50 米设一蜂巢，每公顷设 4 ～ 5 个蜂巢即可。对于凹唇壁蜂和角额壁蜂来说，在巢箱附近还应挖一个长 40 厘米、宽 30 厘米、深 60 厘米的土坑，坑内放些黏泥土，每晚加水 1 次，拌和黏泥土，以便壁蜂产卵时采集湿泥筑巢。对于紫壁蜂由于用咀嚼烂的叶片筑巢，不用设置采泥坑。巢箱安置好后，不要再移动位置，以便蜂群返回原处。

（3）放蜂时间、方法和数量　在梨树开花前 2 ～ 3 天，从冰箱中取出蜂种茧并剪破，分装在巢管中，每根巢管装入 1 个蜂茧或成蜂，然后将巢管放入巢箱中。每公顷放蜂茧 700 ～ 1000 头。每个巢箱放 175 ～ 200 头。第一次放 60%，第二次在开花时再放 40%，两次放完为宜。放蜂种的巢一般不要再随意搬迁，以免影响回收壁蜂的效果。

（4）蜂巢管理与回收保存技术　设巢前，首先把设巢点整修好，放蜂前 10 天在此处喷 1000 倍辛硫磷防治蚂蚁、蜥蜴、蜘蛛等壁蜂天敌。但放蜂前 10 天至花期不得再往梨树上喷农药并避免农药污染水源。放蜂期间要及时检查和帮助（用针挑破壳）成蜂适时破茧羽化，使之早营巢采粉。阴雨天注意防雨防潮。梨树落花后，傍晚收回巢箱，取出巢管，将巢管平放吊挂在通风阴凉的房间里，在常温下保存。翌年后2月份，拆开巢管剥出蜂茧装入罐头瓶内，用纱布封口，置入冰箱内，在0～5℃条件下保存到梨树开花前2～3天再取出放蜂。

三、高接授粉树

对于授粉品种配置不合理和缺少授粉树的梨园，应按授粉树的配置比例高接授粉品种。高接技术可参考本书第六章。高接时，可按授粉树的配置比例，每株树上选几枝高接授粉品种；或在全园均匀选几株树或几行树，全部高接授粉品种。前者效果较好，后者便于管理。

四、插花枝授粉

对于授粉品种配置不合理，缺少授粉树，或授粉树虽多，但当年授粉树开花很少的梨园，可以插花枝进行临时性辅助授粉，在开花初期剪取授粉品种的花枝，插在水罐或广口瓶中，挂在需要授粉的树上，如果开花期天气晴朗，蜜蜂等传粉昆虫较多，一般有较好的授粉效果。挂罐应经常调换位置，以便有利于全树均匀授粉。此法由于每年都要剪取花枝，影响授粉树的生长，因此不适宜大面积采用，只能作为临时补救措施。

第二节　预防花期霜冻

梨树花期霜冻危害多发生在河北、山东等北方梨区，因梨树开花期多在终霜期以前。当春季气温达到10℃以上，梨花就会开放，14℃以上的气温连续3～5天，就会盛开。此时如突然遇到晚霜，气温下降到-1～3℃，易使梨树遭受冻害。花朵受冻后，花萼出现褐色水渍状斑点，花瓣和雄蕊变为褐色，雌蕊花柱变为黑褐色（彩图5-4）。在开花前受冻的花朵，往往只有雌蕊受冻，剥开花瓣才能发现。这类花虽能正常开放，但不能结果。霜冻严重时，会因雌蕊、雄蕊和花托全部枯死脱落而造成绝产。即使在幼果形成后出现霜冻，也会造成果实果锈甚至畸形，影响外观品质和商品价值。所以，生产上做好预防花期霜冻工作十分必要。

彩图5-4　梨雌蕊冻害
（张建光）

一、改善梨园环境条件

花期是梨树对气候条件最敏感的时期，如遇恶劣天气，往往会造成大幅度减产。目前人类还不能完全控制天气的变化，但可尽量减少恶劣天气所造成的损失。种植防护林就是改善梨园小气候的有效措施之一。据前人研究表明，在冬春季节，有防护林的果园温度高于无防护林的果园。此外，早春灌水、树干涂白或树冠喷白均是延迟花期的主要措施。

1. 早春灌水

萌芽前至花期多次灌水，可起到降低土壤温度、延迟发芽和开花的目的。喷灌也可起到降低树体和土壤温度、延迟开花的作用。但应注意在花期不要灌水太多，以免降低坐果率。

2. 主干涂白

春季主干涂白可以减少对太阳热能的吸收，能延迟发芽与开花。如早春用7% ～ 10% 石灰液喷布树冠，可使花期延迟 3 ～ 5 天。

二、提高花果抗性

除选用抗寒力强的品种和砧木外，加强梨园的综合管理，减少病虫为害，做好疏花疏果工作，调节结果量，促使树势健壮生长，防止枝条徒长、使枝梢发育充实，采果后重视施用基肥，提高树体贮藏营养水平，均可增强梨树自身的抗逆性。

霜冻来临前，还可对果园进行连续喷水（可加入 0.1 % ～ 0.3% 的硼砂），最好增设高杆微喷设施，或喷洒芸苔素 481、天达 2116、丙酰芸苔素内酯，或花期喷洒 0.3% 硼砂 +0.3% 磷酸二氢钾 +0.2% 钼肥 +0.5% ～ 0.6% 蔗糖水，均可提高梨树抗寒能力。

三、提高梨园温度

1. 熏烟法

熏烟能减少周围土壤热量散失和冷空气的下沉，同时烟粒又可吸收湿气，使水汽凝聚成液体而放出热量，提高气温，避免或减轻霜冻。

熏烟材料可用作物秸秆、落叶或野草，里层为干燥的柴草，中层为潮湿的野草，外面再盖上一层薄土，堆高 1 米左右，堆底直径 2 米左右。

当天气预报将有霜冻来临时，沿上风头均匀摆开熏烟堆。利用锯末、麦糠、碎秸秆或果园杂草落叶等交互堆积作燃料，堆放后上压薄土层或使用发烟剂（2

份硝铵、7 份锯末、1 份柴油充分混合，用纸筒包装，外加防潮膜），点燃发烟至烟雾弥漫整个梨园。一般每亩梨园 4 ~ 6 堆（烟堆的大小和多少随霜冻强度和持续时间而定）。在凌晨 2 时左右（霜冻发生前）、气温下降到 2℃时点燃，点火后防止燃起火苗，促其冒出浓烟。熏烟材料一定要准备充足，熏烟要到寒流过后才能停止。

有条件的地方可以使用自动烟雾防霜器。在晚霜来临前，按田间地形、地势、风向、风速在上风头的适当位置布放好放烟点（以发烟后能迅速覆盖作物上空为宜）。一般每亩梨园 1 ~ 2 点。在发烟点上风头的一定距离，把自动防霜控制器挂在高 1.5 米左右、周围没有遮挡物的位置上固定。同时用导线分别接好"控制器"和"点火器"，然后打开"开关"。当霜冻来临时会自动燃放烟雾。使用自动烟雾防霜器可有效预防或减轻霜冻天气对梨树的危害。

2. 吹风法

辐射霜冻多发生在无风的情况下，利用大功率鼓风机搅动空气，吹散凝集的冷空气和阻止冷空气下沉，也可以起到防霜效果。此法国外应用较多。

3. 树上喷水

水的热容量大，对气温变化具有一定的调节作用，下霜前利用人工喷雾向梨树树体上喷水，水遇冷凝结放出潜热，并可增加湿度，减轻冻害。

四、霜冻后的补救措施

花期受冻后，在花托未受害的情况下，喷布丙酰芸苔素内酯、天达 2116 或芸苔素 481 等；实行人工辅助授粉，提高坐果率；要充分利用晚茬花增加产量；适当晚疏果，多留果；加强土肥水综合管理，养根壮树，促进果实发育，增加单果重，挽回产量；加强病虫害综合防控，尽量减少因冻害引发的病虫危害，减少经济损失。

第三节　疏花疏果

疏花疏果是指人为疏除过多的花或果实，使树体保持合理负载量的一种栽培技术。梨是易形成花芽的树种，进入盛果期后其花量和坐果量常常过剩，所以疏花疏果技术对于梨树栽培更有必要。通过疏花疏果，可以减少过量花果对当年花芽分化的抑制作用，保证形成足够花芽满足翌年结果所需，从而有效地克服"大小年"，保证树体稳产丰产；可以调节营养集中于留下的花果，保证留下果实发育成优质果实；可以调节生长和结果的矛盾，维持中庸健壮的树势。总之，疏花疏果技术是提高梨果品质的关键措施之一。

一、合理负载量的确定

确定合理的果实负载量，是正确应用疏花疏果技术的前提。确定适宜的负载量是较为复杂的，因其受品种、树龄、栽培水平、树势和气候条件等诸多因素的影响，因此很难精确计算最适负载量。我们只能根据多年的生产经验和研究探索，提出一些确定负载量的依据和方法指导生产。

1. 以树定产法

此法为经验确定留果量的方法。在梨园管理水平比较稳定的情况下，根据梨园历年产量、树龄、树势、树冠大小、土壤肥水条件及管理水平，确定单位面积和单株产量。此法简便易行，操作中没有固定的标准，灵活性强。目前生产中有不少梨园采用此法。

2. 综合指标定量法

河北农业大学鸭梨课题组研究认为，每亩生产3000千克优质鸭梨的盛果期梨树，适宜留果量的综合指标是：叶果比25～30，百枝留果量为30个，结果枝与总枝量的比约为0.3，果间距25～30厘米，每花序留单果。

3. 果实负载量法

据单果重算出单株留果数量，然后再加上10%～15%的保险系数。例如每亩鸭梨计划生产果实3000千克，可留果18000个左右。然后平均到每株所需果数，再根据树体大小和树势进行调整。

4. 叶果比和枝果比法

盛果期梨树，中大果型品种30～35个叶片留1个果，小果型品种25个叶片留1果。枝果比是从叶果比衍生出来的，应用起来较叶果比简化实用。一般枝果比是（3.5～4.0）∶1。

5. 果实间距法

每花序均留单果，大型果品种果实间距为25～30厘米，中型果品种果实间距为20～25厘米，小果型品种果实间距15～20厘米。此法更为直观实用，在目前生产上应用较为广泛。

总之，在实际应用中，应结合当地具体情况采用适用于自己梨园的方法。无论采用何种方法定果，都应根据品种的坐果情况、栽培管理水平、病虫发生、自然灾害等情况来确定，并留有一定的余地。

二、疏花

1. 疏花枝

梨树成花容易，花量很大，需要大量疏花，并且疏花的时间越早越好。疏花应从冬季修剪留花芽量时开始。冬剪时可根据当年的花芽量、树势和产量情况科学地疏花枝，去除部分弱的短果枝群和交叉、重叠、冗长以及有病虫危害的花枝，少留腋花芽，保留健壮和花芽饱满的花枝和短果枝群。

2. 疏花序、花朵

花芽萌动期至盛花期均可疏花，人工疏花序可在花序分离期进行，此时花序和果台副梢分开，操作时不易伤及果台副梢，过早容易将果台副梢一并疏除，影响翌年产量。方法是用疏花（果）剪或手疏去过多、过弱的花序。优先疏去弱枝花、梢头花，过密花序可隔1疏1，或按本品种适宜的留果间距去留花序。

人工疏花朵是在气球期至花期进行。一般凡是留用的花序，应留基部 1 ～ 2 朵花，疏去其余的花，以节省养分。生产中多结合疏花朵采集花粉。

近年来，在具有授粉保证且花期气候稳定的地区和年份，可推广疏花序定果一次完成的管理技术，这样对促进幼果发育，提高果实品质及树体营养水平效果显著。但对于一般地区可适当多留，以免因多种因素造成落花落果，影响当年产量。

三、疏果

在花期过后 7 ～ 10 天，未授粉的花已落掉，即可开始疏果。一般在 5 月上旬开始，最好在 25 天内疏完，要一次疏果到位。疏果时先确定留果数，然后按果间距操作，一般每隔 20 ～ 25 厘米留 1 个单果。疏果应优先疏除病虫果、畸形果、小果、圆形果和易与枝叶摩擦的果。疏果可用疏果（花）剪将果实从果柄处剪掉，切勿触碰预留果。留果以大果、长形果、端正果为宜。在时间安排上，要先疏开花早、坐果率高的品种和结果多的树；开花晚、坐果率低、生理落果重的品种和结果少的树可适当晚疏。疏果的标准应因树因地而异，疏果的原则是树势壮、土壤肥力水平较高者可多留，反之则要少留（彩图 5-5 ）。

彩图5-5 疏果效果（张建光）

四、化学疏花疏果

化学药剂疏花、疏果比人工疏花、疏果省工、省力，但不能做到定位留花、留果，并且药剂效果受环境因素影响，可作为人工疏花、疏果的辅助措施。日本使用 Bendroguinone 药剂，自基部第一朵花开放时起 1～2 天内喷 5～10 毫克/千克浓度的溶液，效果很好，3 天以后要增加浓度，进入结果期用要 100 毫克/千克以上浓度才有效，有时有的品种要用到 500 毫克/千克浓度。对二十世纪、八幸、菊水等都有效果，对新水、新雪无效。原北京农业大学用萘乙酸钠（NaNAA）400 毫克/千克浓度溶液于盛花期喷洒鸭梨、萘乙酰氨（NAD）150～300 毫克/千克浓度溶液于盛花后 10～30 天喷洒鸭梨，均有较好的疏果作用，对洋梨亦有效果；用萘乙酸（NAA）20 毫克/千克浓度溶液于盛花后 14 天前喷洒，用乙烯利 400 毫克/千克浓度溶液于花蕾现红期到盛花期之间喷洒，都有良好效果，疏除量接近应疏标准，果大品质好，无不良反应。壮树多喷，弱树少喷，外围多喷，内膛少喷。河北农业大学研究结果认为，于鸭梨盛花期喷布 20 毫克/千克浓度的萘乙酸（NAA）溶液，疏果效果达到人工疏果水平，萼片宿存率比高浓度的低；如初花期喷施，萼片宿存多，影响品质。用 0.5 波美度石硫合剂于盛花期喷洒，或 0.3 波美度石硫合剂于初花期喷洒，疏除效果好。

化学疏花疏果虽在生产上有一定程度的应用，但由于药剂、品种、树势、气候条件的不同，疏除效果变化很大。因此，生产上大面积应用前必须进行试验，寻找适宜的药剂、浓度和施用时间。如果处理不当，往往因疏除过多而减产，甚至绝产，从而造成不可挽回的损失。

第四节　果实套袋

果实套袋是生产优质无公害梨果的关键措施，进入 20 世纪 90 年代以后，国内外市场对梨果的要求趋向高档化、优质化，因此梨果套袋得到广泛应用。套袋可明显改善果实外观品质，成熟果实的果点和锈斑颜色变浅、面积变小，果面蜡质增厚，叶绿素减少，果皮细嫩，光洁、淡雅；套袋能改善果实肉质，使果实石细胞团小而少，从而肉质口感细腻；套袋果实果面蜡质厚，果点小，贮藏期间失水少，果实"黑心病"发病率低，果实表面病菌侵染少、虫害极少，且机械伤害少，从而显著增强果实耐贮性；套袋后农药、烟尘和杂菌不易进入袋内，显著降低了果实有害污染；

彩图5-6　未套袋果受鸟为害状

同时套袋后果实不易遭受鸟害；通过选择不同质地和透光度的果袋，还可改变果实的果皮颜色（彩图5-6）。

　　果实套袋是综合栽培技术中的一个重要环节，只有与相应的技术配套实施才能收到预期效果。此外，全树实施果实套袋后，果实发育的微域环境、树冠内的通风光照条件均发生了一定的改变。所以，在整形修剪、施肥、花果期管理、病虫防治等方面均需进行相应调整并加强管理（彩图5-7、彩图5-8）。

彩图5-7　梨果套纸袋状（张建光）　　彩图5-8　梨果套塑膜袋（张建光）

一、套袋前的准备

　　在认真做好疏花疏果的基础上，为防止套袋后病虫侵害果实，套袋前需喷洒优质杀虫、杀菌剂，并一定做到细致、全面。对于萼片宿存或残存的品种，一定将其萼洼部重点喷仔细。通常用70%甲基硫菌灵800倍液加80%代森锰锌800倍液加5%阿维菌素5000倍液或10%吡虫啉2500倍液。1次喷药可套袋3～5天，最好分期喷药、分期套袋，以免将害虫套入果袋内。套袋结束后要立即喷施杀虫剂，重点防治黄粉虫、康氏粉蚧及梨木虱，果实生长期内要间隔15天左右用药1次。

二、果袋选择

　　果实套袋对果袋质量有较高的要求。果实袋以具有较强耐水性和耐晒能力的木浆纸袋较理想，以在长时间野外条件下，不变形、不破裂为宜。目前生产中应用的果实袋主要有纸袋和塑膜袋两种。塑膜袋在减少污染、预防病虫为害方面有一定的作用，而对改善果面光洁度等效果并不明显，但其价格低，可作为纸袋的补充，在部分地区生产中有一定范围的应用。纸袋才是目前梨生产中应用最多的果实袋。

　　目前我国纸袋的种类很多，有外黄内黑、外黄内白、外白内黑、外黄内黄、外白内褐、灰黑袋、单层白袋、单层黄袋、双黄袋和三层袋等。由于我国目前还没有一个统一的标准，因此，在选择上应不断总结经验，根据梨的品种和栽培目的，选择不同的果袋。如褐色品种果皮较厚，对纸袋类型要求不甚严格，白梨品种以采用全木浆黄色单层袋和内层为黑色、外层为黄色的双层纸袋为宜。黄金梨、黄冠等果面娇嫩的品种，应使用质量好的外黄内黑双层纸袋或内加一层衬纸的三层袋效果较好。

为了减少袋内病虫的为害，有条件的地方也可选择防虫果袋，内袋经过药剂的处理。另外纸袋应有足够的大小，要因果实的大小而选择不同大小的纸袋，通常纸袋的宽度为 14～16 厘米、长度 18～19 厘米，袋口中间往往有个半圆形的缺口，便于张开袋口。袋底部两侧要留有滴水口或通气口。

目前果区销售使用的果袋品牌繁多、良莠不齐、市场混乱，因此在选择纸袋时，一定要注意纸的质量。优良的纸袋要具有耐水性强、耐日晒、经风吹雨淋后不易变形和破裂，并具有一定的透气性，对果实不良影响小等特点。当前梨果纸袋的质量状况不太理想，不合格指标主要集中在纵向抗张指数、纵向湿抗张强度、透气度、渗透性、抗老化等项上。果农在选择购买梨果纸袋时，要特别注意这些项目。

也可用一些简易的方法选择果袋：

① 选择信誉好、正规厂家生产的产品；

② 购买时要求商家出示质量检验报告并比对样品，根据其中的质量信息来判断选择；

③ 选择外观平整、尺寸统一，外袋纸质柔韧、薄厚适中、遮光性好，透气孔、纵切口适合，袋底黏着牢固的产品；

④ 用手拉拽外袋，极易破损的表明其抗张指数或耐破指数不佳；

⑤ 在外袋上淋少量的水，观察吸水情况，吸水过快变形大的一般表面吸水性和渗透性欠佳。

近几年由于部分果农使用不合格纸袋，套袋后果面不光洁，造成优质果率降低或在高温期造成果实烧伤，形成坏死状斑块，造成了很大的经济损失（彩图5-9）。因此，建议广大梨农在果袋的选择上应当谨慎，选用正规厂家生产的合格优质双色两层或三层纸袋，以提高梨果品质，增加经济效益。

彩图5-9　套袋梨果实锈斑

三、套袋技术要求

1. 套袋时期

疏果完成后即可套袋，一般开始时间以盛花后 25～30 天为宜。河北省鸭梨产区一般在 5 月底完成套袋。套袋时间不宜过晚，否则果点明显，果皮颜色也不能得到有效改善。但套袋过早，又存在落果严重等问题。尤其是果柄较短、幼果萼部向上生长的品种，因套袋后极易招风而导致落果。对于此类品种，可进行两次套袋，就是在正常套袋前，先套一次白色单层小袋，在幼果尚未长满小袋前，再套袋一次。两次套袋对提高果实外观品质效果较好，且可以避免发生枝叶摩擦损伤果面及落果现象，但费工费时，投资也较大（彩图 5-10）。

彩图5-10　梨果套袋

2. 套袋方法

为了使袋口柔软，便于折叠，可在套袋前天晚上，将整捆果实袋放于潮湿处，或袋口处喷水少许，使之返潮，便于操作。操作方法是：选定梨果后，先撑开袋口，托起带底，用手或吹气使袋体膨胀，袋底两角的通气放水口张开，然后手执袋口下 2～3 厘米处套上果实，从中间向两侧依次按"折扇"的方式折叠袋口，然后在袋口下方 2 厘米处将袋口绑紧，果实袋应捆绑在果柄上部，使果实在袋内悬空，防止袋纸贴近果皮而造成磨伤或日灼。绑口时切勿把袋口绑成喇叭口状，以免害虫入袋和过多的药液流入袋内污染果面。

另外，套袋方法还受环境条件、品种等因素的影响。比如易遭受台风侵害的地区梨园，可将果袋捆绑在短果枝上，以减少果实的损伤。另外满天红等易落果的品种，套袋后要用手抓一把果袋，以减少招风面积而导致落果加重。

3. 套袋后管理

套袋可使果实免受外界不良因素的影响，为果实创造了一个良好的生长环境。但同时也为害虫提供了良好的躲避场所。黄粉虫、梨木虱、康氏粉蚧等害虫一旦入袋，就难以防治，所以经常随机抽样检查，以便及时采取措施。发现黄粉虫等入袋危害时，及时喷洒熏蒸型药剂。

4. 套袋梨果提高含糖量的措施

套袋在改善梨果的外观品质、降低梨果农药残留的同时，对内在品质也产生了一些负面影响，如果实可溶性固形物和含糖量降低等。造成这种现象的原因主要有两个方面：一是套袋降低了叶幕层和幼果的光合作用，影响了果实中淀粉和糖的积累；二是套袋提高了果实的温度，导致与呼吸相关酶的活性增强，呼吸强度提高，加速了果实中碳水化合物的消耗。

提高套袋梨果含糖量的措施如下。

（1）调整树体结构，改善光照状况　加强整形修剪工作，适当降低树体高度，减少枝叶量，控制叶幕厚度和叶幕间距，以改善树冠内的光照和通风透光条件。

（2）疏花疏果，合理负载　留果量过多不但会使每个果实获得营养物质的数量减少，使梨果含糖量降低，还会因套袋量大而相互遮阴，使内膛光照更差，从而影响梨果含糖量。

（3）科学施肥，增加果实含糖量　在果实膨大期，增施磷、钾肥，如叶面喷施磷酸二氢钾等，可有效提高果实含糖量。

四、红梨除袋时期与方法

近年来，红梨因其果皮红色鲜亮、外观艳丽、肉质脆、多汁、酸甜可口等优点，逐渐被市场认可。满天红、美人酥及红酥脆等红皮梨在生产中有一定面积的栽培。生产中发现有些梨农由于技术不到位，导致果实上色速度慢，着色暗淡无光，不能体现红色品种的优良特性。要想得到红色艳丽的果实，最好应用套袋栽培技术。红梨果袋以外黄内黑或外灰内黑袋为好，最好选用优质双层袋，不能选用自制纸袋和塑膜袋。

除袋时间对果实着色也非常关键。通过试验调查，满天红梨从除袋至果实开始着色需4～7天，达到最佳着色效果（着色指数最高且色泽鲜艳）需14～20天，因此适宜除袋时间为采收前10～20天。满天红、美人酥及红酥脆等红皮梨以采收前10天左右除袋为好。除袋过早，果面返绿，红色表现不明显，着色度下降；除袋过晚则着色淡。应在一天中上午9～11时或下午15～18时进行。阴天可一次性除袋。晴天要先撕开袋底通风，1～2天后再全部除去果袋，对双层内黑袋等透光性差的果袋尤应注意，以防除袋后发生日灼。另外，在海拔较高，没有灌溉条件的地区也要严格掌握套、除袋时间和方法，减少日灼发生。为了提高优质果率，可根据着色情况分期分批采收。

五、其他辅助着色措施

1. 摘叶

果实除袋后，要及时摘除果实周围一部分影响果实受光的枝叶，以改善树冠各部分的光照条件，促进果实着色。在除袋前后疏除树冠内膛直立枝、徒长枝、密生枝和过密的外围新梢，并于除袋后摘除果实附近的叶片，摘叶量不应超过总叶量的25%。

2. 转果

除袋后，经4～7个晴天的照光过程，果实阳面已达到要求的色泽时，将果实轻转一下，使阴面转为阳面，再过几天，果面就可全面着色了。如果自由悬垂果不好转向，可用细透明胶带将转动果实的方向固定下来。树冠光照特别好的时候，不必转果，也可全面着色。

3. 地面铺反光膜

铺反光膜适用于红色梨品种。树冠中、下部的果实和果实的向下部分光照条件差，不易着色。除袋后在树冠下铺反光膜，能明显增加树冠中、下部的光照强度，可使树冠中、下部果实和果实的向下部分也能充分着色，使果实达到全红。

铺设方法是在果实着色期，将反光膜拉平，覆盖在树冠下，并用土或石块将其固定。铺设前最好将树盘内的杂物清理干净，将地面平整好，以免弄破反光膜。采果前，将反光膜面上的杂物去掉，小心揭起反光膜并卷起来，清洗晾干后以备下年使用。一般可以持续使用 3 ~ 4 年（彩图 5-11）。

彩图5-11　梨树下铺设反光膜
（张建光）

4. 加强综合管理，促进上色

通过整形修剪，保持树冠内通风透光；通过增施有机肥、适当控氮增钾，并进行叶面喷肥，提高果实着色。每年落叶前亩施腐熟猪厩肥 5000 ~ 6000 千克、磷酸复合肥 100 ~ 150 千克作基肥。果实发育期和近成熟期叶面喷布 2 ~ 3 次氨基酸复合肥和 0.15% 磷酸二氢钾溶液。

第五节　果实品质的化学调控

应用植物生长调节剂调控果实的生长与发育，在梨果生产上具有明显的效果。目前，主要用于促进果实膨大、增色以及成熟等方面。

一、促进果实膨大

近年来，国内科研工作者研制了以赤霉酸（GA）为主要成分的植物生长调节剂来促进果实膨大。主要成分为 GA_3 和 GA_{4+7} 的混合剂，一般应在落花后 15 ~ 35 天进行果柄涂抹，每果使用的剂量一般为 10 ~ 15 毫克。王涛等研究结果表明，梨果早优宝和梨果灵均对翠冠梨果实的生长发育有显著的促进作用，可增大果重 24.5% ~ 31.6%，提早果实成熟期 8 天以上，对果实可溶性固形物和果形指数影响不显著。罗娅等在金水梨坐果后 4 周果柄涂抹梨果早优宝后，

彩图5-12 涂抹膨大剂的幼果

彩图5-13 鸡爪病梨果
（张建光）

能明显促进果实的膨大和果实成熟期的提前。但也存在梨果涂抹后硬度变小从而缩短贮藏期的副作用（彩图5-12）。

目前，幼果涂抹赤霉酸涂剂已经在全国不少梨产区大面积应用。建议梨农严格按产品说明去操作，不得随意加大药量，施用时期不能过早，并禁止在高温天气时施用，否则会造成不应有的损失。生产中也存在由于使用不当，导致出现果柄变黑的现象，影响果实生长，严重时造成大量落果，影响梨果产量和经济效益。另据吕润航报道，在黄冠梨上使用此类药剂，会加重鸡爪病（果面褐斑病）的发生，且使该病出现时间早20天左右。所以，在黄冠梨等易发生鸡爪病的品种上要慎重使用（彩图5-13）。

盛花后喷施CPPU可以显著促进梨果等果实生长。CPPU是日本协和发酵工业株式会社生产的苯基脲类生长调节剂。刘殊等研究结果表明，喷布CPPU可显著提高二宫白梨单果重和株产，果形指数增大，对果实风味品质没有影响，但歪斜果率增加，且随着处理浓度增大，歪斜果率提高。建议生产上慎重施用。

另据张建光2009年喷布"碧护"试验，初步研究结果表明，生长季两次（分别是5月份和7月份）喷布15000倍"碧护"，对于促进黄冠梨果实增大具有显著的效果，并能显著提高果实可溶性固形物含量，但对果实硬度以及新梢生长没有明显影响。"碧护"（VitaCat）是由德国阿格福莱农林环境生物技术股份有限公司生产的集天然激素、类黄酮、氨基酸等成分于一体的新型植物源复合平衡生长调节剂。在国外农业生产上应用已经有二十几年的历史，近年来引入我国。据报道，施用"碧护"具有提高作物抗逆性、增加产量、改善品质、解除药害等功效。在国外，此产品荣获欧盟BCS和美国OMRI生态有机认证。

二、促进果实成熟及着色

乙烯对大多数果树的果实具有催熟和增色作用。在西洋梨红色品种上，于果实采收时喷布1000～1500毫克/千克的乙烯利，可显著缩短果实的后熟期3～5天。

在采果前30～40天，喷布1～2次30～40毫克/千克萘乙酸，不仅可防止采前落果，而且可以提高红色梨品种的着色，在采前 40 天喷洒 1000 毫克 / 千克乙烯利也有显著的增色效果。另外，在采前 40 天，每隔 10 天喷施 1 次 1500 ～ 2000 倍的增红剂 1 号，不仅能显著提高梨果实的着色，还能提高梨果含糖量。用 500 毫克 / 升稀土进行树体喷布对梨果着色也有很好的促进作用。

三、促进梨果脱萼

梨果在发育过程中，有的品种萼片脱落（脱萼果），有的品种萼片不脱落（宿萼果）。梨果是否宿存萼片，是进行品种识别的重要特征之一，也是秋子梨等种的重要特征。实际上同一植株上果实有宿萼、脱萼之分。据调查，砀山酥梨、库尔勒香梨、鸭梨、雪花梨、新高、黄金和黄花等品种，果实均有宿萼和脱萼之区别。所以现在很多人认为梨果有"公梨""母梨"的现象。脱萼果为"母梨"，宿萼果为"公梨"。宿萼果一般经济价值较低。

对于砀山酥梨等品种来说，确实也存在脱萼果和宿萼果在品质上有差别的现象。如脱萼的梨果个大、心小、肉细、味甜、形美、品质优；宿萼的梨果个小、心大、肉粗、味淡、品质差、萼洼果锈（彩图 5-14）。但对于大多数品种表现并不明显，只是宿萼果萼洼处易残留虫卵，有时用高压气枪也不易清除，这也是梨企业在出口检疫中比较头痛的一件事情。

彩图5-14　脱萼果（右侧2个）与宿萼果（左侧2个）比较（李健）

对于促进梨果萼片脱落，除了在授粉品种配置方面需注意外，可进行人工除萼，但增加劳动强度，所以化学除萼是较好的措施之一。在砀山酥梨花期分别喷布 50 毫克 / 升的 PBO 和多效唑后，幼果花萼平均脱落率分别比对照提高 19.47% 和 14.77%，对花萼脱落具有一定的促进效果。

第六节　果实采收

果实采收是梨园管理的最后一个环节，如果采收时间及方法不当，不仅降低产量，而且影响果实的耐贮性和产品质量，甚至会大幅度降低果园的经济效益。因此，必须对采收工作给予足够的重视。

一、适时采收

采收时期对梨果的外观和内在品质、产量及耐藏性都有很大影响。采收过早，果个尚未充分膨大，营养物质积累过程尚未完成，不仅产量低，而且果实品质差，同时由于果皮发育不完善而易失水皱皮；采收过晚，导致果实过度成熟，易造成大量落果，贮藏中品质衰退也较快。另外，过早过晚采收都可能使某些生理病害加重发生。因此，梨果必须适时采收，以获得较高的产量、良好的品质和较强的耐贮运能力。

适时采收就是在果实进入成熟阶段后，根据果实采后的用途，在适当的成熟度采收，以达到最好的效果。梨果生产上一般在可采成熟度期与食用成熟期之间进行，此时果实的物质积累过程已基本完成，已基本表现出本品种固有的色泽和风味，果实体积和重量不再明显增长。虽然果肉较硬，含糖量低，淀粉含量较高，食用品质一般，但贮藏性良好，适于长期贮藏或远销外地。

适宜的采收期不应超过食用成熟度，以免造成损失。常用果实成熟度的鉴定方法有：观察果皮颜色，记载果实生长时间，测定可溶性固形物含量、淀粉含量及其呼吸强度、果实硬度等。以上几项指标应综合考虑，不可偏执一方。例如鸭梨的生长时间为150天左右，一般在河北省中南部9月中旬果皮由绿变为绿黄，果肉疏松，甜酸适口，即可采摘；黄冠梨的生长时间为120天左右，一般在8月中旬，表现甜酸适口和蜜香气味，即可采摘。

根据成熟度的标准和判断成熟度的方法，按照实际的需要和目的，确定最适宜的采收期。切不可因为收益好而过早采收，而导致市场对该品种的误解。所以，生产中一定要适时采收，尤其避免早采，因为早采风味、品质都和该品种应有的风味、品质相差甚远，对于畅销品种尤其需要注意这一点。

二、分期采收

在适宜的采收期内，对果实成熟不一致和采前落果严重的品种，或因劳动力不足而不能按时采完时，应考虑分期分批采收。分期采收应制定采收标准，多以果个大小作为衡量的指标。一般先采收树冠外围和上层着色好的果实，酌情采收内膛果和下部果。因为内膛果和下部果往往因光照、营养条件差，果个小，成熟晚，可根据情况暂时不采摘，待果实长到要求大小再进行采收。果实成熟前后，梨果实增重很快，尤其是采收一部分果实后，留在树上的果实生长更加迅速。所以分期采收既可保证果实都能达到优质梨果的标准，又可最大限度地提高梨果品质及产量，增加收入。分期分批次数可根据实际情况灵活掌握，生产中一般分2～3次采收。

三、采摘技术

梨果采收是一项时间性很强的工作，根据不同的用途，必须在梨果品质最佳时完成采摘工作。否则果实成熟度增加失去经济价值，造成不必要的经济损失。

1. 采收前的准备

采收用具和运输工具应做好准备和安排，如采果篮、盛果用果箱、摘果用高梯或凳、包装用品及运输的车辆等。同时根据采摘量事先合理安排好劳力，并对参加采收人员进行必要的培训，以保证采收质量和提高劳动效率。

2. 采果方法

鲜食梨果均用人工采收的方法。除需着色的红色梨品种外，一般梨均带袋采收，到选果场后再脱袋。虽采收时梨果有果袋保护，但也需要轻拿轻放，以免造成不应有的损失。再加之梨果实含水量高，皮薄肉脆，采收时稍有不慎易造成压伤、碰伤、扎伤等机械伤害，降低果品的质量，甚至造成大量果实腐烂。所以在采摘和运输过程中，以尽量减少机械伤害为中心，严格规范每个采收操作程序。

采收人员需剪短指甲，最好佩戴手套，以免采摘时造成划伤、掐伤，而影响正常的营养运输和贮藏；采果篮，尤其是竹编篮须内衬一层布或薄海绵以防扎伤、按伤果实；在梨园内由行间运抵选果场应以塑料周转箱为宜。采摘果实时应避开阴雨天气和有露水的早晨，因为这时果皮细胞膨压较大，果皮较脆，容易造成伤害；同时果面潮湿，极易引起果实腐烂和污染果面。还应避开中午高温时采摘，因为此时果实温度较高，采后堆放不易散热，对贮藏不利。

采收时，应按"先外后内，先下后上"的原则顺序进行采摘。正确的采收方法是：先用手轻握果实，食指轻压果柄基部（靠近枝条处），向上侧翻转果实，使果柄从基部脱落。果实在转移过程中需轻拿轻放，一般逐个拾取为宜，严禁整篮倾倒或抛掷等现象，以保证果皮、果肉的完好。

第七节　采后处理

一、采后分级

采摘果实应八九成熟，大小、重量一致，无瑕疵，外观色泽鲜亮的果实作为商品果，有条件的部门可使用无损伤分级设备对果实外观色泽、果型及果实糖度等进行精确分级。也可根据需要先进行人工初选分级（彩图 5-15）。

二、贮藏保鲜

当前梨贮藏多采用气调冷库贮藏，或简

彩图5-15　梨果采后初期筛选包装

易机械冷库、土窖、通风库贮藏，无冷藏条件地区有时直接放置于露天遮盖临时贮藏。也可进行保鲜剂处理，具体方法为：将分级果实小心装入四周透气性好的周转筐中，然后转入到密闭的熏蒸库或大帐内进行 1- 甲基环丙烯保鲜熏蒸，1- 甲基环丙烯处理浓度宜在 0.5 ～ 1.0 微升 / 升之间，处理时间 18 ～ 24 小时。

三、果面清洁

采收后，未套袋果果面上会沾有尘土、残留农药甚至病虫污染等，可用高压气枪将果面上的灰尘、杂质吹掉，特别要吹掉果实萼洼或梗洼处的害虫及其残体，如康氏粉蚧、黄粉虫等，保证果面光洁，且不损伤果面。目前国内一般不对梨果进行水洗、消毒处理，如有特殊要求或必要时可利用消毒剂进行清洗消毒。套袋果由于果袋的阻隔，果面尘土、残留农药和病虫污染等均较轻，可根据情况酌情处理。

四、包装

保鲜处理完毕后，果实首先用网套单个包装，然后放置到珍珠棉托盘上，对于大型果实，每个珍珠棉托盘内宜放置 6 ～ 8 枚果实，然后放置到外包装箱内封好后用于仓储、流通，包装好的商品果如短时间内不能全部销售，可暂时放置于 0℃冷库中存放，存放时间不宜超过 90 天。

第六章

低效梨树高接改造

目前，我国生产上存在一些低产、低效梨园。形成原因很多，有的是由于面积过大，产量过剩，如"砀山酥梨""鸭梨"两大主栽品种占全国梨总产的近 40%，且成熟期一致。当梨果成熟时，就造成了集中上市，增加了市场压力，导致梨果价格低，卖果难。这种梨园虽产量高，但效益并不高。有的是由于一些地区在发展新品种时，存在较大的盲目性，导致新品种不适应当地生态及生产条件，造成低产劣质。还有的是在一些交通不便地区，由于信息闭塞，品种更新较慢，生产上仍存在大量低产劣质品种。鉴于以上情况，非常有必要围绕品质和效益进行品种更新、树体改造，这也是生产的迫切需要。

高接是进行品种更新结合树体改造最有效的一项技术。它是将接穗嫁接到树冠各级枝干上的一种嫁接方法，一般嫁接部位较高，故名"高接"。由于高接具有树冠恢复快、早结果、早丰产、伤口容易愈合等优点，在生产上应用较为广泛。

第一节　高接方案的制订

一、高接适用条件

高接的主要用途有四点。第一，为改换低产劣质品种，一般称之为"高接换优"。第二，高接授粉品种，解决梨树授粉树配置不合理和授粉不良问题。第三，成年大树或老树内膛光秃较多、影响产量，可在光秃部位用高接的方法增加结果面积。第四，高接可以提高抗寒性和抗病性。

目前生产上还存在着很多品种老化、效益低的梨园，对于这些梨园可根据实际情况加以利用。主要应对策略有两点。第一，对于没有利用价值的老残梨园淘汰更新，选用矮砧密植、节本增效的产业化经营模式。第二，对于有利用价值的劣质梨园和品种不适销的适龄盛果树采用"高接换头"的方法进行树体改造和品种改良。

对于由于品种的老化或管理措施不到位造成的低效益梨园，采用高接的方法，更换优良品种、改造树体结构是实现迅速增值的一条捷径。相对于重新建园而言，高接换优投资小、见效快。

对于要进行高接的梨园一般没有严格的要求，但最好选用树体较健壮，没有严重的病虫危害的梨园。只要采用合适的方式和方法，再加强配套技术管理，就可以实现"一年高接，两年恢复树冠，三年恢复原产"的效果（彩图6-1）。

彩图6-1　老鸭梨树高接换优的效果

二、高接方案

1. 高接品种的选择

在品种选择时，第一要考虑市场，选择内质和外观品质优良、市场价位高且在一定时间内不会饱和的品种；第二要考虑品种的区域化问题，所选品种必须要适合当地气候土壤条件；第三要考虑品种本身抗性，尽量选用抗性较强的品种。

根据当前市场情况，可选黄冠、中梨1号、黄金、大果水晶、爱甘水、丰水、圆黄、新高等品种。

2. 高接方案的确定

（1）对10年生以内的树可采用"主枝高接"方法。具体做法为：将现有主枝自距中心50厘米左右锯掉。为加速树冠成形及减轻"高接病"的发生，可适度保留主枝基部的小分枝，然后对大枝（直径大于4厘米）采用劈接或插皮接、对小枝（直径小于4厘米）采用单芽切腹接或单芽腹接的方法进行高接；为确保成活率可于每个大枝上接两根接穗。此法较易整形，树体负载量大，且抗风能力强。

（2）对10～30年生的大树可采用"多头高接"方法。具体做法为：按原来树体结构，选5～6个大主枝，将枝头锯掉（不超过原长度的1/4），而对其上着生的侧枝、结果枝应尽量保留，并短截，长度以5～10厘米为宜；对粗大枝宜采用皮下腹接的方法，对小枝采用单芽切腹接或单芽腹接的方法。"多头高接"具有成形快、结果早等特性，易于提早丰产、恢复产量。

（3）对于年龄在30年生以上的老树，骨干枝基部已空虚无枝，即使有枝也比较粗，没有适合嫁接的小枝。对于这种树，于萌芽期至开花期先进行树体改造，一次锯成开心形，保留底层4～5个主枝，主枝保留长度2米左右，将主枝上的侧枝和枝组全部从基部疏除，在主枝两侧每隔40厘米进行插皮腹接。

3. 接芽数量及间距标准

对砧树所保留的每个主枝、侧枝及骨干枝，在其两侧均间隔20～30厘米接一芽，两侧接芽要交互对生，每个接芽根据嫁接部位情况不同，采取不同的嫁接方法和技术。单株接芽越多树体及新梢越旺，接芽越少树体及新梢越弱。接芽过少，砧树易造成晒皮，树体及新梢更弱。一般5～10年树，接芽30～50个；10～20年树，接芽60～100个；20年以上的树，接芽100～200个（彩图6-2）。

彩图6-2 高接后树形变化

第二节 高接形式及骨架整理

一、高接形式

根据高接部位、砧龄和高接的头数不同，常有三种高接形式（彩图6-3、彩图6-4）。

彩图6-3 主枝高接形式

彩图6-4 多头高接形式

1. 主干高接

用于树龄较小的密植梨园，距地面 50 ～ 60 厘米处截去树干，用插皮接或劈接法，接 2 ～ 3 个接穗，成活后保持一个健壮新梢的生长优势，其余的新梢拧伤压平，并立支柱保护，也有利于保持新中心干的生长优势，发生的副梢及时拉平（图 6-1）。

2. 主枝高接

将主枝保留一定长度截去，用插皮接或劈接法嫁接 2 个接穗，1 ～ 2 年可恢复树冠。适用于树龄较大的中密度梨园（图 6-2）。

图6-1　主干高接示意图　　　　图6-2　主枝高接示意图

3. 多头高接

保持原有的树体结构，在主要骨干枝上嫁接多个接穗，不仅恢复树冠快，而且恢复产量早。适用于稀植大树冠的成龄梨园（图 6-3）。

二、骨架整理

1. 树冠整形

根据树体大小，对骨干枝进行接前骨架整理，尽量保持原树体骨干枝的分布，

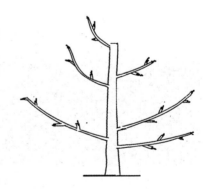

图6-3　多头高接示意图

保持改接后的树冠圆满和各级之间的从属关系。如果原树体结构或骨干枝分布不合理，在高接前进行树体改造，使之形成合理的结构。一般直接将中心领导枝锯掉，改造成开心形，这样有利于透光和优质果品生产。锯树时，只留基部3～5个主枝，每个主枝选留1～2个侧枝，侧枝截留1/2，主枝截留2/3。

也可根据情况落头开心，改造成二层开心形，全树保留主枝4～7个。基部主枝可保留1～2个侧枝，二层主枝上不留侧枝。主枝先端接口的直径以3～5厘米为宜，侧枝先端接口直径2～3厘米。一般中心领导干截留在2米以内。高接树最好随剪随嫁接，以防剪口失水（彩图6-5、彩图6-6）。

彩图6-5　高接后成活状（张建光）　彩图6-6　高接后树冠恢复状（张玉星）

2. 选留接头

以骨干枝两侧留接口为主，同侧接头间距30～40厘米，接口要尽可能靠近骨干枝枝轴，以5～15厘米为宜，接头直径0.7厘米以上。骨干枝背上不留接头，距中心40厘米以内不留接头。中心领导枝上的辅养枝，高接时可保留1～2个。

在进行骨架整理时，常会去除一些无用的大枝，因而在树体上造成一些大伤口。若不及时对其加以保护，往往会由于失水过多或染病而影响伤口以上接头的成活率和长势。所以，应及时涂抹乳胶或调和漆加以保护，以防失水和病菌侵入。

第三节　高接时期及方法

一、高接时期

嫁接时期在梨树萌芽前后最为适宜。华北地区最早可于3月初开始，最晚在落花期结束。梨树高接一般采用硬枝嫁接，嫁接时期在树体萌芽前后进行，嫁接用的接穗一定要在休眠期采集，并于低温处保湿贮藏，勿使接穗上的芽萌发。实际上，只要将接穗贮藏好，芽不萌发，可延长到开花期。梨树展叶后不能再高接，以防过度损耗树体营养，新梢生长衰弱。

夏季采用高位芽接法，于7月中旬至8月中旬进行。

二、高接方法

1. 高枝接的方法

主要采用单芽高接法。嫁接前按上述的嫁接密度选取嫁接枝并在适宜粗度处剪断或锯断，然后综合运用切腹接、腹接、插皮腹接、劈接和插皮接等方法进行嫁接。

（1）切腹接　使用锐利的修枝剪，剪出的接穗与普通劈接相比，楔形两边不等厚。一个具有多个芽的枝条，先从最下一个芽处剪起。从芽下3～4厘米处垂直剪断，剪刀面朝上，从芽下3～5毫米处两侧各剪2～3厘米的斜面，使成楔形。枝条粗的斜面剪长些，反之可短些，再从芽上0.5厘米处剪断，即成为只有一个芽长度为4厘米左右的接穗。

在主侧枝预留的砧桩上嫁接时，于砧桩一侧向下斜剪一剪口，长度与接穗的削面基本相同，剪口下端深达木质部，在修枝剪未抽出时，利用剪子的支撑作用，将接穗芽插入，使接穗外侧的形成层与砧木一侧的形成层对齐，将接穗留一节短截，然后用地膜包扎紧（彩图6-7、彩图6-8）。

此法一般适用于高接树内膛干径2厘米以下砧桩的嫁接。河北省梨产区高接，小枝多用单芽切腹接。单芽切腹接嫁接效率高，成活好，接后管理方便，易在生产上大力推广应用。

（2）腹接　接穗用修枝剪子削。在芽的背面略低于芽2～3毫米处，向下斜削一刀，至芽所在的一面，斜削面长2～2.5厘米，另一侧削成略短的斜面，有芽的一侧略厚。在嫁接部位斜剪成一个比接穗削面稍长的切口，深达所接枝条粗度的1/3～1/2。把削好的接穗长斜面向内插入剪口，与形成层对齐，然后用塑料薄膜绑紧扎严。由于在嫁接时多用单芽，所以又

彩图6-7　切腹接示意图

彩图6-8　切腹接后地膜绑缚状

称单芽腹接。嫁接时，按上述方法进行削切接穗，然后用修枝剪在砧桩腹部（高接部位）斜向下斜剪一剪口，在修枝剪尚未抽出之前，利用修枝剪的支撑作用，将削好的接穗插入砧木的切口，使形成层对齐，将接穗留一节短截，随后用薄地膜包扎，芽的部位只有一层膜，且紧贴在芽上，其余部分包紧包严，芽萌发后可自行顶破薄膜（彩图6-9、彩图6-10）。

此法适用于高接树内膛干径3厘米以下砧桩的嫁接。单芽腹接嫁接效率高，成活好，接后管理方便，易在生产上大力推广应用（彩图6-11）。

彩图6-9　腹接示意图　　　　　　彩图6-10　腹接成活状

另外还有一种腹接方法，即枝干腹接，在梨树高接上应用普遍。具体做法为：接穗的削法和腹接相同，砧桩的削法用修枝剪完成，在枝干一侧，沿25°～30°角斜剪一刀，将修枝剪向下压，随即插入接穗，再撤出修枝剪前，调整好接穗的位置使形成层对齐，将接穗留一节短截，然后用地膜包扎紧。此法适用于干径3厘米以上枝干上缺枝处的补空，方便快捷，成活率高，早春砧木尚未离皮时，亦可嫁接（彩图6-12）。

彩图6-11　单芽腹接　　　　　　彩图6-12　枝干腹接

（3）插皮腹接　接穗用修枝剪削。在芽的背面略低于芽 2 ～ 3 毫米处，向下斜削一刀，至芽所在的一面，斜削面长 3 ～ 4 厘米。削面的长短根据接穗的粗细和品种的芽间距而定，削面削好后，在此削面的背后削 0.5 厘米的小削面，以利于接穗插入砧树皮下及愈合。选砧桩较光滑部位，用修枝剪横切一刀，深达木质部，再用修枝剪从上向下切去一块树皮，便于插入接穗，在第一横切口中间沿枝干方向纵切一刀，在切口处沿纵切口方向插入接穗。接穗长削面向里、短削面向外，将接穗留一节短截，然后用地膜包扎紧。此法适用于年龄短树皮较薄的砧桩的嫁接（彩图 6-13）。

对于砧桩年龄长树皮较厚的，应采用以下方法：用 3 ～ 4 厘米宽的木工用凿子或刨子的刨片，在主侧枝上选定的部位（主枝左右两侧），与枝的方向垂直凿一深达木质部的横刀口，再从此横刀口向上两侧斜凿两刀，使呈一等边三角形，然后用刀将树皮挑掉，露出木质部，形成一个没有树皮的三角形，再在第一横刀口中间向下竖切一刀（底边竖切），长 3 ～ 4 厘米，深达木质部，以利于接穗插入。接穗削法同上，在切口处沿纵切口方向插入接穗，插的深度以接穗长削面上端与底边齐平为度。为了提高工作效率，可用电钻在树干上打孔，所以又称为"打洞插皮腹接"。插皮腹接主要用于高接树内膛光秃部分的补空（彩图 6-14、彩图 6-15）。

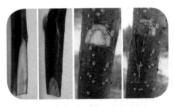

彩图6-13　较细枝插皮腹接

彩图6-14　较粗枝插皮腹接

彩图6-15　打洞腹接补枝（张玉星）

（4）劈接　将接穗基部的两侧削成长 1.5 ～ 2.0 厘米的楔形削面，削面的两侧应一侧稍厚些（一般有芽的一侧稍厚些），另一侧稍薄些，再用剪子或利刀在剪断枝条的横断面的正中央垂直劈开一个长约 2.5 厘米的切口，然后将削好的接穗宽面向外、窄面向里插入切口，并使形成层对齐，接穗削面上端略高于切口 0.2 厘米左右（俗称露白），最后用塑料薄膜绑紧扎严（彩图 6-16）。

此法适用于干径较粗的（一般 3 厘米以上）骨干枝枝头的嫁接，一般一个砧桩断面可接 1～2 个接穗。

（5）插皮接　在接穗芽的下方削成一个长 2.5～3 厘米的长斜面，其相对面削成 0.5 厘米左右的小斜面，将备接枝在合适部位锯下，并在备接枝上竖切一刀，然后将皮层轻轻撬起，将接穗长削面向内插入备接枝的木质部和韧皮部之间，上部露白 0.3 厘米左右，最后用薄膜绑严（彩图 6-17）。

此法适用于干径较粗的（一般 3 厘米以上）骨干枝枝头的嫁接，根据断面情况接 2～4 个接穗。此法需在砧树韧皮部与木质部离皮时进行。

枝接技术直接影响嫁接的成活率，在操作过程中应掌握好砧木切口、接穗削面均要平滑无毛刺，接穗和砧桩形成层需要对齐（至少一侧对齐）。

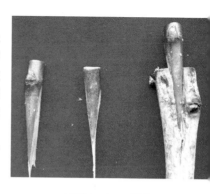

彩图6-16　劈接

2. 高芽接的方法

高芽接可采用"T"字形芽接法，春季不易离皮时可采用带木质部高芽接法。

3. 包扎方法

不管哪种方法嫁接，包紧包严嫁接部位都是关

彩图6-17　插皮接示意图

键的步骤。包扎材料最好用厚度为 0.005～0.007 毫米的塑料地膜，把成捆的塑料膜截成 15～20 厘米的长段备用。包扎必须注意以下三点：一是注意包严、不透风；二是注意在接芽上保证只覆盖一层膜，且紧贴在接芽上，以利于接芽萌发时自行破膜生长；三是将接口扎紧以防产生的愈伤组织将接穗顶出，影响成活。

第四节　高接树的管理

一、树上管理

1. 除萌

高接后会萌生大量萌蘖，要多次进行除萌工作。当接芽长到 20 厘米时，基本能保证接芽成活，应及时除去砧树萌芽。当树上的新梢量较少时，为防止大枝夏季日烧，可暂时留下少量较弱萌蘖并进行枝干涂白，待高接品种新梢形成一定遮阴能力后再去除。成活率不高的部位或接芽少的树，应留部分砧树萌芽，以增加叶片

面积，提高光合作用效率，并准备夏接（彩图6-18）。

2. 补接

对未接活的接头应采用芽接或枝接方法进行补接。

3. 破膜放芽

大部分接芽萌发后能够自行破膜生长，少部分接芽萌发后不能自行破膜，而在膜内扭曲生长，应及时用牙签破膜放芽，但不能除去塑膜。

4. 除膜

到5月底成活的接芽长到20～30厘米时，应除去塑膜。除膜过晚，所缠塑膜会影响接芽基部生长，甚至造成塑膜长在其内，不抗风害（如果采用可降解嫁接胶带，可免除此项操作）。

彩图6-18　高接后树干的
日烧危害

5. 新梢摘心

当接芽萌发后，长出3～5个叶片时，应及时摘心，既促生侧芽萌发而增加枝量，又加粗萌芽基部粗度而抗风。接芽多而成活率高的嫁接树可不摘心。

6. 绑枝

当接芽新梢长到30厘米以上时，应及时搭设简易网架或在接芽部位绑木棍，将新梢绑缚其上，以免风折。

7. 拉枝

5月下旬～6月初，应及时拉枝。作为主枝、侧枝、大枝组培养的新梢，应拉至45°～50°；作为结果枝培养的新梢，应拉至70°～80°，以利于缓和树势，促使花芽形成（彩图6-19、彩图6-20）。

彩图6-19　高接梨树当年拉枝　　　彩图6-20　高接后未及时拉枝的枝条

8. 喷促花素

绿宝石等一些成花难的品种，为促使当年多形成花芽，可于6月初和7月初喷两遍促花素。

9. 夏季修剪

多头高接的树新梢生长旺盛，萌发二次枝的数量较大，易造成树形混乱。因此，应加强夏剪整形工作，以缓和生长势。重点调整枝头生长方向和角度；对有空间的旺枝枝头轻摘心，促生分枝；继续抹除砧树上的萌蘖，对其他旺长枝采取拿枝软化、拧枝等方法缓和生长势。

10. 病虫防治

当新梢长到20～30厘米时，应及时防治蚜虫、梨木虱及梨茎蜂，之后防治2～3次食叶害虫。嫁接完毕后，发芽前喷施1次3～5波美度石硫合剂，杀灭越冬害虫并预防枝干干腐病，尤其雪花梨砧树更应加强预防，对于3厘米以上锯口应涂抹伤口保护剂。4月底新梢长到20～30厘米时，喷药保护幼枝及防止梨茎蜂危害新梢；5月下旬至6月上旬全园喷药防治梨木虱危害新梢及叶片；7月上旬至8月下旬注意喷药防控叶部病害及棉铃虫等害虫。具体病虫害防控措施及有效药剂详见第七章的相关内容。

二、树下管理

高接换优后生产的梨果一般应以高档精品果为目标，所以必须加大树下管理力度。为促进嫁接成活，嫁接后注意浇水。为促进新梢生长，加速扩冠，在新梢旺盛生长期（5月下旬～6月上旬）及时浇水，并适当追肥（每株1～2千克尿素），以后视天气情况浇水。5月下旬、6月中旬、7月上旬结合喷药，喷施0.5%尿素加0.5%磷酸二氢钾或300倍惠满丰，促进枝叶旺盛生长及成花。另外，注意及时中耕锄草，松土保墒，并于落叶前结合深翻扩穴，每亩施用圈肥4000～5000千克、果树专用肥75～100千克。

第七章

梨树主要病虫害防控技术

第一节　主要病害防控技术

我国梨树病害已知有 80 余种，其中经常发生并造成较重为害的有 10 多种。每年都必须防控的病害有黑星病、轮纹病、炭疽病、黑斑病、腐烂病等，部分梨园每年需注意防控的病害有霉污病、白粉病、锈病、套袋果黑点病及某些生理性病害等，少数梨园偶发性较重的病害还有褐腐病、疫腐病、干腐病、锈水病及根部病害等。此外，白粉病近几年在许多梨区成逐年加重趋势，应当引起高度重视；随着环境绿化、桧柏类树种的扩大种植，锈病发生不断加重，风景绿化区域梨园应注意防控；化肥施用量偏多导致土壤板结的梨园，圆斑根腐病为害的树上症状在有些梨园开始显现，需引起重视等。

一、根部病害

梨树上的根部病害常见的有根朽病（根腐病）、紫纹羽病、白纹羽病、圆斑根腐病及根癌病五种。

症状诊断

根朽病　又称根腐病，主要为害根部，造成根部皮层腐烂，其典型症状特点是：皮层与木质部之间及皮层内部充满白色至淡黄褐色的菌丝层，菌丝层前缘呈扇状向外扩展，新鲜菌丝层在黑暗处有淡蓝色荧光，并具浓烈的蘑菇味。有时白色菌丝层可从根颈部扩展到主干基部，甚至向上扩展至2米以上。该病初发部位不定，但无论从何处开始发生，均迅速扩展至根颈部，再由根颈部向周围蔓延。发病初期，皮层变褐坏死；随病情逐渐发展，病部皮层腐烂，木质部腐朽；雨季或潮湿条件下，病部或断根处可产生成丛的蜜黄色蘑菇状物。轻病树，叶片小、颜色淡，叶缘卷曲，新梢生长量小；重病树，发芽晚，落叶早，枝条枯死，甚至全株死亡（彩图7-1～彩图7-3）。

彩图7-1　根朽病根部皮层内侧及木质部表面的
白色菌丝层

彩图7-2　根朽病的新鲜
菌丝层呈扇状向外扩展

彩图7-3　梨树受根朽病为害，树势衰弱

紫纹羽病 主要为害根部，多从细支根开始发生，逐渐扩展蔓延到侧根、主根及根颈部。其典型症状特点是：病根表面缠绕有许多淡紫色棉絮状菌丝或菌索，条件适宜时形成暗紫色的厚绒毡状菌丝膜，后期病根上可产生紫红色的半球状菌核。病根皮层腐烂，木质部腐朽，但栓皮不腐烂呈鞘状套于根外，捏之易碎裂，烂根有浓烈蘑菇味。轻病树，树势衰弱，发芽晚，叶片黄而早落；重病树，枝条枯死，甚至全树死亡（彩图7-4～彩图7-6）。

彩图7-4 紫纹羽病根部表面的紫色菌索

彩图7-5 紫纹羽病主干基部的紫色菌膜

彩图7-6 紫纹羽病主干基部表面的半球形紫色菌核

白纹羽病 主要为害根部，从细支根开始发生，逐渐向主根方向扩展，但很少蔓延到主根基部及根颈部。其典型症状特点是：病根表面缠绕有白色或灰白色的网状或绒毛状菌索或菌丝，有时呈灰白色至灰褐色的绒布状菌丝膜。病根皮层腐烂，木质部腐朽，但栓皮不烂呈鞘状套于根外，烂根无特殊气味。腐朽木质部表面有时可产生黑色颗粒状菌核。轻病树，树势衰弱，发芽晚，落叶早；重病树，叶片萎蔫干枯，枝条枯死，甚至全树死亡（彩图7-7、彩图7-8）。

彩图7-7　白纹羽病病根表面产生的白　彩图7-8　白纹羽病为害较重时，病树
　　　　　色菌索及菌丝层　　　　　　　　　　叶片萎蔫干枯

　　圆斑根腐病　主要为害毛细根与细支根，造成病根变褐枯死，为害轻时地上部没有异常表现，为害较重时树上可见叶片萎蔫、干边、青枯或焦枯等症状，严重时亦常造成枝条枯死。该病从须根开始发生，病根变褐枯死，后逐渐蔓延至上部的细支根，围绕须根基部形成红褐色圆形病斑，病斑扩大绕根后导致产生须根的细小根变黑褐色枯死，而后病变继续向上部根系蔓延，进而在产生病变小根的上部根上形成红褐色近圆形病斑，病变深达木质部，随后病斑蔓延成纵向的梭形或长椭圆形。在病害发展过程中，较大的病根上能反复产生愈伤组织和再生新根，导致病部凹凸不平、病健组织彼此交错。严重时，后期较细病根腐朽（彩图 7-9 ～彩图 7-12）。

彩图7-9　圆斑根腐病导致细支根坏死　彩图7-10　圆斑根腐病小根上的病斑

　　根癌病　主要为害根部与根颈部，有时枝干上也可受害。其典型症状是：在受害部位表面产生大小不等、形状不定的肿瘤。肿瘤坚硬，木质化，表面粗糙。病树多树势衰弱、生长不良、植株矮小、坐果率低，严重时亦可导致叶片黄化、早衰甚至全株枯死，但枯死病株以苗木、幼树较多（彩图 7-13 ～彩图 7-15）。

彩图7-11　圆斑根腐病导致较细病根　彩图7-12　严重圆斑根腐病，造成整个
　　　　　腐朽　　　　　　　　　　　　　　　枝条叶片干枯

彩图7-14　主干基部的根癌病肿瘤

彩图7-13　根癌病在支根上的病瘤　彩图7-15　梨树主枝上的根癌病肿瘤

病原及发生特点

　　根朽病　由发光假蜜环菌［*Armillariella tabescens*（Socp.et Fr.）Sing.］引起，属于担子菌亚门层菌纲伞菌目。病菌主要以菌丝体在田间病株及病残体上越冬，并可随病残体存活多年，病残体腐烂分解后病菌死亡。病健根接触及病残体移动是病害蔓延的主要方式。病菌主要从伤口侵染，也可直接侵染衰弱根部，而后迅速扩展为害。该病多发生在由旧林地、河滩地或古墓坟场改建的果园中，前作没有种过树的果园很少受害。

　　紫纹羽病　由桑卷担菌（*Helicobasidium mompa* Tanaka）引起，属于担子菌

亚门层菌纲木耳目。病菌主要以菌丝（或菌丝膜）、菌索、菌核在田间病株、病残体及土壤中越冬，菌索、菌核在土壤中可存活 5～6 年。果园内主要通过病健根接触、病残体及带菌土壤的移动进行传播，直接穿透根皮侵染，或从各种伤口侵入为害；远距离传播主要通过带菌苗木的调运。刺槐、花生、甘薯是紫纹羽病菌的重要寄主，靠近刺槐或旧林地、河滩地、古墓坟场改建的果园易发生紫纹羽病；果树行间间作甘薯、花生的果园容易导致该病的发生与蔓延。

白纹羽病　由褐座坚壳［*Rosellinia necatrix*（Hart.）Berl.］引起，属于子囊菌亚门核菌纲球壳目；无性时期为白纹羽束丝菌（*Dematophora necatrix* Hart.），属于半知菌亚门丝孢纲束梗孢目。自然界常见其菌丝体阶段，有时可形成菌核，无性孢子和有性孢子非常少见。病菌主要以菌丝（或菌丝膜）、菌索及菌核在田间病株、病残体及土壤中越冬，菌索、菌核在土壤中可存活 5～6 年。近距离主要通过病健根接触、病残体及带菌土壤的移动进行传播，直接穿透新根的柔软组织侵染或从各种伤口侵入为害；远距离传播为带菌苗木的调运。老果园、旧林地、河滩地、古墓坟场改建的果园易发生白纹羽病；果树行间间作甘薯、花生的果园容易导致该病的发生与蔓延。

圆斑根腐病　可由多种镰刀菌引起，如尖镰孢（*Fusarium oxysporum* Schl.）、腐皮镰孢［*F. solani*（Mart.）App. et Woll.］、弯角镰孢（*F. camptoceras* Woll. et Reink）等，均属于半知菌亚门丝孢纲瘤座孢目。病菌在土壤中广泛存在，都是土壤习居菌，可在土壤中长期腐生生存。当梨树根系生长衰弱时，病菌即可侵染而导致根系受害。地块低洼、排灌不良、土壤通透性差、营养不足、有机质贫乏、长期大量施用速效化肥、土壤板结、土质盐碱、大小年严重、果园内杂草丛生、其他病虫害发生严重等，一切导致树势及根系生长衰弱的因素，均可诱发病菌对根系的侵害，导致该病发生。

根癌病　由癌肿野杆菌［*Agrobacterium tumefaciens*（Smith et Towns）Conn.］引起，属于革兰氏阴性菌。病原细菌主要以细菌菌体在癌瘤组织的皮层内和土壤中越冬，病菌在土壤中可存活 1 年左右，近距离传播借助雨水和灌溉水的流动，远距离传播主要通过带菌苗木的调运。病菌主要从伤口侵染，尤以嫁接口最为重要。病菌侵入后将致病因子转嫁给寄主细胞，使之成为不断分裂的转化细胞，继而在病部形成肿瘤。碱性土壤病重，嫁接口在地面以下或接近地面时易诱发该病。

防控技术　梨树根部病害必须以预防为主，关键是注意果园的前作与园地消毒灭菌、栽植无病苗木并及时发现与治疗病树；针对圆斑根腐病，还应加强施肥管理。

（1）注意果园前作及土壤处理　新建果园时，尽量不要选择发生过根部病害的老果园、老苗圃、旧林地及树木较多的河滩地、古墓坟场等场所。如必须在这样的地块建园时，要彻底清除树桩、残根、烂皮等病残体，并促进残余病残体腐烂分解，如土壤灌水、翻耕、暴晒、夏季盖膜升温消毒、休闲等。

（2）培育和利用无病苗木　不要用发生过根朽病、紫纹羽病、白纹羽病、根癌病及种过刺槐、甘薯、花生的园片地作苗圃。苗木嫁接时提倡芽接法，尽量避免使用切接、劈接。调运苗木时，要进行苗圃检查，坚决不用有病苗圃的苗木。定植前仔细检验，发现病苗必须彻底淘汰、烧毁，并对剩余苗木进行药剂消毒处理。使用77%硫酸铜钙可湿性粉剂400～500倍液或0.5%硫酸铜溶液或45%代森铵水剂500～600倍液浸苗5～10分钟，有较好的杀菌效果。紫纹羽病、白纹羽病还可使用50%多菌灵可湿性粉剂500～600倍液或70%甲基硫菌灵可湿性粉剂600～800倍液浸苗；根癌病还可使用2%春雷霉素可湿性粉剂200～300倍液或K84浸苗。栽植时使嫁接口高出地面，避免嫁接口接触土壤。

（3）及时治疗病树　发现病树后，寻找发病部位，彻底刮除或去除病组织，并将病残体彻底清除干净，集中烧毁；而后对病树药剂治疗。具体病害种类不同，有效治疗药剂不尽相同。

根朽病　处理病组织后，在伤口处涂抹77%硫酸铜钙可湿性粉剂100～200倍液或2.12%腐植酸铜水剂原液或1%～2%硫酸铜溶液或30%戊唑·多菌灵悬浮剂50～100倍液或3～5波美度石硫合剂或45%石硫合剂结晶30～50倍液等药剂，保护伤口。轻病树或难以找到发病部位时，也可直接采用打孔、灌施福尔马林的方法进行治疗，但弱树及夏季高温季节不宜灌药治疗。灌药方法为：首先在树冠下每隔20厘米左右打一直径3厘米左右、深30～50厘米的孔洞，然后每孔灌200倍福尔马林100～150毫升，灌药后用土封闭孔洞进行熏蒸。

紫纹羽病、白纹羽病　处理病组织后，在伤口处涂抹2.12%腐植酸铜水剂原液或77%硫酸铜钙可湿性粉剂100～200倍液或70%甲基硫菌灵可湿性粉剂100～200倍液或45%石硫合剂结晶30～50倍液等，杀死残余病菌，促进伤口愈合。另外，也可采用对病树根区土壤灌药的方法进行治疗，常用有效药剂有45%代森铵水剂500～600倍液、77%硫酸铜钙可湿性粉剂500～600倍液、50%克菌丹可湿性粉剂500～600倍液、70%甲基硫菌灵可湿性粉剂或500克/升悬浮剂800～1000倍液、60%铜钙·多菌灵可湿性粉剂400～600倍液等，技术关键是一定要将病树的大部分根区灌透。

圆斑根腐病　轻病树通过改良土壤即可促使树体恢复健壮，重病树需要辅助灌药治疗。治疗效果较好的药剂有：50%克菌丹可湿性粉剂500～600倍液、77%硫酸铜钙可湿性粉剂500～600倍液、60%铜钙·多菌灵可湿性粉剂500～600倍液、45%代森铵水剂500～600倍液、70%甲基硫菌灵可湿性粉剂或500克/升悬浮剂600～800倍液、50%多菌灵可湿性粉剂或500克/升悬浮剂500～600倍液等。灌药治疗时，若在药液中混加0.003%丙酰芸苔素内酯水剂2000～3000倍液，对促进根系发育效果较好。另外，灌药时尽量使药液将主要根区渗透。

根癌病　病组织人工处理后，伤口处可以涂抹石硫合剂、波尔多液、1%硫酸铜溶液、77%硫酸铜钙可湿性粉剂100～200倍液、77%氢氧化铜可湿性粉剂200～300倍液、2%石灰水溶液、2%春雷霉可湿性粉剂20～30倍液及K84等。

（4）加强栽培管理　增施有机肥、微生物肥料及农家肥，合理施用氮、磷、钾肥，科学配合中微量元素肥料，提高土壤中有机质含量，改良土壤，促进根系生长发育。深翻树盘，生草栽培或中耕除草，防止土壤板结，改善土壤不良状况。雨季及时排出果园积水，降低土壤湿度。根据土壤肥力水平及树势状况科学确定结果量，并加强造成早期落叶的病虫害防控，培育壮树，提高树体抗病能力。

（5）其他措施　发现病树后（根朽病、紫纹羽病、白纹羽病），立即挖封锁沟封闭病树（一般沟深50～60厘米、沟宽20～30厘米），防止扩散蔓延。病树治疗后，增施肥水，控制结果量，并及时换根或根部嫁接，促进树势恢复。幼树时期不宜间作或套作甘薯、花生等病菌寄主作物，以避免间作植物带菌传病及病菌在田间扩散蔓延。

二、腐烂病

症状诊断　腐烂病主要为害梨树枝干，发病后的典型症状特点为：受害部位皮层呈褐色腐烂、有酒糟味，后期病部干缩甚至龟裂、表面散生出许多小黑点，潮湿时小黑点上可溢出黄色丝状物。具体症状表现因受害部位不同而分为溃疡型和枝枯型两种。

溃疡型　多发生在主干、主枝及较大的枝上，初期病斑椭圆形、梭形或不规则形，稍隆起，红褐色至暗褐色，皮层组织松软，呈水渍状湿腐，有时可渗出红褐色汁液。在抗病品种上，病斑扩展缓慢，但面积较大，一般只为害树皮的浅层组织，很少烂至木质部，后期表面干缩龟裂，连年扩展后形成近轮纹状坏死斑，病组织较坚硬，酒糟味较淡，很难造成死枝、死树，多导致树势衰弱。在感病品种或衰弱树上，皮层全部腐烂，病组织松软，有浓烈的酒糟味，常导致病斑上部叶片变黄、变红，甚至枝干枯死。后期病斑上均可散生许多小黑点，潮湿时小黑点上均可溢出黄色丝状物，但以皮层烂透的病斑上丝状物较粗壮（彩图7-16～彩图7-20）。

彩图7-16　主干、主枝上的溃疡型腐烂病斑初期

彩图7-17　梨树主干上的多年生腐烂病斑

彩图7-18　抗病品种上后期腐　　　彩图7-19　腐烂病斑干缩后表面散生出
　　　　　烂病斑表面产生许多裂缝　　　　　　　　小黑点

　　枝枯型　多发生在衰弱树或小枝上，病斑边缘清晰或不明显，扩展迅速，很快导致枝条树皮腐烂一周，造成上部枝条枯死。病皮表面密生小黑点，潮湿时其上亦可溢出黄丝状物（彩图7-21）。

彩图7-20　潮湿时小黑点上可　　　　彩图7-21　枝枯型腐烂病导致的
　　　　　溢出黄色丝状物　　　　　　　　　　　枝条枯死

　　病原及发生特点　由梨黑腐皮壳［*Valsa ambiens*（Pers.）Fr.］引起，属于子囊菌亚门核菌纲球壳菌目；无性阶段为梨壳囊孢（*Cytospora carphosperma* Fr.），属于半知菌亚门腔孢纲球壳孢目。病菌主要以菌丝体、分生孢子器或子囊壳在枝干病斑内越冬，也可以菌丝体潜伏在伤口、翘皮层、皮下干斑内越冬。条件适宜时病斑上产生病菌孢子，通过风雨及流水进行传播，经伤口侵染为害。该病具有潜伏侵染特点，当树势衰弱或侵染点周围有死亡组织时，才容易扩展发病。腐烂病的发生有春、秋两个为害高峰。树势衰弱是导致严重发病的主要条件，一切可以造成树势衰弱的因素均可加重腐烂病的发生，特别是冻害影响最重。此外，品种间抗病性具有很大差异；在抗病品种上如果树势强壮，病斑不用治疗往往也可自愈（彩图7-22）。

防控技术　以壮树防病为核心（一切可以增强树势的措施均具有预防和控制腐烂病发生为害的作用），保护伤口与铲除树体带菌为基础，及时治疗感病品种与衰弱树上的腐烂病斑为辅助。

彩图7-22　腐烂病斑从修剪
伤口处开始发生

（1）加强果园管理　增施有机肥及生物菌肥，科学施用速效化肥及中微量元素肥料，合理灌水，合理调整结果量，促使树体健壮，提高抗病能力。合理修剪，尽量减小伤口，促进伤口愈合；较大剪锯口及时涂药保护，防止病菌侵染，有效药剂如3%甲基硫菌灵糊剂、2.12%腐植酸铜水剂等。

（2）铲除树体带菌　及时剪除病枯枝、刮除粗翘皮等，可显著降低园内病菌数量。芽萌动初期喷施铲除性药剂，铲除树体残余病菌，常用有效药剂有：氟硅唑、丁香菌酯、硫酸铜钙、代森铵、戊唑·多菌灵、铜钙·多菌灵、甲硫·戊唑醇等。若在药液中混有有机硅类等农药助剂，可显著提高杀菌效果。

（3）及时治疗病斑　较浅病斑可用划条涂药的方法进行治疗，即用刀在病斑上划条，将皮层划透，然后涂刷渗透性较强的药剂，如甲基硫菌灵糊剂、过氧乙酸水剂、腐植酸铜水剂、辛菌胺醋酸盐、甲硫·戊唑醇、戊唑·多菌灵等。烂至木质部的病斑应进行刮治，把腐烂组织彻底刮除干净后涂药保护伤口，有效药剂同上述。

（4）其他措施　冻害发生较重果区或腐烂病发生较重的果园或品种，秋后冬前树干涂白，降低昼夜温差，有条件的果园也可在冬季树干上绑缚防冻材料或树体覆盖防寒被。此外，还应注意加强造成梨树早期落叶的病虫害防控，避免出现早期落叶；梨树生长中后期适当喷施尿素及磷酸二氢钾，增强树体营养，培育壮树。

三、干腐病

症状诊断　干腐病主要为害枝干，也可为害果实。较粗大枝干受害，初期病斑为淡褐色至褐色湿润状，俗称"冒油"，稍后病斑失水、干缩凹陷，有时病部栓皮开裂、翘起，呈"油皮"状；后期病斑灰褐色，皮层纵横龟裂，皮下逐渐长出小黑点，潮湿时其上可溢出灰白色黏液。病斑形状多不规则，一般为害较浅，多造成树势衰弱。弱树及弱枝受害，病斑常将皮层烂透，病部皮层坏死、开裂甚至木质部外露，绕枝干一周后导致上部死亡。小枝受害，病斑多为黑褐色长条形，并常导致形成枝枯，枯枝上密生小黑点，潮湿时小黑点上也可溢出灰白色黏液（彩图 7-23 ～彩图 7-27）。

彩图7-23　主干上的干腐病早期病斑，栓皮翘起呈油皮状

彩图7-24　干腐病后期病斑，表面龟裂

彩图7-25　干腐病病斑表面散生小黑点

彩图7-26 严重时干腐病造成皮层 彩图7-27 小枝上的干腐病初期病斑
坏死、木质部外露

果实受害，形成果实轮纹病，症状表现与轮纹病难以区分。

病原及发生特点 由贝伦格葡萄座腔菌（*Botryosphaeria berengeriana* de Not.）引起，属于子囊菌亚门腔菌纲格孢腔菌目；无性阶段为大茎点霉（*Macrophoma* sp.），属于半知菌亚门腔孢纲球壳孢目。病菌主要以菌丝体及分生孢子器在枝干病斑及带病残体上越冬，条件适宜时产生并溢出病菌孢子，主要通过风雨传播，从伤口侵染为害。弱树、弱枝发病重，缓苗期的幼树容易受害，干旱果园及干旱季节病害较重。一切可以造成树势衰弱的因素均可导致或加重该病发生。果实受害，发生特点与轮纹病相同。

防控技术 以加强栽培管理、壮树防病为中心，结合搞好果园卫生、铲除树体带菌及病斑适当治疗。

（1）加强果园管理 增施有机肥及生物菌肥，按比例科学使用速效化肥及中微量元素肥料，合理浇水，雨季注意排水，适当控制结果量，促使树体健壮，提高树体抗病能力。梨树生长中后期适当喷施叶面肥，补充树体营养，培育壮树。

（2）铲除树体带菌 发芽前刮除枝干粗皮、翘皮，然后喷施1次铲除性药剂，杀灭树体残余菌。常用有效药剂有：氟硅唑、丁香菌酯、硫酸铜钙、代森铵、戊唑·多菌灵、铜钙·多菌灵、甲硫·戊唑醇等。若在药液中混加有机硅类等农药助剂，可增加药剂渗透性能、显著提高杀菌效果。

（3）病斑治疗 同"腐烂病"。

四、锈水病

症状诊断 锈水病主要为害梨树大的枝干，其主要症状特点是：在病树枝干上流出许多褐色锈水状液体。初期在枝干伤口处渗出锈色小水珠，但枝干外表无明显病斑；用刀削开皮层检查，病皮呈淡红色，并有红褐色小斑或丝状条纹，松软充水，有酒糟味。锈水具黏性，风干后成胶状物。重病枝组织腐烂达形成层，常迅速枯死；轻病枝腐烂组织扩展缓慢，受害枝多不枯死，树皮常干缩纵裂，树叶提早变红脱落（彩图 7-28、彩图 7-29）。

彩图7-28　锈水病主干病斑上流出许　　彩图7-29　锈水病病枝上的纵向裂缝
多汁液（酥梨）　　　　　　　　　　　（酥梨）

病原及发生特点　由欧氏杆菌（*Erwinia* sp.）引起，是一种革兰氏阴性菌。病菌潜伏在病树枝干的形成层与木质部间的病组织内越冬，第二年繁殖后于病部流出锈水（含有大量病菌），通过雨水和昆虫（黏附）传播，从伤口、气孔、皮孔等侵染为害。高温高湿是该病发生的重要条件，树势衰弱可以加重病害发生。砀山酥梨、黄梨、鸭梨最易感病。

防控技术

（1）加强果园管理　增施有机肥及微生物肥料，及时灌溉与排涝，合理修剪，科学控制结果量，改善树体营养水平，增强树势，提高树体抗病能力。及时防控蛀干害虫，减少树体伤口，减轻病菌为害。

（2）刮治枝干病斑　在冬季、早春及生长期，及时彻底刮除病皮，清除菌源，病皮带到园外销毁。然后涂药保护伤口，并连同整个枝干一起涂抹，常用有效药剂如 1%～2% 硫酸铜溶液、硫酸铜钙、波尔多液、春雷霉素、中生菌素、石硫合剂残渣等。

五、木腐病

症状诊断　木腐病又称心腐病，主要为害弱树的主干、主枝，造成树势更加衰弱，甚至叶片变色早落、枝干枯死。病树木质部腐朽，手捏易碎，负载力降低，刮大风时容易从病部折断。病树初期无明显表面症状，逐渐在受害枝干表面伤口处可长出灰白色至黄褐色的病原菌结构，如马蹄状物、馒头状物、层状物或膏药状物等，这些病原菌结构正是判断树体是否受害的重要表面特征（彩图 7-30 ～ 彩图 7-33）。

彩图7-30 木腐病导致枝干枯死　　彩图7-31 木腐病导致枝干折断

彩图7-32 病树枝干木质部腐朽　　彩图7-33 枝干表面产生的病菌结构

病原及发生特点 可由多种弱寄生性真菌引起，常见种类有：截孢层孔菌 [*Fomes truncatospora*（Lloyd）Teng]、假红绿层孔菌 [*Fomes marginatus*（Eers. ex Fr.）Gill]、李针层孔菌 [*Phellinus pomaceus*（Pers.ex Gray）Quel.]、木蹄层孔菌 [*Pyropolyporus fomentarius*（L.ex Fr.）Teng] 等，均属于担子菌亚门层菌纲非褶菌目。病菌主要以多年生菌丝体在病树上及病残体上越冬，在木质部内可以连年扩展为害。枝干表面形成的病菌结构上产生的病菌孢子通过气流或风雨传播，从伤口侵染为害。长期不能愈合的锯口最适宜病菌侵染。树势衰弱、机械伤口多且不易愈合是诱使该病发生较重的主要因素，老龄树、衰弱树、破肚树受害较重。

防控技术　加强栽培管理、壮树防病是有效防控木腐病的技术关键。

采用科学修剪技术，削光锯口，促进伤口愈合；不易愈合的伤口及时涂药保护，防止病菌侵染，有效药剂如甲基硫菌灵、腐植酸铜水剂、石硫合剂及伤口保鲜膜等。及时刮除病树表面的病菌结构，集中烧毁，并及时清除病死树及病死枝干。冬前树干涂白，防止日烧和冻害，避免造成伤口。结合腐烂病等其他枝干病害的春季药剂清园，铲除园内病菌。合理控制挂果量，科学施肥灌水，生长中后期适当增加叶面喷肥，补充树体营养，培育树体健壮。

六、黑星病

症状诊断　黑星病主要为害叶片、果实和新梢，有时也可为害叶柄、果柄等，发病后的主要症状特点是在病斑表面产生墨绿色至黑色霉状物。

叶片发病，多数先在叶片背面产生墨绿色至黑色星芒状霉状物，正面相对应处为边缘不明显的淡黄绿色病斑；严重时，霉状物可布满叶片大部，叶正面则呈花叶状。有时霉状物也可在叶正面产生。后期病斑变褐枯死，严重时导致叶片早期脱落。叶柄受害，形成黑色椭圆形或长条形病斑，稍凹陷，并产生黑色霉层，易造成叶片变色、脱落。严重时，叶片干枯，造成早期落叶（彩图 7-34～彩图 7-40）。

彩图7-34　叶片背面的星芒状
黑色霉状物

彩图7-35　叶片正面的花叶状黑
星病斑

彩图7-36　叶片正面的星状黑霉

彩图7-37　黑星病病斑开始枯死　　　彩图7-38　叶柄上感染的黑星病病斑

彩图7-39　叶柄黑星病导致　　　　　彩图7-40　黑星病严重时造成
　　　　　叶片变红　　　　　　　　　　　　　　早期落叶

　　幼果受害，多在果柄基部或果面上形成较大病斑，初为淡黄色至淡褐色近圆形斑点，后表面逐渐产生墨绿色至黑色霉层，甚至霉状物布满整个果面，后期易导致幼果早期脱落。幼果果柄也可受害，症状表现与叶柄上相似。膨大期果实受害，多数形成圆形或近圆形黑色病斑；较早发病者，病斑凹陷、开裂，病果畸形、易早期脱落；较晚发病者，病斑稍凹陷，可产生浓密霉状物，有时病斑外围具有明显黄晕。气候干燥时，病斑表面很少产生霉层，表现为"青疔"状；环境潮湿时，霉状物上有时可腐生"红粉菌"。病斑用药物控制住后，表面产生木栓化组织，随果实膨大木栓组织龟裂翘起，似"荞麦皮"状。近成熟期至贮运期发病的果实，果面先产生较大黄斑，后黄斑表面逐渐产生稀疏黑霉，表面平或稍凹陷或凹陷不明显；套袋果有时也受害，但病果在袋内产生的霉状物有时为浓密的灰色（彩图7-41～彩图7-48）。

彩图7-41　幼果上的黑星病病斑　　彩图7-42　黑星病病斑表面产生的黑霉

彩图7-43　早期受害病果，后期病斑
凹陷

彩图7-44　黑星病霉层表面后期腐
生有淡粉红色霉状物

彩图7-45　黑星病果实病斑控制住后
成疮痂状

彩图7-46　套袋鸭梨上的黑星病初期
病斑

彩图7-47　套袋鸭梨上的黑星病斑表　彩图7-48　雪花梨的黑星病病健果比较
面开始产生黑色霉状物

　　新梢发病，均为病芽萌发形成，其
主要特点是从下至上逐渐产生黑色霉
层，并可扩展到叶柄甚至叶片基部，严
重时，整个新梢布满黑霉；后期病梢叶
片逐渐变红、变黄、干枯、脱落，最后
只剩下一个"黑橛"。芽受害，顶芽、侧
芽均可发生，严重病芽枯死，轻病芽萌
发形成病梢，有时一个枝条上可形成多
个病梢（彩图 7-49 ～彩图 7-53）。

彩图7-49　顶芽病梢发病初期

彩图7-50　侧芽病梢发病初期

彩图7-51　侧芽病梢的叶柄表面
布满黑色霉层

彩图7-52　病梢上的黑色霉层扩展到　　彩图7-53　发病的顶芽、侧芽表面布
　　　　　叶片基部　　　　　　　　　　　　　　满黑色霉层

病原及发生特点　由梨黑星菌（*Venturia pirina* Aderh.）引起，属于子囊菌亚门腔菌纲格孢腔菌目；无形阶段为梨黑星孢［*Fusicladium pirinum*（Lib.）Fuckel］，属于半知菌亚门丝孢纲丛梗孢目。

黑星病菌的越冬方式有三种：一是以菌丝体在病芽内越冬，第二年病芽萌发形成病梢，产生大量分生孢子成为初侵染来源，病梢形成后一般可连续产孢38～57天；二是以菌丝体和未成熟的子囊壳在病落叶上越冬，翌年春天子囊壳成熟，释放出子囊孢子成为初侵染来源；三是以分生孢子在病落叶上越冬，翌年直接成为初侵染来源。三种越冬方式不同地区、不同年份其重要性不同。许多梨区都能以菌丝体在病芽内越冬，是重要的越冬方式和初侵染来源；冬季多雨雪、湿度大的较温暖梨区或年份，落叶上形成的子囊孢子非常重要，是小幼果受害的重要初侵染来源；冬季干燥较冷的梨区或年份，落叶上的分生孢子也可越冬，直接成为一种初侵染来源，落叶上的分生孢子一般可存活4～7个月。

病梢上产生的分生孢子、越冬成活的分生孢子及生长期产生的分生孢子，均主要借助风雨传播进行侵染为害；越冬后产生的子囊孢子，主要借助气流传播进行侵染为害。病菌传播后，在叶片上主要从气孔侵入，也可直接侵入；在果实上主要从皮孔侵入，也可直接侵入。幼叶、幼果受害后，经过12～29天的潜育期逐渐发病，并产生分生孢子通过风雨传播在果园内扩散蔓延，进行再侵染。幼叶、幼果受害后产生的分生孢子是后期病害发生的主要菌源。黑星病在田间有多次再侵染，流行性很强，防控不当极易造成严重损失。叶片受害以幼嫩叶片受侵染为主，展叶一个月后基本不再受害；果实整个生长期均可受害，但果实越接近成熟越易受侵染发病。

在不考虑越冬菌源的前提下，黑星病的发生轻重与降雨多少关系非常密切，尤其是幼果期的降雨。雨日多，病害发生则重。该病在田间有两个发生高峰，一是落花后至果实膨大初期，二是采收前1～1.5个月。前期是病梢出现及病菌为害幼叶幼果，使幼叶幼果发病并在幼叶幼果上积累菌量的时期，该期内病梢出现得多少、幼叶幼果发病率的高低是决定当年黑星病发生轻重的主要因素之一。后期果实越接近成熟受害越重，是病菌严重为害果实的时期，不套袋果实病害发生特别重；果袋抗老化能力差时，后期多雨潮湿也可导致套袋果近成熟期较重受害。

防控技术 以搞好果园卫生、消灭越冬菌源、减少果园内病菌数量为基础，及时使用科学药剂防控为重点，适当果实套袋为辅助。

（1）搞好果园卫生 主要应抓住三个环节。①落叶后至发芽前彻底清除树上、树下的落叶，集中深埋或烧毁；并于发芽前翻耕树盘，促进残余病菌死亡。②萌芽后开花前（花序呈铃铛球期）喷洒 1 次内吸治疗性药剂，杀死芽内病菌，降低病梢形成数量；常用有效药剂如：苯醚甲环唑、腈菌唑、烯唑醇、氟硅唑、戊唑醇及 5% ～ 10% 硫酸铵溶液。③在病梢形成期内，7 天左右巡回检查 1 次，发现病梢，立即摘除烧毁或深埋。

（2）生长期喷药防控 及时喷药和选用有效药剂是保证防控效果的关键。不同果园、不同年份喷药时期及次数不同，但总体而言应贯彻"抓两头"的原则，即落花后至果实膨大初期（麦收前）和采收前 1.5 个月。落花后至果实膨大初期的防控目的是控制初侵染，即控制幼叶、幼果发病，一般需喷药 3 ～ 4 次；采收前 1.5 个月主要是防止果实受害，一般应喷药 3 次左右，不套袋果采收前 7 ～ 10 天必须喷药 1 次，以保护果实。此外，两段时期中间还需喷药 1 ～ 2 次。具体喷药时间及次数根据降雨情况灵活掌握，雨多多喷，雨少少喷，并坚持内吸治疗性杀菌剂与保护性杀菌剂交替使用或混用。

效果较好的内吸治疗性药剂有：苯醚甲环唑、腈菌唑、烯唑醇、戊唑醇、己唑醇、氟硅唑、苯甲·氟酰胺、戊唑·多菌灵、苯醚·戊唑醇、甲硫·戊唑醇、甲硫·氟硅唑等；效果较好的保护性杀菌剂有：代森锰锌（全络合态）、克菌丹、代森联、吡唑醚菌酯、硫酸铜钙（幼果期不宜使用）、波尔多液（幼果期和采收前不宜使用）、噁酮·锰锌、唑醚·代森联等。幼果期或套袋前必须选用安全性药剂，不能选用铜制剂，以保证果面光洁，避免造成果实药害。

（3）果实套袋 果实套袋既可提高果品质量，还可防止套袋后病菌侵害果实，进而减少中后期喷药次数。但要选用抗老化能力强的优质果袋。

七、黑斑病

症状诊断 黑斑病主要为害叶片，有些品种上也可为害果实。叶片发病，初为黑色小斑点，稍后发展为黑色圆形病斑，病斑颜色较均匀；中期病斑圆形或近圆形，中部褐色，边缘黑褐色至黑色；后期病斑较大，近圆形或不规则形，中部灰白色，边缘黑褐色，有时病斑颜色呈深浅轮纹状。湿度大时，病斑表面可产生墨绿色至黑色霉状物，尤以叶背面较多。病斑多时，后期常联合成不规则形，且叶片凹凸不平甚至破碎。严重时，造成早期落叶（彩图 7-54 ～彩图 7-57）。

彩图7-54　黑斑病发生初期叶面症状　　彩图7-55　黑斑病的叶背症状

彩图7-56　黑斑病病斑表面后期产生　　彩图7-57　病斑多时，叶片稍显凹凸
　　　　　黑霉状物　　　　　　　　　　　　　　　不平

幼果受害，主要发生在日、韩梨系统品种上。初期在果面上产生小黑点，随果实生长，病斑不断扩大，后期病果畸形、龟裂，裂缝可深达果心，且多早期脱落。近成熟果受害，形成黑褐色至黑色凹陷病斑，圆形或近圆形，有时病斑表面可产生黑色霉状物（彩图7-58、彩图7-59）。

彩图7-58　黑斑病在幼果上的为　　彩图7-59　黑斑病为害近成熟果的症
　　　　　害症状　　　　　　　　　　　　　　状（苹果梨）

病原及发生特点　由菊池交链孢（*Alternaria kikuchiana* Tanaka）引起，属于半知菌亚门丝孢纲丝孢目。病菌主要以菌丝体及分生孢子在病叶上越冬，也可在病果上越冬，翌年梨树生长季节产生孢子，通过风雨传播，从气孔、皮孔或直接侵染为害。在近成熟果上主要通过伤口侵染。该病潜育期短，在田间可引起多次再侵染，多雨年份常导致大批叶片干枯甚至早期脱落。高温、高湿有利于病害发生；地势低洼、通风不良、肥料不足、树势衰弱等不利因素均可加重该病的发生为害。品种间抗病性差异较显著，日、韩梨品种最易感病，西洋梨次之，中国梨较抗病。在中国梨系统中，雪花梨发病最重，砀山酥梨也较感病，鸭梨比较抗病。

防控技术　以加强栽培管理、壮树防病为基础，搞好果园卫生、减少越冬菌源和生长期及时喷药防控为重点。

（1）加强果园管理　增施有机肥及微生物菌肥，按比例科学使用速效化肥及中微量元素肥料，促使树体生长健壮，提高树体抗病能力。地势低洼、排水不良的果园，雨季注意排水。合理修剪，促使果园通风透光，降低环境湿度。日、韩梨品种实施果实套袋，避免果实受害。

（2）搞好果园卫生，减少越冬菌源　落叶后至萌芽前，彻底清除果园内的落叶、落果，集中深埋或烧毁。萌芽前，全园淋洗式喷施1次氟硅唑或硫酸铜钙或代森铵或戊唑·多菌灵或铜钙·多菌灵或甲硫·戊唑醇等药剂，铲除树体上及果园内的越冬病菌。

（3）生长期喷药防控　一般果园在初见病叶或雨季到来前开始喷药，10～15天1次，需喷药3～5次。雨季及时喷药是该病药剂防控的关键。效果较好的有效药剂有：多抗霉素、代森锰锌（全络合态）、异菌脲、克菌丹、吡唑醚菌酯、苯醚甲环唑、戊唑醇及苯甲·吡唑酯、唑醚·戊唑醇、戊唑·多菌灵、甲硫·戊唑醇、噁酮·锰锌等。生长后期或套袋后，也可选用普通代森锰锌，但应缩短喷药间隔期，并避开高温季节喷施，以免发生药害。

八、轮纹叶斑病

症状诊断　轮纹叶斑病主要为害叶片，多发生在生长中后期。初期形成近圆形黑褐色病斑，扩展后为淡褐色至褐色，中部色淡、边缘色深，外围有深褐色边缘，有时具不明显轮纹。病斑较大，直径多在1厘米以上。潮湿环境下，病斑背面可产生黑色霉状物。后期，病斑表面还可次生长出具长柄的微型蘑菇状物（彩图7-60～彩图7-63）。

轮纹叶斑病与黑斑病相似，发病初期较难区分，但该病发生时期较晚，发病后扩展较快，病斑扩大后叶正面比黑斑病颜色较淡，且病斑较大，直径多在1厘米以上。

彩图7-60 轮纹叶斑病中期症状　　彩图7-61 轮纹叶斑病后期症状

彩图7-62 轮纹叶斑病后期叶背症状　彩图7-63 轮纹叶斑病后期病斑表面
　　　　　　　　　　　　　　　　　次生出微型蘑菇状物

病原及发生特点　由苹果链格孢（*Alternaria mali* Roberts）引起，属于半知菌亚门丝孢纲丝孢目，是一种弱寄生型真菌。病菌主要以菌丝体和分生孢子在病叶上越冬，病菌孢子通过风雨传播侵染为害，以生长中后期为害老叶片为主。生长势衰弱、树冠茂密、结果量大、地势低洼、多雨潮湿等均有利于该病的发生为害。

防控技术

（1）加强果园管理　发芽前彻底清扫落叶，集中深埋或烧毁。增施肥水，合理控制结果量，培强树势，壮树防病。生长中后期适当增加叶面喷肥，补充树体营养，促使叶片健壮。

（2）适当喷药防控　该病一般不需单独药剂防控，个别受害严重果园在病害发生初期喷药1～2次即可。效果较好的有效药剂如：多抗霉素、代森锰锌、异菌脲、克菌丹、吡唑醚菌酯、苯醚甲环唑、戊唑醇、苯甲·吡唑酯、唑醚·戊唑醇、戊唑·多菌灵、甲硫·戊唑醇、噁酮·锰锌等。

九、锈病

症状诊断　锈病又称赤星病，是一种转主寄生性病害。在梨树上主要为害叶片，也可为害果实、叶柄、果柄、嫩枝等幼嫩组织。发病后的主要症状特点是：病部橙黄色，组织肥厚肿胀，先产生黄点渐变黑色，后期长出黄白色长毛状物。

叶片受害，先在叶正面产生有光泽的橙黄色斑点，逐渐扩大成近圆形橙黄色肿胀病斑，外围有一黄绿色晕圈，随后病斑表面密生出许多橙黄色小点，小点渐变黑色；同时，病组织逐渐增生肥厚，叶背面隆起，后期从隆起上产生许多初期灰黄色渐变灰白色的毛管状物。严重时，叶片上生有许多病斑，后期常造成叶片扭曲、畸形，甚至枯死脱落。叶柄受害，症状表现与叶片上相似，只是病斑呈纺锤形肿起，后期毛状物在小黑点周围产生（彩图 7-64～彩图 7-68）。

彩图7-64　锈病病叶正面散生许多橙黄色斑点

彩图7-65　锈病病叶正面的黄褐色小点变成黑褐色

彩图7-66　叶片背面的毛管状物细长，呈"羊胡子"状

彩图7-67　锈病在叶柄上的中早期症状

彩图7-68　叶柄病斑上开始产生毛管状物

果实发病，症状特点与叶片上类似，只是后期在病斑周围丛生出灰白色毛管状物。果柄、嫩枝受害，症状表现与叶柄上相同（彩图7-69、彩图7-70）。

彩图7-69　果实受害的后期症状　　彩图7-70　锈病在嫩枝上的中早期症状

　　在桧柏等转主寄主上，主要为害小枝，发病后形成灰褐色至褐色近球形肿瘤；翌年春季，肿瘤继续膨大，表皮破裂，长出圆锥形或楔形或条形的红褐色隆起角状物（冬孢子角）。春雨后角状物吸水膨胀，形成橙黄色至黄褐色舌状胶质块，干缩后表面皱缩成污胶物（彩图7-71、彩图7-72）。

彩图7-71　病菌在转主寄主桧柏上的为　彩图7-72　病菌在桧柏上的冬孢子角
　　　　　　害状　　　　　　　　　　　　　　　　萌发状

　　病原及发生特点　　由梨胶锈菌（*Gymnosporangium haraeanum* Syd.）引起，属于担子菌亚门冬孢菌纲锈菌目。病菌以菌丝体或冬孢子角在其转主寄主桧柏上越冬，梨树发芽前后遇雨时越冬病菌吸水膨胀产生（担）孢子，通过气流传播到梨树的幼嫩组织上，从气孔或直接侵染为害。梨树发病后产生的病菌（锈）孢子只能侵染其转主寄主桧柏等，故锈病在一年中只能发生一次。锈病能否发生，取决于梨园周围有无桧柏；发生轻重与春季降雨关系密切。桧柏对梨树的有效影响距离一般为 2.5～5 千米，最远不超过 10 千米，距离越近影响越大。在有转主寄主的前提下，春季多雨潮湿病重，天气干燥病轻。

防控技术

（1）控制和消灭越冬菌源　彻底砍除梨园周围 5 千米以内的桧柏等转主寄主，基本可避免锈病发生。不能砍除桧柏时，可在春雨前修剪桧柏，剪除越冬病菌，集中销毁；或在梨树发芽时给桧柏等转主寄主喷药，杀灭越冬病菌，有效药剂如石硫合剂、波尔多液、硫酸铜钙、腈菌唑、戊唑醇等。

（2）喷药保护梨树　往年锈病发生较重梨园，在梨树发芽后开花前和落花后各喷药 1 次，即可有效控制锈病的发生为害。常用有效药剂有：苯醚甲环唑、腈菌唑、戊唑醇、烯唑醇、己唑醇、甲基硫菌灵、代森锰锌（全络合态）、戊唑·多菌灵、甲硫·戊唑醇、唑醚·戊唑醇、苯醚·戊唑醇等。

（3）喷药保护转主寄主　在梨树叶片背面长出长毛状物后，于桧柏上喷药 1～2 次保护转主寄主，有效药剂同梨树生长期用药。

（4）其他措施　尽量不要在风景绿化区内栽植梨树，也不要在梨主产区内种植桧柏等锈病的转主寄主植物，更不能在梨园周边繁育桧柏等锈病转主寄主植物的绿化苗木。

十、白粉病

症状诊断　白粉病主要为害成熟叶片，发病后的主要症状特点是在叶片背面产生一层白粉状物。发病初期，首先在叶片背面产生圆形或不规则形的白色粉斑，随病情发展，粉斑数量不断增多，并逐渐扩展到叶背的大部，使叶片背面布满白粉状物。从中后期开始，在白粉状物上渐渐散生出初期黄色，渐变褐色，最后成黑色的小颗粒。严重时，叶片正面变黄绿色至黄色，甚至形成早期落叶（彩图 7-73～彩图 7-76）。

彩图7-73　发病初期，叶片背面产生　彩图7-74　病害较重时，叶背白色粉斑
　　　　　　白色粉斑　　　　　　　　　　　　　　　连片

彩图7-75　中期，白粉斑上开始产生　彩图7-76　后期，叶背布满褐色至黑
　　　　　黄色颗粒状物　　　　　　　　　　　色颗粒状物

病原及发生特点　由梨球针壳 [*Phyllactinia pyri*（Cast.）Homma] 引起，属于子囊菌亚门核菌纲白粉菌目；无性阶段为拟小卵孢（*Ovulariopsis* sp.），属于半知菌亚门丝孢纲丝孢目。病菌主要以闭囊壳在落叶上和枝干表面越冬，第二年夏季散出病菌孢子，通过气流或风雨传播，从叶背气孔侵染叶片为害。初侵染发病后产生的病菌孢子经气流传播后进行再侵染，导致病害不断扩散蔓延。白粉病多在雨季开始发生，多雨潮湿季节为发生盛期。果园郁闭、通风透光不良、地势低洼、排水不及时、偏施氮肥等均可加重该病发生。

防控技术

（1）加强果园栽培管理　合理施肥，及时排水，科学修剪，使果园通风透光良好，降低环境湿度，创造不利于病害发生的生态条件。发芽前彻底清扫落叶，集中深埋或烧毁。

（2）萌芽期喷药　结合春季清园，在芽萌动初期喷施 1 次 3～5 波美度石硫合剂或石硫合剂结晶（粉），杀灭树上越冬病菌。

（3）生长期药剂防控　从病害发生初期开始喷药，10 天左右 1 次，连喷 2～3 次，重点喷洒叶片背面。常用有效药剂有：戊唑醇、苯醚甲环唑、腈菌唑、氟菌唑、氟硅唑、烯唑醇、己唑醇、醚菌酯、三唑酮、甲基硫菌灵、苯甲·氟酰胺、苯醚·戊唑醇、戊唑·醚菌酯、戊唑·多菌灵、甲硫·戊唑醇、克菌丹、硫黄等。

十一、褐斑病

症状诊断　褐斑病又称白星病，只为害叶片。初期形成圆形或近圆形褐色病斑，扩展后为中部灰白色、边缘褐色，病斑较小。后期，病斑表面可散生小黑点。受害严重叶片，其上散布数十个病斑，且常相互愈合成不规则形褐色大斑，有时病斑穿孔。严重时，病叶早期脱落（彩图 7-77～彩图 7-80）。

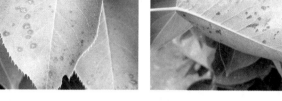

彩图7-77　褐斑病发生初期　　彩图7-78　褐斑病发生中期的叶背症状

彩图7-79　褐斑病发生后期　　彩图7-80　严重时褐斑病导致叶片早期脱落

病原及发生特点　由梨球腔菌［*Mycosphaerella sentina*（Fr.）Schröt.］引起，属于子囊菌亚门腔菌纲座囊菌目；无性阶段为梨生壳针孢（*Septoria piricola* Desm.），属于半知菌亚门腔孢纲球壳孢目。病菌主要以分生孢子器和子囊座（壳）在病落叶上越冬，次年产生孢子借风雨传播到叶片上侵染为害。初侵染发病后产生的病菌孢子随风雨传播进行再侵染，陆续导致叶片发病。雨水早、湿度大时发病较重，树势衰弱、排水不良的果园发病较多。

防控技术

（1）加强果园栽培管理　增施有机肥及生物菌肥，合理控制结果量，促进树势健壮；雨后及时排水，降低园内湿度。发芽前彻底清扫落叶，集中深埋或烧毁。

（2）生长期适当喷药防控　该病一般不需单独进行喷药，个别往年发病严重果园，从发病初期开始喷药，10～15天1次，连喷1～2次即可。效果较好的有效药剂如：苯醚甲环唑、戊唑醇、腈菌唑、甲基硫菌灵、多菌灵、吡唑醚菌酯、代森锰锌、克菌丹、硫酸铜钙、戊唑·多菌灵、甲硫·戊唑醇、苯甲·锰锌、苯醚·甲硫、唑醚·戊唑醇、乙铝·多菌灵、噁酮·锰锌等。

十二、灰斑病

症状诊断 灰斑病主要为害叶片，多发生在生长中后期。病斑初期近圆形、灰褐色，扩展后为圆形或不规则形，灰白色，直径一般为 2 ～ 4 毫米；病健交界处有一微隆起的褐色线纹。后期，病斑表面常散生出许多小黑点（彩图 7-81、彩图 7-82）。

彩图7-81　灰斑病叶片正面病斑　　彩图7-82　病斑表面散生出多个小黑点

灰斑病与褐斑病相似，但褐斑病褐色边缘明显，且中部颜色较深，呈灰褐色；而灰斑病褐色边缘线纹不明显，且病斑颜色较浅，呈灰白色。

病原及发生特点 由梨叶点霉（*Phyllosticta pirina* Sacc.）引起，属于半知菌亚门腔孢纲球壳孢目。病菌主要以菌丝体或分生孢子器在病落叶上越冬，翌年条件适宜时释放出分生孢子，通过风雨传播进行侵染为害。该病多为零星发生，很少造成叶片脱落。树势衰弱、枝叶郁闭、阴雨潮湿有利于病害发生。

防控技术

（1）加强果园管理　增施有机肥及微生物菌肥，按比例科学使用速效化肥，合理控制结果量，培强树势，提高树体抗病能力。合理修剪，使树体通风透光，雨季注意排水，降低环境湿度。落叶后至发芽前，彻底清扫落叶，集中深埋或烧毁，消灭病菌越冬场所。

（2）生长期适当喷药防控　该病多为零星发生，一般不需单独进行喷药。个别往年病害严重果园，在 7 ～ 8 月份或病害发生初期喷药防控 1 ～ 2 次即可。效果较好的有效药剂如：苯醚甲环唑、戊唑醇、腈菌唑、甲基硫菌灵、多菌灵、吡唑醚菌酯、代森锰锌、克菌丹、硫酸铜钙、戊唑·多菌灵、甲硫·戊唑醇、苯甲·锰锌、苯醚·甲硫、唑醚·戊唑醇、噁酮·锰锌等。

十三、叶炭疽病

症状诊断 叶炭疽病主要为害叶片，严重时也可为害叶柄。叶片受害，初期在叶面上产生褐色至红褐色圆形小斑点，逐渐扩大后成褐色至灰褐色，圆形或近圆形，常有同心轮纹；叶背颜色较深。有时主脉及其附近病斑较多，严重时多个病斑相互愈合成不规则形褐色斑块。湿度大时，病斑上可形成许多淡红色小点，后变为黑色。叶柄受害，形成长椭圆形或长条形病斑，褐色至黑褐色，稍凹陷，易导致叶片脱落（彩图7-83～彩图7-85）。

彩图7-83　叶炭疽病典型病斑

病原及发生特点　由胶孢炭疽菌［*Colletotrichum gloeosporioides*（Penz.）Sacc.］引起，属于半知菌亚门腔孢纲黑盘孢目。病菌主要以菌丝体和分生孢子盘在落叶上越冬，翌年产生病菌孢子，通过风雨传播进行侵染为害，田间有多次再侵染。生长中后期发生较多。树势衰弱、枝叶茂密、结果量大、地势低洼、阴雨潮湿等均有利于该病的发生为害。

彩图7-84　主脉及其附近的叶炭疽病病斑

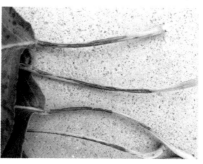

彩图7-85　叶炭疽病在叶柄上的病斑呈长条形

防控技术

（1）加强果园管理　发芽前彻底清扫落叶，集中深埋或烧毁。增施肥水，合理控制结果量，促使树体生长健壮，提高抗病能力。合理修剪，使果园通风透光，雨季注意排水，降低环境湿度。结合果园喷药，中后期注意补充叶面营养，促使叶片健壮。

（2）生长期喷药防控　一般果园不需单独喷药防控，个别受害严重果园从病害发生初期开始喷药，10～15天1次，连喷2次左右即可。效果较好的药剂有：苯醚甲环唑、溴菌腈、咪鲜胺、咪鲜胺锰盐、戊唑醇、腈菌唑、吡唑醚菌酯、甲基硫菌灵、多菌灵、代森锰锌、克菌丹、硫酸铜钙、苯甲·锰锌、戊唑·多菌灵、甲硫·戊唑醇、波尔多液等。

十四、花腐病

彩图7-86 花腐病导致花序枯死

症状诊断 花腐病是一种零星发生病害，在南方梨区较为常见，梨树开花前后多雨潮湿果园发生较多。该病主要为害花器，多从花柄处开始发生，形成淡褐色至褐色坏死病斑，导致花及花序呈黄褐色枯萎。花柄受害后花朵萎蔫下垂，后期病组织表面可产生灰白色霉层。严重时整个花序及果台叶全部枯萎，并向下蔓延至果台上，形成褐色坏死斑（彩图7-86）。

病原及发生特点 由链核盘菌（*Monilinia* sp.）引起，属于子囊菌亚门盘菌纲柔膜菌目；无性阶段为丛梗孢霉（*Monilia* sp.），属于半知菌亚门丝孢纲丝孢目。病菌主要以菌丝体在病残组织上越冬，翌年形成菌核产生并释放出病菌孢子，通过气流传播，进行侵染为害。梨树萌芽开花期多雨低温是花腐病发生的主要条件；花期若遇低温多雨，开花期延长，病害发生较重。

防控技术

（1）搞好果园卫生 落叶后至萌芽前，彻底清除枯枝落叶，集中深埋或烧毁。往年病害发生较重果园，在梨树萌芽期地面喷洒1次嘧霉胺或腐霉利或硫酸铜钙或戊唑·多菌灵或甲硫·戊唑醇等，防止越冬病菌产生孢子。落花后结合疏果，及时剪除病残花序，集中深埋处理。

（2）生长期适当喷药防控 往年花腐病发生较重果园，在花序分离期和盛花末期各喷药1次，即可有效控制该病的发生为害。常用有效药剂有：异菌脲、腐霉利、嘧霉胺、啶酰菌胺、嘧菌环胺、苯醚甲环唑、甲基硫菌灵、吡唑醚菌酯、乙霉·多菌灵、戊唑·多菌灵、甲硫·戊唑醇等。

十五、霉心病

症状诊断 霉心病只为害果实，其主要症状特点是：从心室或心室周围的果肉向外逐渐腐烂。该病多在采收后的贮运期表现症状，严重时采收前也可发病。初期先在果实心室壁上产生褐色至黑褐色小斑，后逐渐从心室壁向外扩展，形成淡褐色至黑褐色的果肉腐烂，严重时腐烂组织扩展到果面，在果面上出现病斑。病果心室内可产生白色或粉红色或灰色或褐色或黑色的霉状物（彩图7-87、彩图7-88）。

病原及发生特点 可由多种弱寄生性真菌引起，常见种类有：粉红聚端孢霉［*Trichothecium roseum*（Pers.）Link］、交链孢霉［*Alternaria alternata*（Fr.）Keissler.］、串珠镰孢（*Fusarium moniliforme* Sheld.）等，均属于半知菌亚门丝孢纲。这些病菌在果园中普遍存在，没有固定越冬场所。病菌孢子借助气流传播，从柱头开始侵染，通过萼筒侵入果实心室，而后在果实近成熟期后逐渐开始蔓延并导致发病。花期阴雨潮湿是该病发生较重的主要因素。

 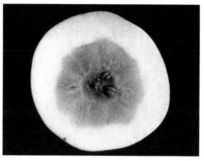

彩图7-87　心室外的果肉呈黑褐色　　彩图7-88　果心周围的果肉呈淡褐色
　　　　　　腐烂　　　　　　　　　　　　　　　　腐烂

防控技术　病害发生较重果园，以药剂防控为基础，适当低温贮运为辅助。

（1）药剂防控　该病一般发生较轻，不需单独药剂防控，但往年病果率较高的果园应酌情喷药预防，在盛花至盛花末期喷药1次即可（于晴朗无风天气选用安全有效药剂）。效果较好的安全药剂如：多抗霉素、戊唑·多菌灵、甲硫·戊唑醇、甲基硫菌灵+代森锰锌（全络合态）、甲基硫菌灵+克菌丹等。

（2）适当低温贮运　采收后尽量采用低温贮藏或运输，能够抑制病菌生长蔓延，在一定程度上控制果实发病。

十六、轮纹病

症状诊断　轮纹病又称粗皮病，主要为害果实与枝干。果实受害，又称果实轮纹病，多在采收前、后发病。病斑以皮孔为中心，先形成近圆形水渍状褐色小斑点；扩大后，病斑表面多呈同心轮纹状，有时轮纹不明显；病组织呈淡褐色软腐，并可直达果心；后期，病斑表面可散生出小黑点。不同品种果实症状表现稍有差异。严重时，一个果实上可形成多个病斑。套袋果受害，病斑表面有时可产生灰白色菌丝层（彩图7-89～彩图7-94）。

彩图7-89　轮纹病发病初期（多病斑）　彩图7-90　轮纹病的典型病果（鸭梨）

彩图7-91　酥梨的典型轮纹病病果　彩图7-92　有时轮纹病病斑表面没有
明显轮纹

彩图7-93　酥梨近成熟期病果，
多个病斑　彩图7-94　套袋鸭梨轮纹病的病斑
表面产生灰白色霉层

枝干受害，初期皮孔膨大呈瘤状突起，随病斑扩大，突起周围逐渐形成近圆形坏死斑；而后，坏死斑中部凹陷，边缘开裂翘起呈马鞍状；在衰弱树或衰弱枝上，病斑突起不明显，但扩展面积较大。第二年，病斑继续向外扩展，形成边缘开裂翘起的环状坏死斑……病斑如此连年扩展，则形成以皮孔为中心的轮纹状病斑，病斑连片导致树皮粗糙。病斑的二年生以上坏死组织上逐渐散生小黑点，潮湿时小黑点上可溢出灰白色黏液。病斑一般较浅，对枝干为害程度较轻；但在弱树或弱枝上，病斑常深入皮层内部，造成树势严重衰弱，甚至枝干死亡（彩图7-95～彩图7-97）。

彩图7-95　枝干上的一年生轮纹病病斑

病原及发生特点　由贝伦格葡萄座腔菌（*Botryosphaeria berengeriana* de Not.）引起，属于子囊菌亚门核菌纲球壳菌目；自然界常见其无性阶段，为轮纹大茎点霉（*Macrophoma kuwatsukai* Hara），属于半知菌亚门腔孢纲球壳孢目。病菌主要以菌丝体和分生孢子器在枝干病斑上越冬，在病组织中可存活4～5年。第二年多雨潮湿环境下，小黑点上溢出病菌孢子，通过雨水飞溅或流淌进行传播，从皮孔侵入枝干及果实。病菌侵染枝干，整个生长季节均可发生，但以7～8月份的雨季侵染较多；枝干发病后，当年一般不产生病菌孢子，所以该病没有再侵染，但初侵染期很长。果实受害，多从落花后10天左右开始，到皮孔封闭后结束；若皮孔封闭后遇暴风雨造成果实大量伤口，病菌还可从伤口侵染为害。病菌在果实上具有潜伏侵染特性，到果实近成熟期才逐渐发病，采收前、后为发病盛期。

彩图7-96　枝干轮纹病的多病斑症状

轮纹病的发生轻重与生长期降雨情况关系密切，一般每次降雨后均会形成一个病菌侵染高峰。降雨早、次数多、雨量大病害发生重，

彩图7-97　枝干轮纹病病斑表面散生出许多小黑点

反之则轻。干腐病菌也是果实轮纹病的重要菌源。树势衰弱枝干受害较重、果园内枯死枝及周围防护林上的枯死枝较多，果实轮纹病一般发生较重。

防控技术 以搞好果园卫生、消灭越冬菌源为基础，及时喷药保护果实为重点，加强栽培管理、壮树防病、适时果实套袋为辅助。

（1）加强果园管理 增施有机肥及生物菌肥，科学使用速效化肥及中微量元素肥料，培强树势，提高树体抗病能力。发芽前刮除枝干轮纹病斑及干腐病斑的变色组织，并集中销毁，减少越冬菌源。刮病斑后全园喷施1次铲除性药剂清园，杀死枝干残余病菌，铲除效果较好的药剂有：代森铵、硫酸铜钙、氟硅唑、戊唑·多菌灵、铜钙·多菌灵、甲硫·戊唑醇等，喷药时若在药液中混加有机硅类或石蜡油类农药助剂，可显著提高铲除效果。枝干轮纹病严重果园，也可刮病斑后枝干涂抹铲除性药剂，如甲基硫菌灵膏剂、甲基硫菌灵油膏［70%甲基硫菌灵可湿性粉剂:植物油=1∶（20～25）］、腐植酸铜、戊唑·多菌灵、甲硫·戊唑醇等。

（2）生长期喷药保护果实 从落花后7～10天开始喷药，10～15天1次，直到果实皮孔封闭后结束或果实套袋后结束。具体喷药时间、次数应根据降雨情况决定，雨多多喷，雨少少喷，无雨不喷，并尽量在雨前喷药（选用耐雨水冲刷药剂）。常用有效药剂有：甲基硫菌灵、多菌灵、苯醚甲环唑、戊唑醇、腈菌唑、三乙膦酸铝、吡唑醚菌酯、代森锰锌（全络合态）、丙森锌、代森联、克菌丹、戊唑·多菌灵、甲硫·戊唑醇、苯甲·锰锌、噁酮·锰锌、多·锰锌、锰锌·腈菌唑、苯醚·甲硫、唑醚·代森联、唑醚·戊唑醇等。

（3）果实套袋 果实套袋既可减少喷药次数，还可提高果品外观质量。多在落花后1～1.5个月内进行。

十七、炭疽病

症状诊断 炭疽病主要为害果实，也可侵害枝条，有时还可为害叶柄。果实受害，多从膨大后期开始发病，初期在果面上产生褐色小点，有时斑点周围有绿色晕圈；后病斑逐渐扩大，形成淡褐色至褐色的腐烂病斑，表面平或稍凹陷，后期病斑可烂至果实的1/4以上，腐烂果肉味苦；严重时，果面散布多个腐烂病斑，病果容易脱落。从发病中后期开始，病斑表面逐渐产生小黑点，小黑点上可溢出淡粉红色黏液；有时小黑点表现不明显，只看到淡粉红色黏液；典型时小黑点或黏液排列成近轮纹状。果园内菌量大时，果面上散布许多褐色至黑褐色小点，这种病果一般很难形成大型腐烂病斑（彩图7-98～彩图7-101）。

枝条受害，多发生在枯枝和生长衰弱的枝条上，初期形成不明显的椭圆形或长条形病斑，后逐渐发展为深褐色溃疡斑，是病菌越冬的主要场所。

彩图7-98　炭疽病在果实上的初期病斑　彩图7-99　炭疽病病斑及表面的小黑点

彩图7-100　炭疽病病斑表面小黑点上　　彩图7-101　炭疽病导致大量落果
　　　　　　产生淡粉红色黏液

叶柄受害，初期病斑为椭圆形褐色斑点，扩大后形成褐色至黑褐色长形病斑，稍凹陷，病叶极易变黄脱落（彩图7-102）。

病原及发生特点　由围小丛壳［*Glomerella cingulata*（Stonem.）Spauld.et Schrenk］引起，属于子囊菌亚门核菌纲球壳菌目；自然界常见其无性阶段胶孢炭疽菌（*Colletotrichum gloeosporioides* Penz.），属于半知菌亚门腔孢纲黑盘孢目。病菌主要以菌丝体在病枝条上及病落叶、病僵果中越冬，第二年温湿度适宜时产生大量病菌孢子，通过风雨传播，从皮孔、伤口或直接侵染为害。该病在田间有多次再侵染，阴雨潮湿时流行性很强。

彩图7-102　炭疽病在叶柄上
　　　　　　的为害状

落花后10天左右病菌即可不断侵染果实，到膨大后期果实逐渐发病，发病后产生的病菌孢子还可不断扩散为害。果实上病菌具有潜伏侵染特性。叶柄受害，多发生在中后期。管理粗放、树势衰弱的果园炭疽病发生较多；多雨潮湿、通风透光不良、果园湿度大是导致该病发生较重的主要环境原因。

防控技术　以搞好果园卫生、铲除树体带菌为基础，及时喷药保护果实为重点，实施果实套袋和加强果园管理、壮树防病为辅助。

（1）加强果园管理　落叶后至发芽前，彻底清除果园内的枯枝、落叶、病僵果，集中销毁，消灭越冬菌源。增施有机肥及生物菌肥，科学使用速效化肥及中微量元素肥料，改良土壤，培育壮树，提高树体抗病能力。合理修剪，使果园通风透光良好，雨季及时排水，创造不利于病害发生的生态条件。尽量果实套袋，阻止病菌中后期侵害果实。

（2）发芽前喷药铲除树体带菌　芽萌动期，喷施1次氟硅唑或代森铵或硫酸铜钙或戊唑·多菌灵或铜钙·多菌灵或甲硫·戊唑醇等铲除性药剂，铲除树体上越冬的残余病菌。

（3）生长期药剂防控　从落花后10天左右开始喷药，10～15天1次，连喷3次药后套袋，不套袋果仍需继续喷药4～6次。具体喷药时间、间隔期及次数根据降雨情况灵活掌握，雨多多喷、雨少少喷，并尽量在雨前喷药（选用耐雨水冲刷药剂），且喷药应及时均匀周到。常用有效药剂有：甲基硫菌灵、多菌灵、苯醚甲环唑、腈菌唑、戊唑醇、咪鲜胺、溴菌腈、三乙膦酸铝、代森锰锌（全络合态）、克菌丹、代森联、戊唑·多菌灵、甲硫·戊唑醇、苯甲·锰锌、苯醚·甲硫、肟菌·戊唑醇、唑醚·代森联等，不套袋果果实膨大后期还可选用铜钙·多菌灵、硫酸铜钙及波尔多液等铜制剂。应当指出，有些铜制剂在阴雨高湿及高温干旱时容易发生药害，需根据实际情况灵活选用。

十八、褐腐病

症状诊断　褐腐病只为害果实，造成果实腐烂。多从近成熟期开始发生，先在果面上产生褐色圆形水渍状小斑，后病斑迅速扩大，生成褐色至黑褐色腐烂。在病斑扩大蔓延时，从病斑中央依次向外逐渐产生灰白色至灰褐色的小绒球状霉丛，常呈同心轮纹状排列，有时亦呈层状或不规则。病果软烂多汁，有特殊香味，受震极易脱落，落地成烂泥状。多数病果早期脱落，少数残留在树上。后期病果失水干缩，软而有韧性，最终成为黑色僵果。贮运期果实受害，常造成果实集中腐烂，甚至呈团堆状（彩图7-103～彩图7-105）。

病原及发生特点　由寄生链核盘菌［*Monilinia fructigena*（Aderh.et Ruhl.）Honey］引起，属于子囊菌亚门盘菌纲柔膜菌目；无性阶段为仁果丛梗孢（*Monilia fructigena* Pens.），属于半知菌亚门丝孢纲丛梗孢目。病菌主要以菌丝体在病僵果上越冬，第二年条件适宜时产生大量病菌孢子，通过风雨或气流传播，主要从伤口侵染为害，病健果接触也可传播。病菌侵害果实后，病斑扩展迅速，8～10天可使全果腐烂。条件适宜时有多次再侵染。果实受害多从近成熟期开始发生，采收期、贮运期均可为害。高温高湿、果面有大量伤口（虫伤、机械伤、鸟啄伤等）是导致该病较重发生的重要因素（彩图7-106）。

彩图7-103　褐腐病典型病果　　彩图7-104　褐腐病病果霉丛呈散生状

彩图7-105　褐腐病霉丛呈散生层状　彩图7-106　褐腐病霉丛以伤口为中心
排列

防控技术

（1）搞好果园卫生　采收后，彻底清除树上树下的病僵果，集中深埋；发芽前翻耕树盘，促进病残体腐烂分解及病菌死亡。生长后期，及时摘除树上病果和拣拾落地病果，集中销毁，减少田间菌量。

（2）喷药保护果实　往年受害严重果园，从果实成熟前1.5个月开始喷药，10～15天1次，连喷2～3次，即可有效控制褐腐病的发生为害。常用有效药剂有：嘧霉胺、腐霉利、异菌脲、啶酰菌胺、嘧菌环胺、苯醚甲环唑、甲基硫菌灵、多菌灵、克菌丹、戊唑·多菌灵、乙霉·多菌灵、氟菌·肟菌酯、唑醚·啶酰菌等。

（3）其他措施　及时防控蛀果害虫，避免造成果实伤口。尽量果实套袋，套袋果可基本避免褐腐病的为害。果实近成熟期架设防鸟网，防止鸟类危害。包装贮藏时仔细挑拣，彻底剔除病虫伤果，避免贮藏期果实受害。

十九、套袋果黑点病

症状诊断　套袋果黑点病俗称"黑屁股"，主要发生在套袋果实上。黑点多产生在萼洼处，有时也可在胴部及肩部出现。黑点自针尖大小至小米粒大小不等，常几个至十几个，连片后呈黑褐色大斑。黑点只局限在果实表层，不深入果肉内部，也不造成果实腐烂，仅影响果实的外观品质（彩图7-107、彩图7-108）。

彩图7-107　套袋果黑点病轻型病果　　彩图7-108　套袋果黑点病重型病果

病原及发生特点　可由多种弱寄生性真菌引起，常见种类为粉红聚端孢霉［*Trichothecium roseum*（Pers.）Link］和交链孢霉［*Alternaria alternata*（Fr.）Keissler.］，均属于半知菌亚门<u>丝孢纲丝孢</u>目。病菌在自然界广泛存在，没有固定越冬场所。根据大量试验研究表明，套袋前果实上已有病菌存在，套袋后在特殊环境下（高温、高湿、果皮幼嫩、轻微药害伤等）病菌有可能侵染果实，进而导致果实受害、形成病斑。轻微药害、虫害及缺钙均有可能刺激或加重套袋果黑点病的发生，果袋质量不好也有可能诱发该病。

防控技术

（1）套袋前喷药防控　套袋前5～7天内，喷用1次广谱性安全杀菌剂，杀灭果实表面存活的附带病菌，使果实带药套袋，防控病菌为害果实。效果较好的药剂有：多抗霉素、戊唑·多菌灵、甲硫·戊唑醇、乙铝·多菌灵、苯甲·锰锌、苯甲·吡唑酯、苯甲·嘧菌酯、唑醚·代森联、唑醚·戊唑醇、甲基硫菌灵（或多菌灵）+代森锰锌（全络合态）、甲基硫菌灵（或多菌灵）+克菌丹等。套袋前喷药，必须选用优质安全性药剂，不能选用质量不好的代森锰锌，且最好混合用药。

（2）其他措施　配合使用有机肥根部增施速效钙肥，套袋前喷施优质钙肥。加强防控为害果实的其他病虫害。选择使用优质果袋。

二十、疫腐病

症状诊断　疫腐病主要为害果实，有时也可为害树干基部。果实受害，多从近成熟期开始发生，首先在果面上产生边缘不明显的淡褐色至褐色病斑，后病斑迅速扩大成浅红褐色至深褐色、近圆形或不规则形。病斑由浅层果肉逐渐向深层发展，严重时导致果实大部甚至全果软腐。潮湿时，病斑表面可产生许多白色绵霉状物（彩图 7-109、彩图 7-110）。

彩图7-109　从果实萼端开始发生的疫　彩图7-110　果实疫腐病病斑表面产生
　　　　　　腐病病斑　　　　　　　　　　　　　有白色绵霉状物

树干基部受害，病部树皮呈淡褐色至黑褐色腐烂，水渍状，形状多不规则，严重时可烂至木质部。后期病部失水干缩凹陷，病健处产生裂缝。病树生长衰弱，发芽晚，叶片呈黄绿色或淡紫红色；当病斑环绕树干一周后常导致全树死亡（彩图 7-111、彩图 7-112）。

彩图7-111　病树茎基部的疫腐病病斑　彩图7-112　疫腐病导致病树生长衰弱

病原及发生特点　　由恶疫霉［*Phytophthora cactorum*（Leb. et Cohn.）Schrot.］引起，属于鞭毛菌亚门卵菌纲霜霉目。病菌主要以卵孢子、厚垣孢子或菌丝体在病组织内或随病残体在土壤中越冬。侵害树干，病菌主要通过雨水或灌溉水传播，从各种伤口侵染为害，如嫁接伤口、机械伤口、冻害伤、日灼伤等。侵害果实，病菌孢子通过雨滴飞溅传播到树冠下部的果实上，从皮孔或伤口侵染为害；果实发病后，在田间可引起多次再侵染。

地势低洼、土壤黏重、树干基部积水是树干受害的主要条件，嫁接口接触土壤、树干基部冻伤、日灼伤及遭受机械伤等均可诱发病菌侵害主干。果园郁闭、通风透光不良、地势低洼、果实近成熟期阴雨潮湿等，是导致果实受害的主要因素，果实距地面越近受病菌侵害的概率越高。

防控技术

（1）加强果园管理　　育苗时提倡高位嫁接，嫁接口最好高出地面30厘米左右。定植后树干基部培土或高垄栽培等，防止树干基部积水。合理修剪，使果园通风透光良好，雨季注意及时排水，降低小气候湿度。果实尽量套袋，防止受害。

（2）及时治疗病树　　树干基部受害后，轻病树及时治疗。找到病部，刮除病组织，然后涂药保护伤口，或顺树干向下淋灌同时消毒树干周围土壤，有效药剂如硫酸铜钙、三乙膦酸铝、烯酰吗啉、波尔·甲霜灵等。

（3）喷药保护果实　　往年果实受害较重的不套袋果园，在果实采收前1.5个月开始喷药，10～15天1次，连喷2～3次，特别注意喷布树冠中下部。常用有效药剂有：代森锰锌、克菌丹、硫酸铜钙、三乙膦酸铝、烯酰吗啉、烯酰·锰锌、霜脲·锰锌、波尔·霜脲氰、波尔·甲霜灵等。

二十一、霉污病

彩图7-113　幼果期霉污病病果

症状诊断　　霉污病又称煤污病，主要为害果实和叶片，有时也可为害嫩梢。发病后的主要症状特点是在受害部位表面产生有黑灰色至黑褐色煤烟状污斑。污斑实际为一层霉状物，没有明显边缘，附生在组织表面，稍用力可以擦掉。果实受害，主要影响外观质量，基本不造成产量损失。果实上的霉污有时沿雨水下流方向分布，故果农俗称为"水锈"（彩图7-113～彩图7-117）。

彩图7-114　霉污病病果的典型症状　　彩图7-115　近成熟期的多个霉污病
　　　　　　　　　　　　　　　　　　　　　　　　　　病果

彩图7-116　酥梨霉污病病（左）健果　　彩图7-117　叶片上的霉污病症状
　　　　　　比较

病原及发生特点　由仁果黏壳孢［*Gloeodes pomigena*（Schw.）Colby］引起，属于半知菌亚门腔孢纲球壳孢目。病菌主要以菌丝体在树体枝干表面及其他植物的枝干表面越冬，第二年条件适宜时产生病菌孢子，通过风雨传播进行为害，以组织表面的分泌营养为基质附生。多雨潮湿、枝叶茂密、通风透光不良、雾大露重等高湿因素是诱发该病的主要原因，蚜虫类及介壳虫类害虫发生较重时常加重该病发生。果实受害，多发生在果实膨大后期至采收期。

防控技术

（1）加强果园管理　合理修剪，使树体通风透光良好，雨季及时排除积水，降低果园湿度，创造不利于病害发生的生态条件。实施果实套袋，有效阻断病菌在果面的附生。加强蚜虫类及介壳虫类害虫的有效防控，达到治虫防病的目的。

（2）适时喷药防控　多雨年份或处在高湿环境中的不套袋果园，果实生长中后期及时喷药防控，10～15天1次，根据环境湿度情况酌情喷药次数。效果较好的有效药剂如：克菌丹、代森锰锌（全络合态）、苯醚甲环唑、戊唑醇、戊唑·多菌灵、甲硫·戊唑醇、苯甲·吡唑酯、苯甲·锰锌、唑醚·代森联、唑醚·戊唑醇等。

二十二、红粉病

症状诊断　红粉病只为害果实，是一种零星发生病害，其主要症状特点是在病斑表面产生一层淡粉红色霉状物。该病从果实近成熟期至贮运期都有发生，初期病斑近圆形，淡褐色至黑褐色，后很快扩展成黑褐色腐烂病斑，表面凹陷；后期病斑表面逐渐产生初白色、渐变淡粉红色的霉状物。病组织软烂，明显塌陷，果肉味苦（彩图7-118、彩图7-119）。

彩图7-118　树上的红粉病病果　　彩图7-119　红粉病病斑从果实伤口处
　　　　　　　　　　　　　　　　　　　　　　　开始发生

病原及发生特点　由粉红聚端孢霉［*Trichothecium roseum*（Pers.）Link］引起，属于半知菌亚门丝孢纲丝孢目。病菌为弱寄生性真菌，在自然界广泛存在，没有固定越冬场所。病菌孢子主要通过气流传播，从各种伤口侵染为害，如生长伤口、机械伤口、病虫伤口等。该病的发生轻重主要取决于果实上伤口的多少，特别是裂果和果实黑星病的发生轻重。

防控技术　加强肥水管理，适当增施速效钙肥，防止果实裂口。搞好为害果实的所有病虫害防控，避免果实受伤。果实尽量套袋，有效保护果实。包装贮运前严格挑选，彻底剔除病、虫、伤果。

二十三、黑腐病

症状诊断　黑腐病主要为害果实，是一种零星发生病害，其主要症状特点是在病斑表面产生一层墨绿色至黑色霉状物。该病主要发生在果实近成熟期至采前贮运期，多以各种伤口为中心开始发病。初期形成黑色、圆形、稍凹陷病斑，扩大后为圆形或近圆形、黑褐色至黑色、明显凹陷的腐烂病斑，有时病斑略有同心轮纹。后期病斑表面产生灰黑色至黑色霉状物，有时霉状物呈不明显的轮纹状。

病斑多时，常相互愈合，加速果实腐烂（彩图7-120～彩图7-122）。

彩图7-120　黑腐病发生初期（酥梨）

彩图7-121　黑腐病病斑表面产生墨绿色至黑色霉状物

病原及发生特点　由交链孢霉[*Alternaria alternata*（Fr.）Keissler]引起，属于半知菌亚门丝孢纲丝孢目。病菌是一种弱寄生性真菌，在自然界广泛存在，没有固定越冬场所。病菌孢子主要通过气流传播，从各种伤口侵染为害。伤口多少是影响病害发生轻重的主要因素，特别是果实近成熟期后的机械伤口最为重要。

防控技术　一切防止果实受伤的措施均可视为该病的有效防控措施，如果实套袋、注意防控果实害虫、精细采摘

彩图7-122　贮藏期果实受害，病斑表面产生墨绿色霉状物

避免果柄基部受伤、轻拿轻放避免人为损伤等。包装贮运前应严格挑选，彻底剔除病、虫、伤果。

二十四、灰霉病

症状诊断　灰霉病是一种零星发生病害，主要为害果实，偶尔也可为害叶片，发病后的主要症状特点是在病斑表面产生有鼠灰色霉状物，该霉状物风吹极易飞散。果实受害，常从伤口处开始发生，初期病斑多为圆形或近圆形水渍状，不凹陷，逐渐扩大后形成淡黄褐色至褐色腐烂病斑，圆形或近圆形，有时病斑颜色深浅交错呈近轮纹状。后期，病部失水，表皮逐渐皱缩凹陷，甚至全果软腐皱缩。随病斑不断扩展，其表面逐渐产生出鼠灰色霉状物，多从伤口处开始出现。严重

彩图7-123 灰霉病初期病果

时，全果腐烂，病果成灰色霉球状（彩图7-123～彩图7-125）。

叶片受害，多从附着有枯死组织处开始发生，而后向周围扩展，形成褐色至深褐色病斑，圆形、近圆形或不规则形，病斑较大，有时具不明显轮纹，表面亦可产生鼠灰色霉状物（彩图7-126、彩图7-127）。

病原及发生特点 由灰葡萄孢（*Botrytis cinerea* Pers.ex Fr.）引起，属于半知菌亚门丝孢纲丝孢目。病菌是一种弱寄生性真菌，可为害多种衰弱或半死亡的寄主植物组织，在各种寄主植物病残体上均可以菌丝体、菌核及分生孢子越冬（夏）。病菌孢子通过气流传播，主要从伤口侵染为害，病健组织接触也可扩散蔓延。阴雨潮湿、果实伤口较多是诱发该病为害果实的主要因素，特别是虫伤、鸟啄伤最为重要。

彩图7-124 病斑伤口处产生有灰色
霉状物

彩图7-125 贮藏期的灰霉病病果

彩图7-126 叶片上的灰霉病病斑
（叶面）

彩图7-127 病斑表面产生有稀疏的
灰色霉状物

防控技术

（1）加强果园管理　及时拣拾落地病果，集中深埋。合理修剪，使果园通风透光良好，降低园内相对湿度。合理施肥灌水，避免水分供应不平衡而导致裂果。实施果实套袋，保护果实免遭伤害。及时防控蛀果害虫，减少果实虫伤。有条件果园在果实近成熟期架设防鸟网，阻挡鸟类啄伤果实。

（2）适当喷药防控　该病多为零星发生，一般不需单独药剂防控。个别往年病害较重的不套袋果园，或果实采收前 1～1.5 个月内遇暴风雨（含冰雹）后，可适当喷药 1～2 次。对灰霉病防控效果好的药剂有：腐霉利、异菌脲、嘧霉胺、嘧菌环胺、啶酰菌胺、唑醚·啶酰菌、唑醚·氟酰胺、甲硫·乙霉威、乙霉·多菌灵等。

（3）安全贮运　采收及包装过程中轻拿轻放，避免造成机械损伤；包装时严格挑选，彻底汰除病、虫、伤果。

二十五、青霉病

症状诊断　青霉病俗称"水烂"，只为害成熟果实，多在采后贮运期发病，致果实成淡褐色软烂，发病后的主要症状特点是腐烂病斑表面产生有灰绿色至绿色霉状物。病斑多从伤口处开始发生，初期形成圆形或近圆形淡褐色病斑，稍凹陷。条件适宜时，病斑扩展迅速，导致果实大部或全部腐烂，腐烂果肉呈烂泥状，果肉味苦，并有特殊霉味。潮湿条件下，从病斑中央开始逐渐向外产生初期白色、渐变灰绿色至绿色的霉状物；霉状物有时呈浓密的层状，有时呈轮纹状排列的霉丛状。霉状物表面产生有大量粉状物，该粉状物受震或风吹极易散落，产生"霉烟"（彩图 7-128、彩图 7-129）。

彩图7-128　青霉病病斑呈褐色软烂，有时表面颜色呈近轮纹状　　彩图7-129　青霉病病果表面产生灰绿色霉层

病原及发生特点　可由多种青霉菌引起，常见种类为扩展青霉［*Penicillium*

expansum（Link）Thom］和意大利青霉（*P.italicum* Sacc.），均属于半知菌亚门丝孢纲丝孢目。青霉病为弱寄生性真菌，在自然界广泛存在，没有固定越冬场所。病菌孢子主要通过气流传播，主要从伤口侵染为害；在贮运场所还可接触传播，并可从皮孔侵染或直接侵染。果实表面伤口多少是影响该病发生轻重的主要因素，伤口多发病重，伤口少发病轻。高温、高湿有利于病害发生。但青霉病菌在 1 ～ 2℃下仍能缓慢生长，所以冷库中仍有病害发生。

防控技术　青霉病主要为害采后贮运期的果实，防控的技术关键是避免果实受伤。一切保护果实、防止果实表面受伤的措施都是有效防控该病的技术措施，如加强生长期的病虫害防控，避免造成果实虫伤、病伤，采收及包装过程中轻拿轻放，避免造成机械伤等。另外，包装时要严格挑选，坚决汰除病、虫、伤果。有条件的或容易受害的品种，也可在采收后用药剂浸果，晾干后再包装贮运，一般使用双胍三辛烷基苯磺酸盐或咪鲜胺或抑霉唑药液浸果 5 ～ 10 秒，捞出后晾干、包装、贮运。

二十六、果柄基腐病

症状诊断　果柄基腐病是一种零星发生病害，主要为害采收至贮运期果实，多从果柄基部开始发病。初为淡黄褐色至褐色斑点，后逐渐呈圆锥形向果心扩展，造成果实腐烂。症状表现因病菌种类不同可分为三种类型。①水烂型：果柄基部病斑呈淡褐色水渍状软烂，病斑扩展较快，常致果实大部或全部腐烂，有时病斑表面产生有灰白色或青绿色霉状物。②黑腐型：果柄基部病斑扩展后呈黑褐色至黑色腐烂，明显凹陷，表面多产生黑褐色至黑色霉状物。③褐腐型：果柄基部病斑扩展后形成褐色溃烂，显著凹陷，后期表面散生许多黑褐色小点（彩图 7-130 ～彩图 7-135）。

彩图7-130　果柄基腐病初期病斑

彩图7-131　水烂型严重病果，果实大
　　　　　　部分腐烂

彩图7-132　水烂型严重病果剖面　　彩图7-133　病斑表面产生有灰白色
　　　　　　　　　　　　　　　　　　　　　　　　　　霉状物

彩图7-134　黑腐型病果，病斑表面产　彩图7-135　褐腐型病果，病斑表面散
　　　　　　生黑色霉状物　　　　　　　　　　　　　生许多小黑点

病原及发生特点　可由多种弱寄生性真菌引起，常见种类有：交链孢霉［*Alternaria alternata*（Fr.）Keissler］、青霉菌（*Penicillium* spp.）、小穴壳霉（*Dothiorella* sp.）等，均属于半知菌亚门。病菌在自然界广泛存在，没有固定越冬场所。病菌孢子主要借助气流传播，从伤口侵染为害。采收时及采后摇动果柄造成内伤，是诱发该病的主要因素。贮藏期果柄失水干枯可加重病害发生。若近成熟期遭遇大风，也可造成果柄基部内伤，而导致生长期果实受害。

防控技术　采收及包装时精心操作，尽量避免摇动果柄，防止造成内伤。贮藏环境湿度控制在 90% ～ 95%，防止果柄失水干枯，可减轻病害发生。采收后包装贮藏前使用药剂洗果，对防控果柄基腐病有一定效果，效果较好的药剂如甲基硫菌灵、多菌灵、咪鲜胺、抑霉唑等。

二十七、花叶病

症状诊断　花叶病又称病毒病，只在叶片上表现明显症状，是一种零星发生的系统侵染性病害。发病后叶片上镶嵌有多处大小不等的黄绿色至黄色斑块或线纹，使叶片呈花叶状。轻型病叶，斑块或线纹形状多不规则，没有明显边缘，有的沿细小支脉变色，夏季高温季节症状可以消失（高温隐症）。严重时，病叶上的褪绿斑块可发展成褐色坏死斑，边缘多不明显，不能高温隐症（彩图7-136、彩图7-137）。

彩图7-136　轻型花叶病症状　　　　彩图7-137　重型花叶病症状

病原及发生特点　花叶病属病毒类病害，可由苹果褪绿叶斑病毒（*Apple chlorotic leaf spot virus*）、苹果茎痘病毒（*Apple stem pitting virus*）引起。苗木及接穗带毒是主要传播来源，病树终生带毒。该病主要通过嫁接传播，无论砧木或接穗带毒，均可形成新的病株。田间症状表现轻重与树势关系密切，壮树表现轻、弱树表现重。有些轻型花叶在夏季高温季节常出现高温隐症现象。

防控技术　花叶病只能预防、不能治疗。预防的技术关键是培育和利用无病毒苗木。加强检疫检验措施，防止苗木及接穗带毒传播扩散；禁止在大树上高接繁殖无病毒品种，以免受病毒侵染。发现病树后，应单独修剪，避免可能的传播扩散；对病树加强肥水管理，增强树势，提高树体抗病能力，减轻病毒为害。

二十八、黄叶病

症状诊断　黄叶病又称缺铁症，主要在叶片上表现症状，尤以新梢叶片受害最重。初期，从新梢顶部嫩叶开始发病，叶肉变黄，叶脉及其两侧仍保持绿色，使叶片呈绿色网纹状；随病情加重，除主脉及中脉外，其余全部变成黄绿色或黄白色，新梢上部叶片大都变黄；严重时，病叶全部呈黄白色，叶缘开始变褐枯死，甚至新梢顶端枯死，形成枯梢现象（彩图 7-138～彩图 7-141）。

病因及发生特点　黄叶病是一种生理性病害，由树体缺铁引起，即土壤中缺少梨树可以吸收利用的水溶性铁素。铁是叶绿素形成的重要成分，缺乏时叶绿素形成受阻，故而导致叶片褪绿黄化。

彩图7-138　黄叶病从枝梢嫩叶开始　　彩图7-139　较轻病叶，叶脉呈绿色网
　　　　　　发生　　　　　　　　　　　　　　　　纹状

彩图7-140　严重病叶，叶缘变褐焦枯　彩图7-141　严重时，整枝叶片全部
　　　　　　　　　　　　　　　　　　　　　　　　变黄，并开始枯死

　　盐碱地或碳酸钙含量高的土壤容易缺铁；大量使用化肥，土壤板结的地块容易缺铁；土壤黏重，排水不良，地下水位高，容易导致缺铁；沙性土壤，淋溶性强，铁素容易流失，缺铁较重；根部及枝干有病或受损伤时，影响养分运输，树体容易表现缺铁症状；果园管理粗放，黄叶病不能及时校正时，有连年发病且逐年加重的现象。

防控技术

　　（1）加强栽培管理　增施农家肥、绿肥等有机肥及微生物肥料，避免偏施化肥，改良土壤，使土壤中的不溶性铁转化为可溶性态，以便树体吸收利用。结合施用有机肥料土壤混施铁肥，补充土壤中的可溶性铁含量。土壤盐碱果园适当灌水压碱，并种植深根性绿肥。

　　（2）及时树上喷铁　发现黄叶病后及时喷铁治疗，7～10天1次，直至叶片完全变绿为止。效果较好的有效铁肥如：黄腐酸二铵铁、腐植酸铁、黄叶灵、铁多多、硫酸亚铁＋柠檬酸＋尿素的混合液等。

二十九、小叶病

彩图7-142　病枝上的叶片
成柳叶状

症状诊断　小叶病又称缺锌症，是一种零星发生的病害，主要在枝梢上发病。病梢春季发芽晚，节间短缩，叶片小而簇生，叶形狭长似柳叶状，质地脆硬，多呈淡绿色，有时叶缘上卷、叶片不平，严重时病枝逐渐枯死。病枝短截后，下部萌生枝条仍表现节间短缩、叶片细小。病枝上很少形成花芽，即使形成花芽也很难坐果。病树长势衰弱，发枝力低，树冠不能扩展，显著影响产量（彩图7-142）。

病因及发生特点　小叶病是一种生理性病害，由树体缺锌引起。锌是梨树生长的必要微量元素之一，锌素缺乏时，生长素合成受到抑制，进而导致叶片和新梢生长受阻。沙地、碱性土壤及有机质含量少的瘠薄地果园容易缺锌，长期施用速效化肥、土壤板结影响锌的吸收利用，土壤中磷酸过多可抑制根系对锌的吸收，钙、磷、钾比例失调时影响锌的吸收利用，土壤黏重、活土层浅、根系发育不良时小叶病也发生较重。叶片中锌含量低于10～15毫克/千克时即表现缺锌症状。

防控技术

（1）加强栽培管理　增施有机肥及微生物肥料，按比例科学使用氮、磷、钾肥及中微量元素肥料，并适当增施锌肥，改良土壤，提高土壤中锌素含量。沙地、盐碱土壤及瘠薄地果园尤为重要。与有机肥混合施用锌肥时，一般每株埋施硫酸锌0.5～1千克，一次使用持效2～3年。

（2）及时树上喷锌　对于小叶病树或病枝，萌芽期喷施1次3%～5%硫酸锌溶液，开花初期再喷施1次0.2%硫酸锌+0.3%尿素混合液或氨基酸锌300～500倍液或锌多多500～600倍液或300毫克/千克的环烷酸锌，可基本控制小叶病的当年发生。

三十、红叶病

症状诊断　红叶病又称缺磷症，主要在叶片上表现明显症状，多发生在生长中后期。发病初期，叶肉变淡紫红色，叶脉仍为绿色，变色边缘不明显；随病情发展，叶肉渐变紫红色，细小支脉也开始褪绿变红；后期，除主脉及侧脉外，其余均变紫红色。严重时病叶早期脱落，对树势及产量影响较大（彩图7-143、彩图7-144）。

彩图7-143　红叶病发生初期叶片症状　彩图7-144　严重时，大部分叶片变红

病因及发生特点　红叶病是一种生理性病害，由树体缺磷引起。有机肥使用量偏少，过度使用以氮肥为主的化肥，氮、磷、钾比例失调，导致土壤板结，是诱发该病的主要原因。枝干病害严重、结果量过大等，均可加重该病发生。地势低洼、土壤黏重、排水不良等对该病发生亦有较大影响。

防控技术

（1）加强果园管理　增施有机肥及微生物肥料，改良土壤，按比例科学使用磷、钾肥（氮磷钾比例一般为氮:五氧化二磷:氧化钾=2:1:2）及中微量元素肥料等，是有效防控红叶病发生的技术关键。另外，合理控制结果量、加强枝干病虫害防控等，对控制该病发生也有一定效果。

（2）适当叶面喷肥　结果量较大的果园，在生长中后期适当喷施3次左右磷酸二氢钾，可在一定程度上延缓和控制红叶病发生，并具有提高果品质量的作用。

三十一、缺镁症

症状诊断　缺镁症主要在叶片上表现明显症状，多从老叶开始发生。发病初期，脉间叶肉褪绿，呈黄绿色，叶脉仍保持绿色，形成脉间黄化斑块，该斑块多从叶片中部向叶缘扩展；严重时，主脉与侧脉间叶肉组织均变黄绿色，甚至出现变褐枯死，仅剩主脉及侧脉保持绿色（彩图7-145）。

病因及发生特点　缺镁症是一种生理性病害，由树体缺镁引起。镁是叶绿素的重要组织成分，缺镁时叶片表现褪绿现象。当植株缺镁时，老叶片叶肉中的

彩图7-145　缺镁症病叶

镁即通过叶脉及韧皮部向新叶转移，使叶脉及叶脉附近仍保持较高浓度，所以叶脉及其附近仍保持一定程度绿色，而脉间出现褪绿。这也是缺镁黄叶（老叶开始发病）与缺铁黄叶（新叶开始发病）的根本区别。

土壤瘠薄、有机质含量低、大量元素化肥使用量过多，易造成土壤中镁元素供应不足；沙性土壤，镁元素容易流失；土壤干旱，影响镁的可溶性，植株难以吸收利用；酸性土壤，镁元素也容易流失。所以，土壤瘠薄、大量元素化肥使用量过多、沙性土壤、酸性土壤及干旱土壤均易导致缺镁症发生或加重缺镁症的表现。

防控技术

（1）加强土肥水管理　增施有机肥及微生物肥料，按比例科学施用氮、磷、钾肥及中微量元素肥料，避免钾肥过量。结合施用有机肥根施镁肥，施用量因树体大小而定，一般每株根施硫酸镁 1～2 千克，酸性土壤也可选用碳酸镁。此外，酸性土壤注意增施石灰性肥料，调整土壤酸碱性。干旱季节及时灌水。

（2）适当树上喷镁　在梨树生长中后期或缺镁症发生初期，及时树上喷施镁肥，10 天左右 1 次，连喷 2～3 次。效果较好的优质镁肥如硫酸镁、碳酸镁、硫酸钾镁等。

三十二、缺硼症

症状诊断　缺硼症主要在果实上表现明显症状，严重时枝梢和根部也可发病。果实发病，多从果实近成熟期开始，初期果面无明显异常，切开病果果肉内散布有不规则组织褐变；而后褐变组织逐渐枯死并范围扩大，褐色枯死组织成海绵状，有时病变果肉呈水渍状，果面隐约显出似水浸状痕迹；随病情迅速发展，褐变组织及其附近果肉开始变褐、溃烂，果面逐渐呈现出边缘不明显的稍凹陷阴湿斑块。后期，溃烂果肉迅速蔓延，直至果肉全部溃烂，仅剩果皮，此时果面整个变阴湿状，甚至塌陷。枝梢发病，初期阴面出现疱状突起，皮孔木栓化组织向外突出，削开表皮可见零星褐色小斑点；严重时，芽鳞松散，叶片稀少，逐渐出现顶枯、芽枯现象，甚至枝条枯死。根部发病，细根大量死亡，毛根减少（彩图 7-146～彩图 7-151）。

病因及发生特点　缺硼症是一种生理性病害，由树体缺硼引起。沙质土壤，硼素易流失；碱性土壤及石灰质多的土壤，硼素多呈不溶状态，根系不易吸收；土壤干旱，影响硼的可溶性，植株难以吸收利用；土壤瘠薄、有机质贫乏，硼素易被固定。所以，沙性土壤、碱性土壤及易发生干旱的坡地果园缺硼症容易发生；土壤瘠薄、有机肥使用量过少、大量元素化肥（氮、磷、钾）使用量过多等，均可导致或加重缺硼症发生；干旱年份病害发生较重。此外，不同品种果实对硼的敏感性不同，症状表现稍有差异。

彩图7-146　发病初期，皮下果肉散布　彩图7-147　褐变组织逐渐成褐色坏死斑
　　　　不规则变褐组织

彩图7-148　轻病果（左）与健果果面　彩图7-149　褐变组织逐渐溃烂
　　　　比较

彩图7-150　组织溃烂迅速时，颜色较淡　彩图7-151　严重时褐变扩展到果面

防控技术

（1）加强栽培管理 增施有机肥及微生物肥料，按比例科学施用氮、磷、钾肥及中微量元素肥料，避免偏施氮肥，改良土壤。同时，结合施用有机肥根施硼肥，施用量因树体大小而定。一般每株根施硼砂100～200克或硼酸50～100克，施硼后立即灌水。此外，干旱季节及时灌水，并在开花前、后适量施肥浇水。

（2）及时树上喷硼 往年缺硼较重梨园，在开花前、花期及落花后各喷施1次硼肥。效果较好的优质硼肥有：0.3%～0.5%硼砂溶液、0.15%硼酸溶液及速乐硼、佳实百、加拿枫硼等。沙质土壤、碱性土壤果园，由于土壤中硼素易流失或被固定，树上喷硼效果更好。

三十三、蒂腐病

症状诊断 蒂腐病又称顶腐病、尻腐病，主要发生在洋梨果实上，故又称洋梨蒂腐病。发病初期，在果实萼洼周围产生淡褐色、稍湿润的晕环，随晕环逐渐扩大、颜色加深，后期晕环成淡褐色至褐色坏死。严重时，病斑覆盖果顶的大半部，病部质地较硬，中央灰褐色，外围黑色，有时呈轮纹状。环境潮湿时，病部易被杂菌感染而导致果实腐烂，并在病斑表面产生黑色或粉红色霉。病果容易脱落（彩图7-152～彩图7-154）。

彩图7-152 蒂腐病发病初期

彩图7-153 洋梨蒂腐病病斑剖面　　彩图7-154 病斑有时呈轮纹状

病因及发生特点 蒂腐病是一种生理性病害，发生原因尚不十分明确。根据田间调查，6～7月份发病较多，病斑扩展较快，果实近成熟时很少发病。此外，砧木种类与病害发生有一定关系，秋子梨系统做砧木容易发病，杜梨做砧木发病较少，这可能与砧木的亲和性及根系发育有关。杜梨做砧木嫁接洋梨，根系发达，吸收能力强，树势相对较壮，病害发生较少。土壤干燥后突然降雨，发病较多。酸性土壤发病较多。土壤缺钙可能会加重蒂腐病的发生。

防控技术 培育苗木时，尽量选用杜梨做砧木，能显著减轻蒂腐病的发生。加强果园肥水管理，增施有机肥及微生物肥料，并适当配合根施速效钙肥，促进树势生长健壮，提高梨树抗病能力。往年蒂腐病较重的梨园，结合喷药适当喷施速效钙肥，提高果实耐病能力，优质速效钙肥如硝酸钙、腐植酸钙、速效钙、高效钙、美林钙、佳实百等。

三十四、果面褐斑病

症状诊断 果面褐斑病俗称"鸡爪病"，主要发生在套袋果的近成熟期至贮运期，以黄冠梨发生普遍。发病初期，在果面皮孔周围产生淡褐色至褐色圆形斑点，常许多斑点散生；后斑点逐渐扩大，形成褐色不规则形病斑，常多病斑连片，形成不规则状大斑，有时似鸡爪状，故果农俗称"鸡爪病"。病斑处稍显凹陷，但病变组织仅限于表层，不深入果肉。严重时，果面上散生许多不规则形褐斑（彩图 7-155、彩图 7-156）。

彩图7-155　果面褐斑病较轻病果　　彩图7-156　果面褐斑病较重病果

病因及发生特点 果面褐斑病是一种生理性病害，与许多因素有密切关系。经田间调查及试验发现，幼果期果柄涂抹果实膨大剂是导致该病发生的主要因素之一，果袋透气性差、近成熟期阴雨潮湿、有机肥使用量小、氮肥使用量过多、钙肥使用量少等均可加重病害发生，特别是涂抹果柄的梨在近成熟期遇阴雨连绵时病害发生较重。

防控技术 果面褐斑病防控必须采取综合管理措施。增施农家肥等有机肥及微生物肥料，配合使用钙肥，按比例科学使用氮、磷、钾肥及中微量元素肥料，平衡土壤养分。尽量避免使用果实膨大剂，减轻病害发生程度。选择使用抗老化

彩图7-157　果实上日灼病为
害中早期

性强、透气性好的优质果袋。落花后至套袋前适量喷施速效钙肥与硼肥，增加果实硼钙含量，提高抗病能力。

三十五、日灼病

症状诊断　日灼病又称日烧病，主要发生在叶片和果实上，有时枝干也可受害。果实受害，初期向阳面果皮呈灰白色至苍白色，没有明显边缘，有时外围有淡红色晕圈；而后果皮逐渐变黄褐色至褐色坏死，坏死斑外常有淡红色晕圈；后期，坏死组织由于杂菌感染，病斑表面可产生黑色霉状物。日灼病病斑多为圆形，平或稍凹陷，只局限在果肉浅层（彩图7-157～彩图7-159）。

彩图7-158　果实上日灼病斑变褐色
坏死

彩图7-159　果实受害后期，枯死斑稍
凹陷，并腐生霉菌

　　叶片受害，初期形成淡黄褐色不规则形晕斑，边缘不明显；而后逐渐发展成为淡红褐色至淡褐色；后期病斑枯死，中部灰褐色，边缘黄绿色，有时灰褐色部分呈破碎穿孔状（彩图7-160、彩图7-161）。

　　枝干受害，初期在向阳面产生灰褐色晕斑，没有明显边缘，后晕斑逐渐变红褐色，长条形或不规则形；后期，灼伤病斑上易诱使腐烂病发生。

　　病因及发生特点　日灼病是一种生理性病害，由阳光过度直射造成。在炎热的夏季，高温干旱、果实及枝干无枝叶遮阴是导致该病发生的主要因素。修剪过度、土壤干旱、植株缺水、树势衰弱常加重日灼病发生。

彩图7-160　日灼病叶片受害初期　　彩图7-161　日灼病叶片受害后期病斑枯死

防控技术　科学修剪，避免修剪过度，使果实及枝干能够有枝叶遮阴，是有效防控日灼病的关键。夏季注意及时浇水，保证土壤水分供应，使各组织含水量充足，能显著提高果实、叶片及枝干的耐热能力。沙质土壤果园，增施有机肥及作物秸秆，提高土壤蓄水能力。有条件的果园，也可适当遮阳栽培，避免阳光过度直射，以防控日灼病为害。

三十六、褐皮病

症状诊断　褐皮病只发生在套袋梨上，套袋果采收脱袋后受阳光直射即逐渐发病。初期，在果面上以皮孔为中心产生许多褐色至黑褐色小点，随后褐点面积逐渐扩大，许多斑点联合成片，形成褐色至黑褐色大斑，严重时阳光直射到的整个果面全部发生病变。病变只发生在果实皮层，不深入果肉内部，但对果实外观品质影响很大（彩图7-162～彩图7-164）。

病因及发生特点　褐皮病是一种生理性病害，由套袋梨脱袋后受阳光直射引起，散射光没有影响。首先，套袋梨在果袋内果面多呈黄白色至白色，采收脱袋后若受阳光直射，由于果面对直射光的敏感反应，

彩图7-162　套袋鸭梨脱袋后受害状

导致色素发生改变，继而出现果皮褐变。其次，纸袋类型与病害发生有密切关系，遮光效果越彻底的套袋果脱袋后越易受害，如双层纸袋、内黑外黄（花）纸袋等。最后，品种间也有一定差异，鸭梨、黄金梨、雪花梨等品种容易受害。

彩图7-163 套袋黄金梨脱袋后中度 彩图7-164 套袋黄金梨脱袋后果面
受害状 较重受害状

防控技术 套袋梨采收后在遮阴环境下脱袋（摘袋）、遴选、包装，即可有效防止该病发生，如在遮阳篷下或在室内等。

三十七、冻害

症状诊断 冻害是一种自然灾害，以芽、花及幼果受害较多，有时枝条、枝干等部位也有发生。

芽受害，轻者造成芽基变褐，影响花芽质量；重者造成芽基变褐枯死，甚至整芽变褐枯死，不能正常发芽、开花、坐果。花序受害，轻者花序基部变褐，影响花序质量或开花；重者花序基部变褐枯死，影响花序开放，甚至造成花序枯死。花受害，轻者花瓣边缘干枯或花柱变褐枯死，不能授粉坐果；重者整个花器变褐，花药、柱头枯死，完全丧失花器功能（彩图 7-165～彩图 7-168）。

彩图7-165 冻害较重梨芽剖面受害状 彩图7-166 花序中度冻害，花序基部
剖面

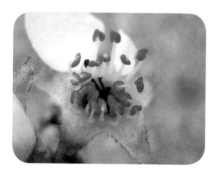

彩图7-167　花期冻害，柱头变褐枯死　　彩图7-168　花瓣边缘干枯，花药、柱头枯死

　　幼果受害，以花萼端最敏感，轻者在萼端或萼下端形成水渍状斑、褐变或稍显畸形等，随果实发育而发展为环状突起或木栓状环斑，木栓环斑的宽窄因冻害程度不同而异，成熟后影响果品质量；重者小果局部或全部变褐，早期脱落。能够正常生长成熟的受冻果实，果面上常残留有各种木栓状锈斑（彩图 7-169 ～彩图 7-173）。

彩图7-169　小幼果轻微冻害，
萼端稍显变色

彩图7-170　轻度受冻幼果，近萼端逐渐产生片段状木栓化愈伤组织

彩图7-171　小幼果受冻后形成的木栓化环状斑

彩图7-172 幼果受冻，后期形成的　彩图7-173 幼果轻度冻害后，近成熟果
典型环状冻害斑　　　　　萼洼端的近圆形冻害斑

　　小枝受害，轻者形成层变褐坏死，造成枝条衰弱；重者枝条全部枯死，导致
树势衰弱。枝干受害，轻者树皮浅层组织变褐，常诱使腐烂病发生，导致枝干生
长衰弱，产量降低；重者树皮组织内外变褐枯死，腐烂病严重发生，继而导致枝
干死亡，或直接造成枝干枯死，严重时果园毁灭（彩图7-174、彩图7-175）。

彩图7-174 小枝受冻，髓部和形成层　彩图7-175 幼树遭受冻害，
变褐坏死　　　　　　　树干下部皮层爆裂

　　病因及发生特点　冻害相当于生理性病害，是由于气温急剧下降或过度低温
而造成的，常见冻害分为早春冻害、秋后冻害和深冬冻害三种类型。早春冻害多
发生于早春，又称倒春寒，当气温开始回升后遇突然急剧降温，树体已开始活动
的幼嫩组织不能承受该温度的剧烈变化而遭受冻害，对梨树生长伤害很大，轻者
影响发芽、开花、结果，重者造成枝条枯死，甚至死树。秋后冻害发生在秋后初
冬，树体尚未完全进入休眠状态时遭遇较大程度的急剧降温，多造成小的枝条受
害，一般影响较小；但幼树主干受害影响很大，常造成幼树枯死。深冬冻害是由
于冬季温度过低而对树体造成的伤害，多发生在西北和东北地区，主要对主干主

枝造成伤害，常诱发腐烂病，造成死枝死树。

上年结果量过大、施肥不足、树体贮存养分相对不足时，若翌年春天遭遇倒春寒，则受害较重。早春浇水，延缓地温回升，适当推迟树体发芽开花，有时可躲过倒春寒的危害。若8月份后大肥（特别为氮肥）大水，树体秋后旺长，推迟进入休眠，则易遭受秋后冻害，特别是北方梨区。树势衰弱、地势低洼的北方地区，遭受深冬冻害的程度较重。

防控技术

（1）加强栽培管理，壮树防冻　增施农家肥等有机肥及微生物肥料，按比例科学使用速效化肥，根据树势和施肥水平确定结果量，培育壮树，提高树体抗冻能力。梨果采收后，适当喷施叶面肥（磷酸二氢钾、尿素等），并注意防控造成早期落叶的病虫害，促进树体养分积累，增强树势。早春浇透水，增加树体含水量，既可提高树体抗冻能力，又可适当推迟树体活动，在一定程度上躲避倒春寒危害。

（2）适当采取防冻措施　根据天气预报，在有寒流袭来时，做好防寒准备，如果园浇水、树体喷水、果园内放烟等。易发生深冬冻害的果区，建议入冬后给树体盖被或将整个果园用防寒物覆盖，有条件的也可采用设施栽培，防止遭受冻害。

三十八、果实冷害

症状诊断　果实冷害只发生在贮藏期的果实上。发病初期，果面呈现出淡褐色水渍状晕斑，略带光亮，没有明显边缘；剖开病果，浅层果肉组织失水坏死，呈淡褐色水渍状腐败，腐败组织在果肉内零星分布。随冷害加重，果面颜色逐渐加深，变淡褐色至褐色水晕状，甚至果面产生凹陷；剖开病果，整个果肉组织及心室内均呈现淡褐色至褐色水渍状腐败，且腐败组织颜色逐渐加深，严重时腐败果肉失水似海绵状，不堪食用（彩图7-176～彩图7-179）。

彩图7-176　冷害初期，果面上呈现不明显水渍状斑

彩图7-177　冷害初期，果肉内逐渐出现不规则褐变

彩图7-178　随冷害加重，果面水渍状　　　彩图7-179　严重时，果肉呈褐色
　　　　　　斑处显出凹陷　　　　　　　　　　　　　　海绵状腐败

病因及发生特点　果实冷害相当于生理性病害，由果实长期处于 0℃以下贮存或短时间内处于 -5℃以下贮存造成。当梨果实处于 0℃及其以下时，果肉内水分就会逐渐结冰。结冰时，首先从细胞间隙的水分开始，随贮藏时间延长或温度继续下降，冰晶逐渐增大，并不断从细胞内吸收水分，使细胞液浓度越来越高，直至引起原生质发生不可逆转的凝固，而导致果肉褐变、坏死、腐败。同时，随水分不断蒸发，果实比重逐渐降低，腐败果肉渐成海绵状。

防控技术　梨果实的正常贮藏温度为 1～3℃，并要求贮藏环境温度应保持均匀一致，防止局部温度过低。土窖及闲置房贮存时应特别注意贮藏环境的温度变化，同时，应保持贮藏环境相对湿度95%以上，以减缓果实失水。冷库贮藏时，注意入库温度与贮藏温度的差异，按具体要求实施缓慢降温，避免导致黑心病发生。

三十九、裂果症

彩图7-180　裂果症的典型
　　　　　　症状表现

症状诊断　裂果症主要发生在果实生长中后期，其主要症状特点是果实表面产生有不同程度的裂口或裂缝。果面裂口 1 至多条，甚至有无序分杈，裂缝深达果肉内部，严重时果面似龟裂状。发生较早的裂果，裂口处果肉表面后期形成木栓化组织，多裂缝较浅。裂果一般很少腐烂，但在高湿条件下可受杂菌感染而导致裂果腐烂（彩图 7-180～彩图 7-182）。

病因及发生特点　裂果症是一种生理性病害，主要由水分供应失调引起。特别是前旱后涝裂果发生较多，钙肥缺乏、氮肥偏多可加重裂果发生。

彩图7-181　裂果伤口处产生愈伤组织　彩图7-182　裂果症果实受杂菌感染而
腐烂

防控技术　增施有机肥及微生物菌肥，配合施用钙肥；幼果期结合喷药喷施钙肥。干旱季节及时灌水，雨季注意排水，保证树体水分供应基本平衡。

四十、果锈症

症状诊断　果锈症简称果锈，是果实表面产生异常黄褐色木栓化组织现象的统称，从幼果期至成果期均可发生，发病后的主要症状特点是果实表皮局部细胞成黄褐色木栓化状，严重影响果品外观质量。初期，果面上产生黄褐色斑点，后逐渐形成黄褐色片状锈斑，稍隆起。锈斑形状没有规则，有点状、片状、条状、不规则状等。锈斑发生部位也不确定，可发生在果实表面的各个部位（彩图 7-183 ～彩图 7-194 ）。

彩图7-183　幼果上的药害斑状果锈　彩图7-184　幼果萼端的药害型果锈

彩图7-185　幼果果面上的药害型果锈　　彩图7-186　幼果期的冻害型果锈

彩图7-187　幼果果面上的机械损伤性　　彩图7-188　酥梨萼端的药害型果锈
　　　　　　果锈

彩图7-189　酥梨果面的枝叶摩擦伤害　　彩图7-190　酥梨的虎皮状果锈
　　　　　　果锈

彩图7-191 套袋梨的果锈　　彩图7-192 果袋破裂后的药害型果锈

彩图7-193 严重时，许多果实受害状　彩图7-194 波尔多液导致的皮孔膨大型果锈

病因及发生特点　果锈症相当于生理性病害，是果面受轻微伤害后的愈伤表现，即果实在生长过程中果面受外界刺激伤害后而形成的愈伤组织。各种机械伤（枝叶摩擦、喷药水流冲击、虫害、暴风雨等）、药害、低温伤害等均可导致形成果锈，且伤害发生越早，果锈越重。多雨潮湿、高温干旱常加重果锈症的形成。

防控技术

（1）加强果园管理　科学施肥，合理灌水，雨季及时排水，合理控制结果量，培强树势，提高树体抗逆能力。合理修剪，使果园通风透光良好，创造良好生态环境。及时防控各种害虫，避免害虫对果面造成伤害。

（2）科学安全喷药　首先，全生长季必须选用优质安全药剂（杀虫剂、杀螨剂、杀菌剂、植物生长调节剂、叶面肥等），特别是幼果期或套袋前，禁止使用强刺激性农药；不同药剂混合使用时要先进行安全性试验，或在技术人员指导下使用。其次，幼果期尽量避免使用乳油类药剂，尤为质量不好的乳油类产品。最后，喷药时提高药液雾化效果，保证做到"喷雾"，尽量杜绝"喷水"，以减轻药液对果面的机械冲击。

四十一、药害

彩图7-195 叶片上的斑点状
药害斑

症状诊断 药害主要表现在叶片与果实上，有时嫩枝上也可发生，症状表现非常复杂，因药剂类型、受害部位和时期不同而异，在容易聚集药液的部位受害较重。叶片受害，多形成褐色坏死斑，或干尖、叶缘焦枯，严重时全叶萎蔫、枯死，甚至造成落叶；有时也可导致叶片变色、花叶、穿孔、皱缩、畸形等。果实受害，轻者导致皮孔膨大，造成果皮异常粗糙，或产生果锈，或形成局部坏死斑块；重者形成凹陷坏死斑或果实凹凸不平，甚至导致果实畸形、龟裂或脱落。嫩枝受害，多形成褐色坏死斑，严重时造成嫩枝枯死（彩图7-195～彩图7-205）。

彩图7-196 叶片背面的代森锰锌药害

彩图7-197 石硫合剂在幼叶上的药害

彩图7-198 石硫合剂在花序嫩枝上的
药害

彩图7-199 叶片上的百草枯药害斑

彩图7-200　果实上的百草枯药害斑

彩图7-201　幼果萼端的果锈状药害

彩图7-202　幼果表面的皮孔膨大型
　　　　　药害

彩图7-203　果实萼端的药害斑

彩图7-204　果实上的果锈状药害

彩图7-205　套袋梨萼端的褐斑型药害

　　病因及发生特点　药害的发生原因很多，主要是由化学药剂使用不当造成的。如药剂使用浓度过高、局部药液积累量过多、使用敏感性药剂、药剂混用不当、用药方法或技术欠妥等。另外，高温、高湿可以加重某些药剂的药害程度；不同品种耐药性不同，发生药害的程度不同；不同生育期耐药性不同，药害发生程度及可能性不同。幼果期一般耐药性差，易产生药害；树势壮耐药性强，树势弱易出现药害等。

防控技术 科学选择和使用优质安全农药，是避免发生药害的最根本措施。根据梨树生长发育特点和药剂特性，选用优质安全药剂，幼果期避免使用强刺激性农药，如含铜制剂、不合格代森锰锌、含硫黄制剂、质量不好的乳油类制剂等。严格按使用浓度配制药液，喷雾应均匀周到。科学混配农药，不同药剂避免随意混用；必须混合用药时，要先进行安全性试验，或向有关技术人员咨询。喷药时避开中午高温时段和有露水时段。另外，合理修剪，使树体通风透光良好，降低园内湿度；加强栽培管理，培育壮树，提高树体耐药能力。如果发生轻度药害，应及时喷洒丙酰芸苔素内酯等芸苔素类药剂或赤·吲乙·芸苔等进行挽救，以减轻药害程度。

四十二、肥害

彩图7-206　肥害导致细支根上的局部坏死斑

症状诊断 肥害又称肥害烧根，主要发生在细小根系上，严重时也可导致细支根受害，甚至植株枯死。危害轻时，细小根系或根团枯死，细支根维管束变褐；施肥点靠近较大根系时，也可造成细支根局部坏死，在细支根表面形成坏死斑。随肥害加重，吸收根死亡数量及范围扩大，较大支根维管束亦逐渐变褐死亡。肥害轻时，地上部没有明显异常表现，随肥害程度加重，叶片逐渐呈黄叶，进而叶缘或叶片开始变褐干枯；若肥害较重，枯死根范围较大时，树上出现部分小枝或叶丛枝枯死，造成树势衰弱；当肥害严重时，树上会逐渐出现叶片干枯、枝条枯死，最后导致全树枯死现象。有时全树枯死落叶后，还会出现二次发芽，这种现象属于枯死树的"回光返照"（彩图 7-206～彩图 7-212）。

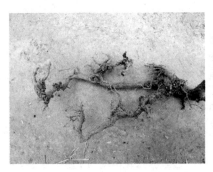

彩图7-207　肥害导致吸收根枯死，细支根死亡

彩图7-208　轻度肥害，叶片黄弱，局部开始变褐

彩图7-209　中度肥害，叶片边缘开始　彩图7-210　较重肥害，叶片逐渐枯死
　　　　　干枯

彩图7-211　重度肥害，枝梢枯死　　彩图7-212　严重肥害，植株枯死

病因及发生特点　肥害相当于生理性病害，主要是由速效化肥施用量过大或较集中造成的，目前生产中常见肥害现象绝大部分属于施肥过于集中。当施肥过于集中或施肥量较大时，则形成局部肥效浓度过高，形成从根系逆向吸水现象，进而导致烧根。初期细小吸收根枯死，而后逐渐向上一级根系蔓延。若施肥点靠近较大根系，则在较大根系上形成枯死斑，枯死斑绕根一周，下部根系死亡。土壤瘠薄、有机质含量少，是导致肥害烧根的基础；速效化肥使用量过大或不当，是造成肥害的必要因素；土壤干旱，常加重肥害的发生。

防控技术　增施农家肥、植物秸秆等有机肥及微生物肥料，提高土壤中有机质含量，扩大肥效缓冲空间。根据土壤肥力状况，按比例科学而均匀地使用速效化肥，使树冠正投影下土壤受肥均匀，避免局部过于集中及距离主根、大根过近。施肥后尽快浇水，以便肥效均匀分散。出现肥害现象后，及时灌大水洗肥，缓解肥效危害。另外，建议使用缓释肥料，可在一定程度上避免造成肥害。

第二节　主要害虫防控技术

我国梨树害虫据记载有 600 多种，其中为害较重的有 10 多种。梨木虱、食心虫类、叶螨类基本上所有梨园每年都需要药剂防控，黄粉蚜、绿盲蝽、介壳虫类在部分梨园发生为害较重，少数梨园发生较重的还有梨冠网蝽、梨茎蜂、椿象类、梨二叉蚜、壁虱类等。此外，花期金龟子为害在有些梨区开始抬头，应当引起注意；草履蚧发生在个别梨园有加重趋势，应注意防控。

一、梨小食心虫

危害特点　梨小食心虫（*Grapholitha molesta* Busck）又称东方蛀果蛾，俗称"桃折梢虫"，简称"梨小"，属鳞翅目小卷叶蛾科，与桃树混栽梨园发生为害较重。梨树上主要以幼虫蛀食果实为害，有时也可蛀食为害嫩梢。果实受害，初孵幼虫多从梗洼、萼洼及果与果和果相贴处蛀入果内，蛀果孔很小，周围微凹陷。幼虫初期在果实浅层为害，蛀孔外排出较细虫粪，周围易变黑，俗称"黑膏药"；后期幼虫直向果心，在心室内留有虫粪。果面脱果孔较大。虫果易腐烂脱落。嫩枝梢受害，幼虫多从上部叶柄基部蛀入，向下蛀食为害，至木质化处便转梢为害，蛀孔处流胶并有虫粪，被害嫩梢逐渐枯萎，俗称"折梢"（彩图 7-213、彩图 7-214）。

彩图7-213　受害果实蛀果孔处形成　　彩图7-214　受害成果蛀果孔外的虫粪
　　　　　　黑斑

形态特征　成虫体灰褐色；前翅灰黑色，无紫色光泽，前缘有 8 ～ 10 条白色短斜纹，翅外缘 1/3 处有一明显白色斑点，近外缘约有 10 个小黑点。卵淡黄白色，半透明，扁椭圆形。老熟幼虫头褐色，前胸背板黄白色，体淡红色至桃红色，臀栉 4 ～ 7 齿。蛹黄褐色，腹末有 8 根钩状臀棘（彩图 7-215、彩图 7-216）。

彩图7-215　梨小食心虫成虫　　　　彩图7-216　梨小食心虫幼虫

发生习性　梨小食心虫1年多发生4～5代，以老熟幼虫主要在枝干粗皮裂缝内、落叶下及土壤内结茧越冬。第二年平均温度10℃以上时开始化蛹、羽化，成虫昼伏夜出。第1～2代幼虫主要为害桃梢，以后几代主要蛀果为害。不同地区各代发生时间早晚不同，且后几代世代重叠严重。一般夏季卵期3～4天，幼虫期20～25天，蛹期7天左右，成虫寿命7天左右，完成一代需30～40天。幼虫老熟后，直接向外咬一虫道脱果。成虫对糖醋液有一定趋性，性引诱剂对雄成虫有强烈引诱作用，可用于测报和防控。

防控技术

（1）人工防控　落叶后发芽前清除杂草、落叶，做好清园；发芽前刮除枝干老、翘、粗皮，集中烧毁，消灭越冬虫源。4～6月份注意及时剪除虫梢（桃树），集中深埋，消灭1代、2代幼虫。

（2）及时喷药防控　主要防控蛀果为害，多从第3代开始喷药，关键为喷药时间。根据虫情测报，在各代卵盛期（出现诱蛾高峰后4天左右）至孵化盛期及时喷药，5～7天1次，每代喷药1～2次。常用有效药剂有：高效氯氰菊酯、高效氯氟氰菊酯、甲氰菊酯、联苯菊酯、虱螨脲、杀铃脲、阿维菌素、甲氨基阿维菌素苯甲酸盐、氯虫苯甲酰胺、阿维·高氯、阿维·高氯氟、高氯·甲维盐、高氯·马等。

（3）其他措施　果实尽量套袋，阻止梨小为害果实。使用糖醋液或梨小性诱剂诱杀成虫或测报，协助确定喷药时间（彩图7-217）。

彩图7-217　果园内悬挂梨小性诱剂诱捕器

二、梨大食心虫

危害特点　梨大食心虫（*Nephopteryx pirivorella* Matsumura）又称梨云翅斑

螟蛾，俗称"梨大""吊死鬼"，属鳞翅目螟蛾科，以幼虫主要蛀食梨芽、花簇、叶簇和果实。芽受害从芽基部蛀入，造成芽枯死。幼果受害，蛀入孔较大，孔外堆有虫粪，果柄基部有虫丝与果台相缠，受害果后期变黑枯干，至冬季不落，似"吊死鬼"状。近成熟期果受害，蛀孔周围常形成黑斑，甚至腐烂，蛀孔处堆有虫粪，并易导致虫道周围果肉变褐腐烂（彩图7-218～彩图7-220）。

彩图7-218　梨大食心虫为害的幼果　　彩图7-219　近成熟果受害，蛀孔处形
　　　　　　　　　　　　　　　　　　　　　　　　成黑斑，外有虫粪

形态特征　成虫体暗灰色，前翅具紫色光泽，其上有2条灰白色横纹，后翅灰白色。卵椭圆形稍扁平，初产时黄白色，后变为红褐色。初孵幼虫头黑褐色，身体稍显红色，稍大后变为紫褐色；老熟幼虫体深褐色，稍带绿色；越冬幼虫体紫褐色。蛹体初期碧绿色，后变黄褐色，腹部末端有钩状臀棘6根，排列成行（彩图7-221）。

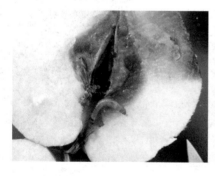 

彩图7-220　近成熟果受害，易导致果　　彩图7-221　梨大食心虫幼虫
　　　　　　　实腐烂

发生习性　梨大食心虫1年发生2代左右，以低龄幼虫在花芽内结茧越冬。

春季花芽膨大期转芽为害，称为"出蛰转芽"。幼虫从芽基部蛀入为害芽，被害新芽大多数暂时不死，继续生长发育；至开花前后，幼虫已蛀入果台中央，花序开始萎蔫；不久又转移到幼果上蛀食，称为"转果期"。幼虫从幼果顶部蛀入，可为害2～3个果，老熟后在最后为害果内化蛹，化蛹前先作羽化孔，蛹期8～11天。2～3代发生区，第1代幼虫为害期在6～8月，第2代成虫发生期为8～9月，2代成虫产卵于芽附近，孵化后幼虫蛀入芽内，在被害芽内结茧越冬，此芽称为"越冬虫芽"。成虫昼伏夜出，对黑光灯有较强趋性。

防控技术

（1）农业措施防控　结合冬季修剪，尽量剪掉被害花芽；结合疏花作业，在花序分离期，摘除鳞片不脱落的花序；结合疏果、定果，及时摘除被害幼果。并将摘除的虫芽、花序及幼果集中烧毁或深埋。此外，尽量果实套袋，预防中后期果实受害。

（2）诱杀成虫　利用成虫的趋光性，在成虫发生期内于果园中设置黑光灯或频振式诱虫灯，诱杀成虫。

（3）及时喷药防控　关键是在越冬幼虫出蛰为害芽期和转果为害期。为害较重果园，幼虫开始越冬时也是药剂防控的有利时期。1年发生1～2代的果区，在花芽露绿至开绽期即幼虫转芽期喷药；1年发生2～3代的果区，重点在幼虫转果期即幼果脱萼期喷药。常用有效药剂同"梨小食心虫"。害虫发生严重果园，每期需喷药1～2次，间隔期7～10天。

三、桃小食心虫

危害特点　桃小食心虫（*Carposina sasakii* Matsmura）又称桃蛀果蛾，简称"桃小"，属鳞翅目蛀果蛾科，以幼虫蛀食果实为害。初期，蛀孔外没有粪便排出，蛀孔周围果皮稍显凹陷；幼虫在皮下潜食果肉，导致果面显出凹陷潜痕，使果实逐渐畸形，俗称"猴头果"。幼虫发育后期，食量增大，在果肉内纵横潜食，并排粪于果实内部，导致果实成"豆沙馅"状，受害果失去商品价值。幼虫老熟后，在果面咬一明显的孔洞而脱果（彩图7-222）。

形态特征　雌成虫唇须较长向前直伸；雄成虫唇须较短而向上翘。全体灰白色至灰褐色，前翅中部近前缘处有近似三角形蓝灰色大斑，近基部和中部有7～8簇黄褐色或蓝褐色斜立鳞片；后翅灰色，缘毛长，浅灰色。卵椭圆形或桶形，初产时橙红色，渐变深红色，顶部环生2～3圈"Y"状刺毛。小幼虫黄

彩图7-222　桃小为害
梨果剖面

白色；老熟幼虫桃红色，前胸背板褐色，无臀刺。蛹体淡黄色渐变黄褐色，近羽化时变为灰黑色，体壁光滑无刺。茧有两种，一种为扁圆形的冬茧，直径6毫米，丝质紧密；一种为纺锤形的化蛹茧（也称夏茧），质地松软，长8～13毫米（彩图7-223～彩图7-226）。

彩图7-223　桃小食心虫雌成虫　　　彩图7-224　桃小食心虫卵

彩图7-225　桃小食心虫老龄幼虫　　彩图7-226　桃小食心虫的冬茧（左）
　　　　　　　　　　　　　　　　　　　　　　和夏茧（右）

发生习性　桃小食心虫1年发生2～3代，以老熟幼虫在土壤中结冬茧越冬，树干周围1米范围内的3～6厘米土层中居多。翌年春季当旬平均气温达17℃以上、土温达19℃、土壤含水量在10%以上时，越冬幼虫顺利出土，浇地后或下雨后形成出土高峰。

出土幼虫先在地面爬行一段时间，而后在土缝、树干基部缝隙及树叶下等处结夏茧化蛹，蛹期半月左右。6月上旬出现越冬代成虫，发生盛期在6月下旬～7月上旬。成虫寿命6～7天，昼伏夜出，交尾后1～2天开始产卵，卵多产于果实萼洼处。卵期7～8天。第1代卵发生在6月中旬～8月上旬，盛期为6月下旬～7月中旬。初孵幼虫有趋光性，先在果面爬行2～3小时后，多从胴部蛀入果内为害。随果实生长，蛀入孔愈合成小黑点，蛀孔周围果面稍凹陷，多条幼虫为害的果实常发育成凸凹不平的畸形果。幼虫期 20～24 天，老熟后从内向外咬一较大脱孔爬出落地，发生晚的直接入土做冬茧越冬，发生早的则在地面隐蔽处结夏茧化蛹。蛹期 12 天左右，在果实萼洼处产卵发生第 2 代。第 2 代卵 7 月下旬～9 月上中旬发生，盛期为 8 月上中旬。幼虫孵出后蛀果为害 25 天左右，于 8 月下旬开始从果内脱出，在树下土壤中结冬茧滞育越冬。

防控技术

（1）**农业措施防控**　生长季节及时摘除树上和拣拾落地虫果，集中深埋，杀灭果内幼虫。深秋至初冬结合深翻施肥，将树盘内 10 厘米深土层翻入施肥沟内，下层生土撒于树盘表面，促进越冬幼虫死亡。果树萌芽期，以树干基部为中心，在半径1.5 米左右的范围内覆盖塑料薄膜，边缘用土压实，能有效阻挡越冬幼虫出土和羽化的成虫飞出。实施果实套袋，阻止幼虫蛀食为害，一般果园 6 月上中旬套完袋即可。

（2）**诱杀雄成虫**　从 5 月中下旬开始在果园内悬挂桃小食心虫的性引诱剂，每亩 2～3 粒，诱杀雄成虫。1.5 个月左右更换 1 次诱芯。对于周边没有果园的孤立梨园，该项措施即可基本控制桃小的为害。但对于非孤立的梨园，不能进行彻底诱杀，只能用于虫情测报，以确定喷药时间。

（3）**地面药剂防控**　从越冬幼虫开始出土时进行地面用药，将土壤表层喷湿，然后耙松表层土壤，杀灭越冬代幼虫，有效药剂如毒死蜱、马拉硫磷、辛硫磷、毒・辛等。一般年份 5 月中旬后果园下雨后或浇灌后，是地面防控桃小食心虫的关键期；也可利用桃小性引诱剂测报，确定施药适期。

（4）**树上喷药防控**　地面用药后 20～30 天树上进行喷药防控，或在卵果率0.5%～1%、初孵幼虫蛀果前树上喷药；也可根据性引诱剂测报，在出现诱蛾高峰时立即喷药。防控第 2 代幼虫时，需在第 1 次喷药后 35～40 天进行。5～7 天 1 次，每代应喷药 2～3 次。常用有效药剂同"梨小食心虫"。要求喷药必须及时、均匀、周到，套袋果实套袋前需喷药 1 次。

四、桃蛀螟

危害特点　桃蛀螟（*Dichocrocis punctiferalis* Guenee）又称桃蛀野螟、桃蛀斑螟，属鳞翅目螟蛾科，以幼虫蛀食果实进行为害。幼虫多从萼洼处或胴部蛀入果实，取食果肉、种仁，虫道内及蛀孔外堆有大量虫粪。虫果易腐烂、脱落。除为害梨果外，还常为害苹果、桃、山楂等多种果实及玉米、高粱、向日葵等（彩图 7-227）。

形态特征　成虫全身黄色，胸部、腹部及翅

彩图7-227　桃蛀螟为害果实在蛀果孔外堆积许多虫粪

面散生许多大小不等的黑色斑点。雄蛾腹部末端有黑色毛丛。卵椭圆形，初产时乳白色，后变为红褐色。老龄幼虫体背红褐色，头、前胸背板均为褐色，各体节均有深褐色毛片。蛹黄褐色，腹部5～7节前缘各有1列小刺（彩图7-228、彩图7-229）。

彩图7-228　桃蛀螟成虫

彩图7-229　桃蛀螟幼虫

发生习性　桃蛀螟1年发生2～5代，华北梨区多发生2～3代，均以老熟幼虫结茧越冬。越冬场所较复杂，多在果树翘皮裂缝中、果园的土石块缝内、梯田壁缝隙中，也可在玉米茎秆、高粱秸秆、向日葵花盘、仓库壁缝内。第二年早春开始化蛹、羽化，但很不整齐。成虫昼伏夜出，傍晚开始活动，对黑光灯和糖醋液趋性强。华北梨区第1代幼虫发生在6月初至7月中旬，第2代幼虫发生在7月初至9月上旬，第3代幼虫发生在8月中旬至9月下旬。多从第2代幼虫开始为害梨果，卵多产在枝叶茂密处的果实上，以果实的胴部着卵最多，卵散产。幼虫有转果为害习性。卵期6～8天，幼虫期15～20天，蛹期7～10天，完成一代约需30天。9月中下旬后老熟幼虫转移至越冬场所越冬。

防控技术

（1）农业措施防控　发芽前刮除枝干粗皮、翘皮，清除园内落叶杂草并翻耕树盘等，处理害虫越冬场所，减少越冬虫源。生长期及时摘除虫果、拣拾落果，并集中深埋，消灭果内幼虫。尽量实施果实套袋，阻止害虫产卵、蛀食为害。

（2）诱杀成虫　利用成虫对黑光灯及糖醋液的趋性等，在果园内设置黑光灯、频振式诱虫灯、性引诱剂及糖醋液诱捕器等，诱杀成虫，并进行虫情测报，以确定喷药时间。

（3）及时药剂防控　根据虫情测报，在各代成虫产卵高峰期及时进行喷药，5～7天1次，每代均匀周到喷药1～2次，套袋果园在套袋前喷药1次。常用有效药剂同"梨小食心虫"。

五、茶翅蝽

危害特点　茶翅蝽（*Halyomorpha picus* Fabricius）俗称"臭大姐"，属半翅目蝽科，以成虫和若虫主要刺吸果实为害。果实受害处表面凹陷，皮下组织硬化，局部停止生长，严重时果面凹凸不平，形成疙瘩梨。受害果畸形、味苦，不能食用（彩图 7-230）。

形态特征　成虫体扁平，茶褐色，前胸背板、小盾片和前翅革质处有黑色刻点，前胸背板前缘横列 4 个黄褐色小点，小盾片基部横列 5 个小黄点，两侧斑点明显。卵短圆筒形，直径 0.7 毫米左右，初产时乳白色、近孵化时变黑褐色，数粒排列成块状。初孵若虫

彩图7-230　茶翅蝽为害梨
果实症状

近圆形，初期白色，渐变为黑褐色，腹部淡橙黄色，各腹节两侧节间各有 1 长方形黑斑；老熟若虫与成虫相似，无翅（彩图 7-231、彩图 7-232）。

彩图7-231　茶翅蝽成虫　　　彩图7-232　茶翅蝽初孵若虫及卵壳

发生习性　茶翅蝽在华北梨区 1 年发生 1～2 代，以受精雌成虫主要在墙缝、石缝、草堆、树洞等场所越冬。第二年 4 月中下旬开始出蛰，5 月中下旬后陆续转入梨园为害。成虫寿命较长，达 2 个月左右。成虫多在梨叶片背面产卵，多为 28 粒左右排列成近三角形卵块。初孵若虫先静伏在卵壳上面或周围，3～5 天后分散为害。7 月上中旬后陆续出现第 1 代成虫，8 月上旬前第 1 代成虫会很快产卵，导致发生第 2 代；8 月中旬后羽化的成虫均为越冬代成虫。入秋后成虫寻找适宜场所潜藏越冬。

防控技术

（1）人工防控　秋季在果园内设置草堆（特别是在果园内小房的南面），诱集越冬成虫，进入冬季后集中烧毁。利用茶翅蝽的假死性，结合其他农事活动，于早晨或傍晚人工振树捕杀。实施果实套袋，利用果袋防止果实受害。

（2）适当喷药防控　关键是喷药时间和有效药剂。在椿象迁飞至梨园的初期

（周边为麦田的梨园，多为小麦蜡熟期开始向梨园迁入）喷药效果最好，大果园也可只喷洒周边几行梨树，阻止害虫进入梨园，7～10天1次，连喷2～3次；有效药剂以选用速效性好、击倒力强的药剂较好，常用有效药剂如：马拉硫磷、杀螟硫磷、高效氯氰菊酯、高效氯氟氰菊酯、联苯菊酯、甲氰菊酯、高氯·马等。若在药液中混加有机硅类等农药助剂，可显著提高杀虫效果。

六、麻皮蝽

危害特点 麻皮蝽［*Erthesina fullo*（Thunberg）］又称黄斑蝽象，俗称"臭大姐"，属半翅目蝽科，以成虫和若虫主要刺吸为害果实。果实受害处表面凹陷，皮下组织变硬，局部停止生长，导致果面凹凸不平，形成疙瘩梨；严重时，后期果肉组织变硬、味苦，果实畸形，丧失商品价值（彩图7-233）。

形态特征 成虫体黑褐色，密布黑色刻点及细碎不规则黄斑；触角5节，黑色，末节基部黄色；头部前端至小盾片有1条黄色细中纵线。卵略呈柱状，初产时灰白色渐变黄白色，数粒成块。若虫共5龄，均扁洋梨形，前尖削后浑圆；老龄体长约19毫米，似成虫（彩图7-234～彩图7-236）。

彩图7-233　麻皮蝽为害的梨果实

彩图7-234　麻皮蝽成虫

彩图7-235　麻皮蝽卵块及初孵若虫

彩图7-236　麻皮蝽若虫

发生习性 麻皮蝽1年发生1～2代，以成虫在枯枝落叶下、草丛中、树皮裂缝、梯田堰坝缝、围墙缝等隐蔽处越冬。翌年春季梨树萌芽后开始出蛰活动、为害。华北梨区5月中下旬开始交尾产卵，6月上旬为产卵盛期，6月上中旬始见若虫，7～8月间羽化为成虫，9月下旬后成虫陆续寻找隐蔽场所越冬。成虫有弱趋光性和群集性，寿命长，飞翔力强，喜于树体上部栖息为害，具假死性，受惊扰时喷射臭液，早晚气温低时常假死坠地，正午高温时则逃飞。卵多成块状产于叶背，每块约12粒，初龄若虫常群集叶背，2～3龄才分散活动。

防控技术 同"茶翅蝽"防控技术。

七、金龟子类

危害特点 为害梨树的金龟子类主要有苹毛丽金龟（*Proagopertha lucidula* Faldermann）、黑绒鳃金龟（*Maladera orientalis* Motschulsky）、小青花金龟（*Oxycetonia jucunda* Faldermann）白星花金龟［*Potosia brevitarsis*（Lewis）］等，均属于鞘翅目，成虫均俗称"金龟子"，幼虫均俗称"蛴螬"。均以成虫咬食花蕾、花朵、嫩芽、嫩叶为主，食害成孔洞或缺刻，严重时将花器、嫩叶吃光，对开花坐果和刚定植的苗木及幼树威胁很大。此外，小青花金龟、白星花金龟成虫还可群聚食害果实，尤其喜欢群集在果实伤口或腐烂处取食果肉。幼虫在地下能为害果树细根，但树体没有明显受害状（彩图7-237～彩图7-241）。

彩图7-237 梨树花器受害状　　彩图7-238 苹毛丽金龟正在为害花器

形态特征

苹毛丽金龟 成虫卵圆形，虫体除鞘翅和小盾片光滑无毛外，皆密被黄白色细茸毛；头、胸背面紫铜色，鞘翅茶褐色，有光泽，半透明，透过鞘翅透视后翅折叠成"V"形，腹部末端露在鞘翅外。卵乳白色，椭圆形，长约1毫米，表面光滑。老熟幼虫体乳白色，头部黄褐色，前顶有刚毛7～8根，后顶有刚毛10～11根。蛹长10毫米左右，裸蛹，淡褐色，羽化前变为深红褐色（彩图7-242）。

彩图7-239　小青花金龟咬食梨幼果　彩图7-240　小青花金龟为害梨果，导致果实腐烂

彩图7-241　白星花金龟群集啃食　　彩图7-242　苹毛丽金龟成虫
　　　　　　梨果

　　黑绒鳃金龟　成虫卵圆形，体黑色至黑紫色，密被天鹅绒状灰黑色短绒毛，两鞘翅上各有9条刻点沟。卵乳白色，初产时卵圆形，后膨大成球状。老熟幼虫体体乳白色，头部黄褐色，肛腹片上有约28根锥状刺，横向排列成单行弯弧状。蛹长约8毫米，裸蛹，黄褐色（彩图7-243）。

　　小青花金龟　成虫长椭圆形稍扁，体色变化大，背面暗绿色或绿色至古铜色微红甚至黑褐色，有光泽，体表密布淡黄色毛和点刻，前胸和鞘翅上有白色或黄白色绒斑。卵椭圆形，初乳白色渐变淡黄色。老熟幼虫体长32～36毫米，体乳白色，头部棕褐色或暗褐色。蛹长14毫米，初淡黄白色，后变橙黄色（彩图7-244）。

　　白星花金龟　成虫椭圆形，全身黑铜色，具有绿色或紫色闪光，前胸背板和鞘翅上散布众多不规则白绒斑，腹部末端外露，臀板两侧各有3个小白斑。卵乳白色，圆形或椭圆形。老熟幼虫头部褐色。蛹为裸蛹，初白色渐变为黄白色（彩图7-245）。

彩图7-243　黑绒鳃金龟成虫　　　　　彩图7-244　小青花金龟成虫

金龟子幼虫具有普遍共性，静止时身体均向腹面弯曲呈"C"形（彩图 7-246）。

彩图7-245　白星花金龟成虫　　　　　彩图7-246　金龟子幼虫形态

发生习性　四种金龟子均 1 年发生 1 代，苹毛丽金龟、黑绒鳃金龟、小青花金龟均以成虫在土壤中越冬，梨树发芽开花期陆续出蛰，然后上树为害嫩芽、花器等。小青花金龟还可以幼虫、蛹越冬。白星花金龟以幼虫在土壤中或秸秆沤制的堆肥中越冬，翌年 5 月份出现成虫，成虫白天活动。苹毛丽金龟平均气温 10℃左右时，成虫白天上树为害，夜间下树入土潜伏；气温达 15～18℃时，成虫则白天、夜晚都停留在树上。黑绒鳃金龟傍晚出土上树为害，深夜后及白天潜入土中不动。小青花金龟白天在树上为害，夜间入土潜伏或停在树上不动。四种成虫均有趋光性和假死性，受振动后落地假死不动。

苹毛丽金龟、黑绒鳃金龟、小青花金龟在土壤中产卵，幼虫在土壤中生长发育，秋季羽化为成虫后在土壤中越冬。白星花金龟在腐殖质含量高的土壤中产卵，幼虫孵化后在其中生长发育，秋后休眠越冬。

防控技术

（1）土壤用药　在梨树萌芽期，树下土壤用药，杀灭成虫。一般使用毒死蜱或辛硫磷药液将土壤表层喷湿，或地面均匀撒施颗粒剂，然后耙松表层土壤即可。持效期可达 1 个月左右。

（2）适当树上喷药　一般果园不需喷药防控，金龟子为害严重时，可在萌芽期至开花前或金龟子发生期内适当喷药 1 ～ 2 次。以早晚喷药效果最好，但要选用击倒能力强、速效性快、安全性好的触杀型药剂。效果较好的药剂有：辛硫磷、敌敌畏、马拉硫磷、高效氯氰菊酯、高效氯氟氰菊酯、联苯菊酯、甲氰菊酯、高氯·马等，若在药液中混有有机硅类等农药助剂，可显著提高杀虫效果。如果落花后虫量仍然较大，则落花后再喷药 1 次。

（3）其他措施　新栽幼树定干后套袋，防止金龟子啃食嫩芽、嫩叶，以选用

直径 5 ～ 10 厘米、长 50 ～ 60 厘米的塑膜袋或报纸袋较好。利用成虫的假死性，在成虫发生期内于清晨或傍晚振树捕杀，树下铺设塑料薄膜或床单，以便于收集成虫。也可在果园内设置诱虫灯或糖醋液诱捕器，诱杀成虫。尽量实施果实套袋，有效保护果实受害。果实成熟采收期，不要将病虫伤果及烂果堆积在果园周边，以避免为白星花金龟提供产卵场所。应施用充分腐熟的有机肥料，避免有机肥未充分腐熟、携带虫卵或幼虫等（彩图 7-247）。

彩图7-247　新栽幼树套袋预防金龟子啃食芽和嫩叶

八、中国梨木虱

危害特点　中国梨木虱（*Psylla chinensis* Yang et Li）简称"梨木虱"，属半翅

目木虱科，在我国各梨产区均有发生，以成虫和若虫刺吸嫩绿组织汁液为害。春季多集中在新梢、叶柄上为害，夏季多在叶片背面吸食为害。受害叶片叶脉扭曲、叶面皱缩，后期形成褐色枯斑，严重时枯斑逐渐扩大、变黑，易导致早期落叶。同时，若虫分泌大量黏液，常使叶片粘连一起或粘贴在果实上，并常诱发霉菌滋生，造成叶片和果实污染，影响果实产量及品质（彩图 7-248 ～ 彩图 7-250）。

彩图7-248　梨木虱群集在嫩梢基部为害

彩图7-249　梨木虱黏液上腐生有霉菌　彩图7-250　梨木虱黏液导致果实呈
　　　　　　　　　　　　　　　　　　　　　　　　　　煤污状

　　形态特征　成虫分冬型与夏型两种。冬型成虫灰褐色，前翅后缘臀区有明显褐斑；夏型成虫黄绿色或黄褐色，翅上无斑纹；静止时，翅呈屋脊状叠于体上。卵为长圆形，初产时淡黄白色，后变黄色。初孵若虫扁椭圆形，淡黄色，逐渐被黏液覆盖；3龄后呈扁圆形，绿褐色，翅芽长圆形，突出于身体两侧（彩图7-251～彩图7-256）。

彩图7-251　梨木虱冬型成虫　　彩图7-252　梨木虱夏型成虫

　　发生习性　梨木虱在北方梨区1年发生4～6代，以冬型成虫在树皮缝、落叶、杂草及土缝中越冬。春天温暖无风时开始活动，并交尾、产卵。萌芽期为越冬代成虫产卵盛期，卵期7～10天。冬型成虫主要在短果枝叶痕和芽基部产卵，有时也可产生在膨大芽体的嫩组织上；以后各代成虫将卵产在幼嫩组织的绒毛内、叶缘锯齿间和叶面主脉沟内或叶背主脉两侧。成虫繁殖力强，平均每头雌成虫产卵290多粒。若虫为害时可分泌大量黏液，逐渐将虫体覆盖，使虫体潜在黏液内取食为害。初孵若虫至被黏液完全覆盖一般需7天左右。第1代若虫集中为害期从终花期开始，第1代成虫出现盛期约在盛花后35天；第2代若虫发生从盛花后1.5个月左右开始；以后35天左右发生一代，但逐渐世代重叠。

彩图7-253　梨木虱越冬成虫在芽痕处产的卵　　彩图7-254　冬型成虫产在膨大花蕾基部的卵粒

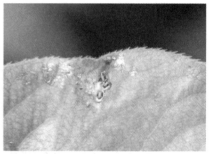

彩图7-255　梨木虱若虫　　彩图7-256　梨木虱若虫被黏液覆盖

防控技术

（1）消灭越冬虫源及第1代卵　早春刮树皮，清洁果园，消灭成虫越冬场所，压低虫口基数。芽萌动期，选择温暖无风的晴朗天气喷药，杀灭越冬代成虫；花序铃铛球期时再喷药1次，集中杀灭第1代卵，兼防残余冬型成虫。对成虫和卵效果都较好的药剂有：矿物油、高效氯氰菊酯、高效氯氟氰菊酯、联苯菊酯、甲氰菊酯、阿维·高氯、阿维·高氯氟等。

（2）生长期药剂防控　关键是第1代和第2代若虫期，在若虫孵化期至低龄若虫被黏液完全覆盖前及时喷药，每代喷药1～2次。一般梨园终花期立即喷药即为第1代若虫防控关键期，落花后1.5个月左右为第2代若虫防控关键期，以后逐渐世代重叠，需灵活掌握用药。对成虫防控效果好的药剂主要为菊酯类（同前）；对若虫防控效果好的药剂有：螺虫乙酯、阿维菌素、吡虫啉、啶虫脒、吡蚜酮、噻虫嗪、呋虫胺、氟啶虫胺腈、阿维·螺虫酯、阿维·吡虫啉、阿维·啶虫脒、螺虫·呋虫胺、噻虫·高氯氟等。防控若虫时，在虫体尚未被黏液完全覆盖时喷药效果好；若在药液中混加有机硅等农药助剂，可分解部分黏液，提高杀虫效果。

九、梨黄粉蚜

危害特点　梨黄粉蚜［*Aphanostigma iaksuiense*（Kishida）］，简称"黄粉蚜"，俗称"黄粉虫"，属半翅目根瘤蚜科。以成虫和若虫主要群集在果实上繁殖为害，萼洼和果柄基部虫量最多；随虫量增加逐渐蔓延至整个果面，似一堆堆黄粉。果实受害处初期出现黄斑并稍凹陷，外围产生褐色晕圈，后发展为褐色斑点；虫量大时形成黑褐色大斑，表面明显凹陷甚至产生裂缝，后期易诱发杂菌感染而导致果实腐烂。套袋果受害，多从果柄基部开始发生，易造成果实脱落（彩图7-257、彩图7-258）。

彩图7-257　黄粉蚜为害导致梨果表层组织坏死　　彩图7-258　黄粉蚜为害导致果柄基部周围果肉坏死，表面腐生杂菌

形态特征　黄粉蚜属多型性蚜虫，分为干母、性母、普通型和有性型四种。干母、性母、普通型均为雌性，行孤雌卵生，形态相似，体呈倒卵圆形，鲜黄色，足短小，无翅，无腹管。有性型雌虫体长椭圆形，鲜黄色，口器退化。越冬卵椭圆形，淡黄色，表面光滑。若蚜淡黄色，体型与成蚜相似，只是体型较小（彩图7-259）。

彩图7-259　梨黄粉蚜虫体等

发生习性　黄粉蚜1年发生8～10代，以卵主要在果台、枝干裂缝处及枝干残附物内越冬，以果台裂缝内最多。梨树开花期，卵孵化为干母若虫，并在

翘皮下嫩皮处刺吸为害,羽化为成虫后产卵繁殖。5月中下旬开始向果实转移,先在萼洼、梗洼处取食为害,继而蔓延到果面等处,果实接近成熟时为害最重。8～9月出现有性蚜,雌雄交尾后转移到果台树皮缝等处产卵越冬。果实套袋有利于黄粉蚜为害果实。

防控技术

(1)消灭越冬虫源 落叶后至萌芽前,刮除枝干粗翘皮并集中销毁,消灭黄粉蚜越冬虫卵,压低虫口基数。芽萌动时,淋洗式喷施1次石硫合剂或高效氯氟氰菊酯或高效氯氰菊酯,铲除越冬虫态,兼治其他害虫。

(2)生长期药剂防控 关键为喷药时期和喷药质量,主要是避免黄粉蚜上果,即将黄粉蚜杀灭在上果之前,对于套袋果实尤为重要。华北梨区一般果园从5月中下旬开始喷药,7～10天1次,连喷3次左右;套袋果,套袋前最好喷药1次。效果较好的有效药剂有:吡虫啉、啶虫脒、吡蚜酮、呋虫胺、氟啶虫胺腈、噻虫嗪、高效氯氰菊酯、高效氯氟氰菊酯、联苯菊酯、噻虫·高氯氟、氯氟·吡虫啉、高氯·吡虫啉等。喷药时必须均匀周到,以淋洗式喷雾效果最好;另外,若在药液中混加有机硅等农药助剂,可显著提高杀虫效果。

十、梨二叉蚜

危害特点 梨二叉蚜[*Schizaphis piricola*(Matsumura)]俗称"梨蚜",属半翅目蚜科。以成蚜、若蚜主要群集在嫩叶上刺吸为害,受害叶片向正面纵卷呈筒状,而后受害叶片逐渐皱缩、变脆,不能伸展,严重时引起落叶(彩图7-260、彩图7-261)。

彩图7-260 梨二叉蚜为害状　　彩图7-261 卷叶内有许多梨二叉蚜

形态特征 无翅胎生雌蚜体长约2毫米,体绿色、暗绿色、黄褐色,被有白色蜡粉,背部中央有1条深绿色纵带,腹管圆柱状、末端收缩。有翅胎生雌蚜体长约 1.5 毫米，灰绿色，头、胸部黑色，腹部色淡，额瘤略突出，前翅中脉分 2 叉，腹管同无翅胎生雌蚜。若虫与无翅胎生雌蚜相似，体小，绿色（彩图 7-262、彩图 7-263）。

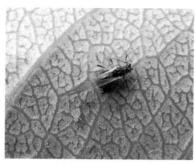

彩图7-262　梨二叉蚜的无翅胎生雌蚜　　彩图7-263　梨二叉蚜的有翅蚜

发生习性　梨二叉蚜 1 年发生 10 多代，以卵在芽腋、果台或小枝缝隙等处越冬。梨芽萌动时开始孵化，初孵若虫先在膨大的芽上为害，待展叶后集中到嫩梢叶片上为害，并迅速繁殖、为害加重，致使叶片纵卷成筒状。落花后 15 ～ 20 天开始出现有翅蚜，5 ～ 6 月间迁飞离开梨园。9 ～ 10 月又迁飞回梨树上，雌蚜交尾后产卵，以卵越冬。

防控技术

（1）消灭越冬虫卵　结合其他害虫防控，在梨树萌芽前喷施 1 次石硫合剂或高效氯氰菊酯或高效氯氟氰菊酯等药剂清园，消灭越冬虫卵。

（2）树上喷药防控　花序分离期至铃铛球期和落花后 10 天内是药剂防控的两个关键期，各喷药 1 次即可；少数秋梢受害卷叶较重果园，也可在秋梢叶片卷叶初期再及时喷药 1 次。常用有效药剂有：吡虫啉、啶虫脒、吡蚜酮、呋虫胺、氟啶虫胺腈、噻虫嗪、高效氯氰菊酯、高效氯氟氰菊酯、联苯菊酯、噻虫•高氯氟、氯氟•吡虫啉、高氯•吡虫啉等。

（3）其他措施　结合疏花疏果等农事活动，发现被害卷叶及时摘除，集中销毁，减少园内虫量。梨二叉蚜的天敌种类很多，如食蚜蝇、瓢虫、草蛉等，当虫口密度较低时天敌的控制作用非常明显，所以喷药时尽量避免使用广谱性杀虫药剂（彩图 7-264）。

彩图7-264　梨二叉蚜及其天敌

十一、绣线菊蚜

危害特点　绣线菊蚜（*Aphis citricola* Van der Goot）俗称"苹果黄蚜"，属半翅目蚜科，以成蚜、若蚜刺吸幼嫩组织汁液进行为害。若蚜、成蚜常群集在新梢上和嫩叶背面为害，受害叶片向正面纵卷，严重时新梢上叶片全部卷缩，影响新梢生长和树冠扩大。虫口密度大时，许多蚜虫甚至爬至幼果上为害（彩图7-265、彩图7-266）。

彩图7-265　绣线菊蚜群集在梨树嫩梢　　彩图7-266　有翅蚜、无翅蚜群集在
　　　　　　　上为害　　　　　　　　　　　　　　　梨树嫩叶背面为害

形态特征　无翅孤雌胎生蚜体黄色或黄绿色，头部、复眼、口器、腹管和尾片均为黑色，触角显著比体短，腹管圆柱形，末端渐细，尾片圆锥形，生有10根左右弯曲的毛。有翅胎生雌蚜体黄绿色，头、胸、口器、腹管和尾片均为黑色，触角丝状6节，较体短，体两侧有黑斑，并具明显的乳头状突起。若蚜体鲜黄色，无翅若蚜腹部较肥大，腹管短；有翅若蚜胸部发达，具翅芽，腹部正常。卵椭圆形，漆黑色，有光泽（彩图7-267、彩图7-268）。

彩图7-267　群集叶片背面为害的　　　彩图7-268　绣线菊蚜的有翅胎生
　　　　　　　无翅蚜　　　　　　　　　　　　　　　雌蚜

发生习性 绣线菊蚜1年发生10余代，以卵在枝条的芽旁、芽痕、枝杈或树皮缝隙等处越冬，特别是2～3年生枝条的分杈和芽痕处的皱缝内卵量较多。翌年春天果树萌芽时开始孵化为干母，并群集在新芽、嫩梢及嫩叶的背面为害，十余天后开始胎生无翅蚜虫，称之为干雌，行孤雌胎生繁殖。干雌以后产生有翅和无翅的后代，有翅蚜则转移扩散。绣线菊蚜前期繁殖较慢，产生的多为无翅孤雌胎生蚜，5月下旬可见到有翅孤雌胎蚜。6～7月份繁殖速度明显加快，虫口密度显著提高，在枝梢、叶背及嫩芽出现群集蚜虫。7～9月份雨量较大时，虫口密度会明显下降；至10月份开始全年中的最后1代，产生雌、雄有性蚜，行两性生殖，产卵越冬。

防控技术

（1）萌芽前清园 梨树萌芽前，结合其他害虫防控，全园喷施1次铲除性药剂清园，杀灭越冬虫卵。常用有效药剂如：石硫合剂、高效氯氟氰菊酯、机油乳剂等。

（2）生长期及时喷药防控 往年绣线菊蚜发生严重果园，萌芽后至开花前喷药1次，杀灭初孵化若蚜及早期蚜虫；然后从新梢上蚜虫数量开始较快增多时或发生为害初盛期开始继续喷药，10天左右1次，连喷2次左右。常用有效药剂同"梨二叉蚜"。

（3）保护和利用天敌 绣线菊蚜的天敌种类很多，果园内常见的有瓢虫、草蛉、食蚜蝇、蚜茧蜂、花蝽等。喷药时尽量选用专性杀蚜剂，尽量减少使用广谱性农药，以保护天敌。

十二、绿盲蝽

危害特点 绿盲蝽［*Apolygus lucorum*（Meyer-Dur）］又称绿盲椿象，属半翅目盲蝽科，以成虫、若虫主要刺吸为害嫩叶和幼果。嫩叶受害，初为黄绿色小点，逐渐发展成为褐色斑点；随叶片生长，斑点渐变为不规则孔洞，严重时叶片扭曲、皱缩、畸形。幼果受害，初为小米粒状隆起小疱，随后小疱表皮破裂，伴有果汁溢出；稍后，破口似开花状，果汁干后呈白色粉；后期，伤口愈合形成黑点，微隆起（彩图7-269、彩图7-270）。

形态特征 成虫体长卵圆形，黄绿色或浅绿色；胸足3对，黄绿色；前胸背板深绿色，有很多小黑点；前翅基部革质、绿色，端部膜质、灰色、半透明。卵黄绿色，长口袋形，长1毫米左右。若虫共5龄，体绿色，体型与成虫相似，触角淡红色，三龄开始出现明显翅芽，翅芽端部黑色（彩图7-271、彩图7-272）。

彩图7-269 绿盲蝽在嫩叶上的为害状

彩图7-270 绿盲蝽在幼果上的为害状

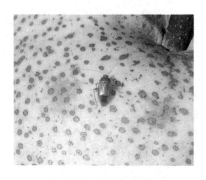

彩图7-271　绿盲蝽成虫　　　　　　彩图7-272　绿盲蝽若虫

发生习性　绿盲蝽1年发生5代，以卵在杂草、芽鳞内、树皮缝及浅层土壤中越冬。萌芽期越冬卵开始孵化，而后至树上为害。绿盲蝽白天潜伏，清晨和夜晚上树刺吸取食。第1代发生盛期在4月底5月初，第2代发生盛期在6月上旬，第3、4、5代发生盛期基本分别为7月上旬左右、8月上旬左右、9月上旬左右，有明显的时代重叠。第1～2代为害梨树较重；后三代主要在其他寄主植物上为害。秋季，部分末代成虫陆续迁回果园，产卵越冬。

防控技术

（1）农业措施防控　结合冬季清园，清除果园内的枯枝、落叶、杂草，刮除枝干粗翘皮，破坏害虫越冬场所，减少越冬虫源。同时，在树干上涂抹黏虫胶环，阻杀爬行上树的绿盲蝽若虫。

（2）生长期喷药防控　重点防控绿盲蝽为害幼嫩组织，花序分离期和落花后半月内是药剂防控关键期，花序分离期喷药1次，落花后喷药1～2次，间隔期7～10天；以后根据绿盲蝽发生情况，酌情确定是否喷药。常用有效药剂有：阿维菌素、甲氨基阿维菌素苯甲酸盐、高效氯氰菊酯、高效氯氟氰菊酯、联苯菊酯、甲氰菊酯、吡虫啉、啶虫脒、呋虫胺、阿维·高氯、阿维·高氯氟、高氯·甲维盐等。绿盲蝽多白天潜伏，早、晚上树为害，因此喷药以早、晚进行效果较好，特别是选用菊酯类药剂时更应如此。

十三、梨冠网蝽

危害特点　梨冠网蝽（*Stephanitis nashi* Esaki et Takeya）又称梨网蝽，俗称"军配虫"，属半翅目网蝽科，以成虫和若虫在叶背刺吸汁液为害。受害叶片正面初期产生黄白色小斑点，虫量大时斑点发展连片，导致叶面成苍白色；严重时叶片变褐，容易脱落。叶片背面因害虫分泌物和排泄物污染而呈黄褐色，易引起霉污（彩图7-273、彩图7-274）。

彩图7-273　梨冠网蝽为害的梨树　　　　彩图7-274　梨冠网蝽为害的梨树
　　　　　　叶片正面　　　　　　　　　　　　　　　叶片背面

形态特征　成虫扁平，暗褐色，头小，翅上布满网状纹；前胸发达，向后延伸盖住小盾片，前胸背板两侧向外突出呈翼片状，具褐色细网纹；前翅略呈长方形，静止时两翅叠起，黑褐色斑纹呈"X"状。卵长椭圆形，稍弯，初淡绿色后渐变为淡黄色。若虫暗褐色，身体扁平，体缘具黄褐色刺状突起（彩图7-275）。

发生习性　梨冠网蝽1年发生3～4代，以成虫在落叶下、树皮缝、土缝及果园周围的灌木丛中越冬。果树发芽时开始出蛰，但出蛰期很不整齐，5月中旬后世代重叠严重。成虫寿命较长，出蛰后先在树冠下部的叶背取食为害，后逐渐向上扩散。成虫在叶片背面叶脉两

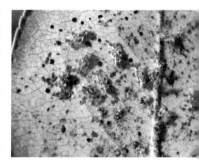

彩图7-275　梨冠网蝽成虫、
　　　　　若虫

侧的组织内产卵，若虫孵化后群集在叶背面主脉两侧为害。7～8月份为梨冠网蝽为害盛期。10月中旬后成虫陆续寻找适宜场所越冬。

防控技术

（1）消灭越冬虫源　秋后在树干上绑附草把，诱集越冬成虫，入冬后解下草把烧毁；发芽前，彻底清除落叶、杂草，刮除枝干老翘皮，集中烧毁，消灭越冬成虫。萌芽期喷施1次石硫合剂或高效氯氰菊酯或高效氯氟氰菊酯等药剂，杀灭越冬成虫。

（2）生长期喷药防控　喷药防控的关键期有两个：一是越冬成虫出蛰至第1代若虫发生期，以压低春季虫口密度为主；二是夏季较重发生前喷药（害虫开始分散为害初期），目的为控制7～8月份的为害。每期喷药1～2次即可。常用有效药剂有：阿维菌素、甲氨基阿维菌素苯甲酸盐、螺虫乙酯、高效氯氰菊酯、高效氯氟氰菊酯、甲氰菊酯、联苯菊酯、吡虫啉、啶虫脒、呋虫胺等。喷药时重点喷洒叶片背面，在药液中混加有机硅等农药助剂，可显著提高杀虫效果。

十四、梨瘿蚊

危害特点　梨瘿蚊（*Dasineura pyri* Bouchur）俗称"梨芽蛆""梨叶蛆"，属双翅目瘿蚊科，以幼虫为害芽和嫩叶。幼虫孵化后即钻入芽内为害，嫩叶受害 3 天后开始出现黄色斑点，进而叶片呈现凹凸不平，叶肉组织肿胀、畸形，边缘向正面卷曲，严重时叶片纵卷，甚至成双桶状，后期变褐枯死甚至提早脱落（彩图 7-276）。

形态特征　成虫体暗红色，1 对前翅，后翅退化为淡黄色平衡棒；雌成虫触角丝状，腹末有长约 1.2 毫米的管状伪产卵器；雄成虫触角念珠状。卵长椭圆形，初产时淡橘黄色，孵化前变为橘红色。幼虫长纺锤形，1～2 龄体无色透明，3 龄半透明，4 龄乳白色渐变为橘红色，老熟幼虫体。蛹橘红色，裸蛹（彩图 7-277）。

彩图7-276　梨瘿蚊为害状　　　　彩图7-277　梨瘿蚊幼虫

发生习性　梨瘿蚊 1 年发生 2～3 代，以老熟幼虫在树下浅层土壤及枝干翘皮裂缝中越冬。梨树萌芽开花期出蛰羽化，成虫羽化后即可交尾，约 2 小时后开始产卵。成虫产卵多在未展开的芽叶缝隙中，幼虫孵化后即在芽内或嫩叶上为害。越冬代成虫多发生在 4 月上旬，第 1 代多发生在 5 月上旬，第 2 代多发生在 6 月上旬。第 1 代卵期 4 天，第 2 代 3 天，第 3 代 2 天；各代幼虫期 13 天左右；第 1 代蛹期 20 天，第 2 代蛹期 12.8 天。降雨潮湿有利于该虫的发生为害和世代交替。

防控技术

（1）农业措施防控　发芽前刮除枝干粗皮翘皮，并深翻树盘，促进越冬虫体死亡。生长期结合疏果、套袋等农事活动，发现虫叶及时摘除，集中销毁，减少虫源。

（2）药剂防控　一是地面用药防控成虫羽化，二是树上喷药杀灭成虫、幼虫。地面用药在越冬成虫羽化前 1 周进行，一般选用毒死蜱或辛硫磷喷洒地面，将土壤表层喷湿，然后耙松表土即可。树上喷药在成虫盛发期进行，多为新梢生长期及时喷药，10 天左右 1 次，春梢期和秋梢期各喷药 1～2 次，常用有效药剂如：

甲氨基阿维菌素苯甲酸盐、阿维菌素、氟啶虫胺腈、吡虫啉、啶虫脒、呋虫胺、高效氯氰菊酯、高效氯氟氰菊酯、联苯菊酯、氯氟·吡虫啉、阿维·吡虫啉、阿维·高氯、阿维·高氯氟、高氯·甲维盐等。

十五、梨茎蜂

危害特点 梨茎蜂（*Janus piri* Okamoto et Muramatsu）又称梨梢茎蜂、梨茎锯蜂，俗称"折梢虫"，属膜翅目茎蜂科，以成虫和幼虫为害新梢，尤以成虫为害最重。当新梢长至 5 ～ 10 厘米时，成虫开始为害，用锯状产卵器将嫩梢上部锯伤，再将伤口下方的 3 ～ 4 个叶片切去，仅留叶柄。新梢被锯后萎蔫下垂，干枯脱落。幼虫孵化后，在残留的小枝橛内向下蛀食为害，虫粪填塞体后虫道，受害嫩茎逐渐变黑褐色干橛（彩图 7-278）。

彩图7-278 梨茎蜂为害状

形态特征 成虫体细长、黑色，有光泽。口器、前胸背板后缘两侧、中胸侧板、后胸两侧及后胸背板的后端均为黄色。翅透明，翅脉黑褐色。足黄色。雌虫腹部末端有锯状产卵器。卵椭圆形，稍弯曲，乳白色、半透明。初孵幼虫白色，渐变为淡黄色；老熟幼虫体稍扁平，头部淡褐色，腹部灰白色，尾部上翘。蛹全体白色，离蛹，羽化前变黑色（彩图 7-279、彩图 7-280）。

彩图7-279 梨茎蜂成虫

彩图7-280 梨茎蜂幼虫

发生习性 梨茎蜂 1 年发生 1 代，以老熟幼虫在被害枝橛内越冬。梨树开花期成虫逐渐羽化，鸭梨盛花后 5 天为成虫产卵高峰。成虫在晴朗天气飞翔、交尾和产卵，阴雨天和早晚低温时在叶背静伏不动。成虫产卵时，先用锯状产卵器将嫩梢 4 ～ 5 片叶处锯伤，将卵产在伤口下 2 ～ 4 毫米处的嫩组织里。成虫产卵期约持续半月。卵期7天，幼虫孵化后向枝橛下方蛀食，老熟后头向上做茧休眠越冬。

防控技术

（1）及时剪除虫梢　结合冬季修剪，尽量剪除被害枯梢（从枯梢下3厘米左右处剪截），集中烧毁或深埋，消灭越冬虫源。梨树落花后，结合疏花疏果等农事活动，及时剪除被害枝梢（从枯萎处下方2厘米处剪截），集中销毁，减少园内虫量。

（2）黄板诱杀成虫　在梨茎蜂成虫发生期内，于果园中悬挂黄色黏虫板，诱杀成虫。黏虫板多悬挂在树冠外围距地面1.5米高处，当黏虫板粘满虫体时，注意及时更换。

（3）适当喷药防控　成龄果园一般不需喷药防控，幼树园或高接换头的梨园则需及时喷药。在新梢长至5～10厘米时（花序分离期至铃铛球期）和鸭梨落花后各喷药1次。常用有效药剂如：高效氯氰菊酯、高效氯氟氰菊酯、甲氰菊酯、联苯菊酯、辛硫磷、高氯·马等。

十六、梨瘿华蛾

危害特点　梨瘿华蛾（*Sinitinea pyrigolla* Yang）又称梨瘤蛾，属鳞翅目华蛾科，以幼虫蛀入当年生枝条木质部内取食为害，刺激被害枝条形成瘤状虫瘿。虫量大时，一个枝条上可以几个虫瘿连成一串，似糖葫芦状（彩图7-281、彩图7-282）。

彩图7-281　梨瘿华蛾在小枝上的虫瘿　　彩图7-282　梨瘿华蛾虫瘿剖面

形态特征　成虫灰黄褐色，前翅有狭三角形灰白色大斑，并有两簇竖鳞组成的黑斑。后翅缘毛长。卵圆筒形，初产时橙黄色，近孵化时棕褐色。老熟幼虫全体淡黄白色，头部小，胴部肥大，头及前胸背板黑色（彩图7-283）。蛹体长5～7毫米，初为淡褐色，羽化前头胸部变黑，腹部和臀板浅褐色。

发生习性　梨瘿华蛾1年发生1代，以蛹在虫瘿内越冬。第二年梨树花芽膨大期成虫开始羽化，开花前为羽化盛期。成虫傍晚活跃，绕树飞翔，交尾产卵。卵散产于小枝的粗皮、短果枝的叶痕褶皱、老虫瘿的裂缝及花芽、叶芽缝隙处。

卵期 18 ～ 20 天。新梢长出后，幼虫孵出并蛀入为害，刺激嫩枝逐渐膨大形成瘿瘤，幼虫则在瘤内纵横串食。每个虫瘿内有幼虫 1 ～ 4 头。至 9 月中下旬幼虫老熟，化蛹前向外咬一羽化孔，然后在虫瘿内化蛹越冬。

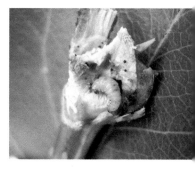

防控技术

（1）消灭越冬虫源　结合修剪，彻底剪除带有虫瘿的枝条，集中烧毁。

（2）生长期喷药防控　关键为喷药时期，成虫盛发期（花序铃铛球期）和幼虫孵化盛期（落花后 7 天左右）是两个喷药防控关键期，一般果园选择其中一个时期喷药 1 次即可，个别受害严重果园则需各喷药

彩图7-283　梨瘿华蛾幼虫

防控 1 次。效果较好的药剂如：高效氯氰菊酯、高效氯氟氰菊酯、联苯菊酯、甲氨基阿维菌素苯甲酸盐、高氯·马、高氯·甲维盐等。

十七、梨缩叶壁虱

危害特点　梨缩叶壁虱（*Epitrimerus pyri* Nalepa）又称梨缩叶瘿螨，俗称"梨缩叶病"，属蛛形纲真螨目瘿螨科。以成螨、若螨主要为害嫩叶，有时也可为害老叶。嫩叶受害，初期叶缘增生肥厚，叶背肿胀皱缩呈海绵状，后叶缘向上纵卷，严重时卷成双筒状，易引起早期落叶。老叶受害仅叶缘卷曲（彩图 7-284、彩图 7-285）。

彩图7-284　梨缩叶壁虱为害初期叶　彩图7-285　梨缩叶壁虱为害严重时，叶
　　　　　　　缘上卷　　　　　　　　　　　　　缘卷曲成近双桶状

形态特征　成螨体微小，前粗后细似胡萝卜形，半透明，体两侧各有 4 根刚毛，尾端两侧各 1 根。若螨形似成螨，体较小、细长、黄白色。

发生习性　梨缩叶壁虱 1 年发生多代，以成虫在枝条的翘皮下、芽鳞片下越冬。梨树萌芽开花期出蛰为害，随着叶片展开集中在叶正面为害，并在为害处产卵。5 月中下旬进入为害高峰，嫩叶受害后逐渐表现出肿胀、皱缩、卷叶、变色

等症状。随气温升高，逐渐转变为分散为害。9月中下旬至10月上旬成螨潜入芽鳞片下或翘皮下越冬。

防控技术

（1）发芽前喷药清园　结合其他害虫防控，在梨芽膨大期喷施1次石硫合剂进行清园，杀灭越冬成螨。

（2）生长期喷药防控　梨树花序铃铛球期和落花后是喷药防控梨缩叶壁虱的两个关键期，严重果园需各喷药1次，较轻果园只喷其中1次即可。常用有效药剂有：阿维菌素、甲氨基阿维菌素苯甲酸盐、乙螨唑、螺螨酯、螺虫乙酯、甲氰菊酯、联苯菊酯、氯氟·吡虫啉等。

十八、梨叶肿壁虱

危害特点　梨叶肿壁虱［*Eriophyes pyri* Pagenst］又称梨潜叶壁虱，俗称"梨叶肿病""梨叶疹病"，属蛛形纲真螨目瘿螨科，以成螨、若螨主要为害嫩叶。初期叶面产生谷粒大小的淡绿色疱疹，后逐渐扩大并变为红色、褐色，最终成为黑色。疱疹多发生在主脉两侧和叶片中部，嫩叶疱疹多时，背面隆起，正面凹陷扭曲。后期疱疹变褐枯死，严重时受害叶片早期脱落（彩图7-286～彩图7-289）。

彩图7-286　梨叶肿壁虱为害初期的叶　彩图7-287　梨叶肿壁虱为害初期的叶
　　　　　　面症状　　　　　　　　　　　　　　　背症状

形态特征　成螨圆筒形，白色、灰白色或稍带红色，口器钳状向前突出；体前端有足2对，体上有许多环状纹，尾端具2根长刚毛。卵圆形，半透明。若螨体较小，形似成螨。

发生习性　梨叶肿壁虱1年发生多代，以成螨在芽鳞片下越冬。梨树展叶后成螨出蛰，从气孔进入叶组织内为害，刺激叶组织肿起，并在其中产卵、繁殖、为害。卵约一周后孵化。整个生长季均在叶内为害、繁殖，9月份成螨脱出叶片，潜入芽鳞片下越冬。

彩图7-288　叶片背面的许多梨叶肿壁　彩图7-289　后期梨叶肿壁虱虫斑变褐
　　　　　虱为害的虫斑　　　　　　　　　　　枯死

防控技术　同"梨缩叶壁虱"。

十九、叶螨类

危害特点　为害梨树的叶螨类主要有山楂叶螨（*Tetranychus viennensis* Zacher，又称山楂红蜘蛛）、苹果全爪螨（*Panonychus ulmi* Koch，又称苹果红蜘蛛）、二斑叶螨（*Tetranychus urticae* Koch），前两种俗称"红蜘蛛"，后者俗称"白蜘蛛"，均属蛛形纲真螨目叶螨科，均以幼螨、若螨和成螨刺吸汁液为害。

山楂叶螨主要为害叶片，严重时也可为害果实。为害叶片，主要在叶背面刺吸汁液（有时也可在叶正面为害），受害叶片正面（或背面）出现密集的黄白色褪绿斑点，螨量多时褪绿斑点连片，呈黄褐色至苍白色；严重时，叶片背面甚至正面布满丝网，叶片呈红褐色，似火烧状，易引起早期落叶。果实受害，一般没有明显异常（彩图 7-290 ～彩图 7-292）。

彩图7-290　叶片背面的红蜘蛛及为　彩图7-291　山楂叶螨为害的叶正面
　　　　　害状　　　　　　　　　　　　　　丝网

苹果全爪螨主要为害叶片，幼螨、若螨和雄成螨多在叶背面活动，而雌成螨多在叶正面活动，很少吐丝拉网。初期正面产生许多明显的失绿斑点，后呈灰白色；严重时，叶片变黄褐色，表面布满螨蜕，远看呈一片苍灰色，但不易造成早期落叶（彩图7-293）。

彩图7-292　梨果上的红蜘蛛　　　彩图7-293　叶片正面的红蜘蛛及为
　　　　　　　　　　　　　　　　　　　　　　　害状

二斑叶螨主要在叶片背面刺吸汁液为害，初期多聚集在叶背主脉两侧，受害叶片正面近叶柄的主脉两侧先出现苍白色斑点，螨量大时叶片变灰白色至暗褐色，严重时叶片焦枯甚至早期脱落。二斑叶螨具有很强的吐丝结网习性，有时丝网可将全叶覆盖起来并罗织到叶柄，或在新梢顶端聚成"虫球"，甚至细丝还可在树体间搭接，叶螨顺丝爬行扩散（彩图7-294、彩图7-295）。

彩图7-294　二斑叶螨在叶背结网为　　彩图7-295　二斑叶螨的丝网及害螨
　　　　　　　害状

形态特征

山楂叶螨　雌成螨椭圆形，冬型鲜红色，夏型暗红色，体背前端隆起，背毛26根，横排成6行（彩图7-296、彩图7-297）。雄成螨略小，体末端尖削，第1

对足较长，体背两侧各具1黑绿色斑。卵圆球形，春季卵橙红色，夏季卵黄白色（彩图7-298）。幼螨足3对，黄白色，取食后为淡绿色，体圆形。若螨足4对，淡绿色，体背出现刚毛，两侧有深绿色斑纹，老熟若螨体色发红。

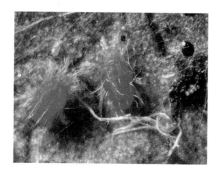

彩图7-296　山楂叶螨冬型雌成螨　　彩图7-297　山楂叶螨夏型雌成螨

苹果全爪螨　雌成螨体椭圆形，深红色，背部显著隆起；背毛26根，较粗长，着生于粗大的黄白色毛瘤上。雄成螨体略小，后端尖削似草莓状；初蜕皮时为浅橘红色，取食后呈深橘红色；刚毛数目与排列同雌成螨。卵扁圆形，葱头状，顶端有刚毛状柄，越冬卵深红色，夏卵橘红色。幼螨足3对，第1代幼螨淡橘红色，取食后呈暗红色；夏卵孵化出的幼螨初为黄色，后变为橘红色或深绿色。若螨足4对，前期体色较幼螨深，后期体背毛较为明显，体型似成螨（彩图7-299、彩图7-300）。

彩图7-298　山楂叶螨的卵

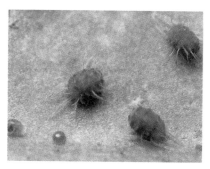

彩图7-299　苹果全爪螨　　　彩图7-300　苹果全爪螨的越冬卵

彩图7-301 二斑叶螨雌成螨

二斑叶螨 雌成螨体椭圆形，体背有刚毛26根，呈6横排，体色多为污白色或黄白色，体背两侧各具1块暗褐色斑；越冬型为橘黄色，体背两侧无明显斑（彩图7-301）。雄成螨体卵圆形，黄白色，后端尖削，长约0.26毫米，体背两侧有明显褐斑。卵球形，初产时乳白色，渐变为橘黄色，孵化前出现红色圆点。幼螨球形，白色，足3对，取食后变为绿色。若螨卵圆形，足4对，体淡绿色，体背两侧具暗绿色斑。

发生习性

山楂叶螨 1年发生多代，受精雌成螨主要在枝干翘皮下和粗皮缝隙内越冬，有时也可在落叶下、杂草根际及土缝中越冬。花芽萌动期开始出蛰为害，出蛰期达40天。害螨先在花芽、花序上为害，展叶后转至叶片上为害，多在叶背为害及产卵繁殖，有时也在叶片正面及果实上为害。成螨不善活动，有吐丝结网习性。多从树体内膛开始发生，逐渐向树冠外围及树上扩散，高温干旱环境下发生为害较重。

苹果全爪螨 1年发生多代，以卵密布在短果枝、果台基部、芽周围及一二年生枝条的交接处越冬。梨树花序分离期越冬卵开始孵化，孵化期较集中。孵化后先在枝梢上为害嫩叶及花器，而后逐渐向全树扩散蔓延，世代重叠严重，一般麦收前后是全年为害高峰。夏卵多产在叶背主脉附近和近叶柄处。高温干旱有利于其繁殖为害。

二斑叶螨 1年发生多代，北方果区主要以受精雌成螨在树皮裂缝处、根颈周围的土缝中、枯枝落叶下及宿根性杂草的根际等处潜伏越冬。翌年春天平均气温达10℃左右时，越冬雌成螨开始出蛰活动。多先在树下阔叶杂草上取食为害及产卵繁殖，5月上旬后陆续迁移到树上为害，世代重叠严重。6月中旬～7月中旬为猖獗为害期。秋季出现越冬型雌成螨，陆续寻找适宜场所越冬。

防控技术

（1）农业措施防控 梨树萌芽前，刮除枝干粗皮、翘皮，清除园内落叶、杂草，并将刮下组织及落叶杂草集中深埋或烧毁，消灭大量越冬螨源。也可在成螨（山楂叶螨、二斑叶螨）越冬前于树干上绑缚草把，诱集越冬成螨，进入冬季后解下烧毁。

（2）药剂清园 在梨树萌芽初期，全园淋洗式喷洒1次石硫合剂或矿物油进行药剂清园，杀灭越冬螨源，减轻生长期防控压力。

（3）生长期喷药防控 梨树发芽后至落花后10天是药剂防控害螨的第一个关键期，根据害螨发生情况，该期喷药1次即可，螨类较轻时最好在落花后喷药；5月中下旬后，根据害螨发生情况决定喷药时间及次数，一般掌握内膛叶片平均每叶有活动态螨3～5头时进行喷药，1个月左右喷药1次。喷药必须均匀周到，使内膛、外围枝叶均要着药，以淋洗式喷雾效果最好。若在药液中混加有机硅等农药助剂，可显著提高杀螨效果。常用有效杀螨剂有：螺螨酯、乙螨唑、联苯肼酯、唑螨酯、螺虫乙酯、乙唑螨腈、吡螨胺、阿维菌素、三唑锡、哒螨灵、四螨嗪、阿维·螺螨酯、阿维·乙螨唑、联肼·乙螨唑、联肼·螺螨酯等。

（4）保护和利用天敌　梨园中叶螨类的天敌种类很多，如：异色瓢虫、深点食螨瓢虫、束管食螨瓢虫、小黑瓢虫、小黑花蝽、塔六点蓟马、中华草蛉、东方钝绥螨、拟长毛钝绥螨、西北盲走螨等，喷药时注意保护天敌，尽量减少喷药次数，并选用专性杀螨剂。有条件的果园，还可释放人工饲养的捕食螨等天敌。

二十、苹小卷叶蛾

危害特点　苹小卷叶蛾（*Adoxophyes orana* Fischer von Roslerstamm）又称苹果小卷叶蛾、苹卷蛾、棉褐带卷蛾，俗称"舔皮虫"，属鳞翅目小卷蛾科，以幼虫啃食为害，可为害多种果树。幼虫既可吐丝把嫩叶卷成虫苞，潜居其中啃食叶片，又常将叶片缀贴果面上或将两果缀连一起，在叶果间或两果间啃食果皮，将果面啃食成一个个小坑洼状虫斑，故称"舔皮虫"（彩图7-302）。

彩图7-302　苹小卷叶蛾啃食
果实为害状

形态特征　成虫全体黄褐色，前翅长方形，基部有褐色斑，中带褐色，上半部窄下半部外侧突然增宽，后翅及腹部淡黄色。卵扁平椭圆形，数十粒至上百粒排成鱼鳞状。老熟幼虫全体浅绿至翠绿色，头黄褐色或黑褐色，前胸背板淡黄褐色，头明显窄于前胸，整个虫体两头稍尖。蛹体黄褐色，腹部2～7节背面各有2排小刺（彩图7-303、彩图7-304）。

彩图7-303　苹小卷叶蛾成虫

彩图7-304　苹小卷叶蛾幼虫

发生习性　苹小卷叶蛾在北方梨区1年多发生3代，以小幼虫在枝干粗皮裂缝、剪锯口及其他伤口处结灰白色茧越冬。第二年梨树花序分离期开始出蛰，转移至幼芽、嫩叶、花蕾上为害，展叶后开始缀叶成虫苞潜在其内为害。幼虫有转移为害习性，且非常活泼，稍受惊动，即吐丝下垂。幼虫老熟后在虫苞中化蛹，蛹期7～8天。羽化时蛹体一半抽出虫苞。成虫昼伏夜出，有趋光性和趋化性，对果醋和糖醋均有较强趋性。成虫产卵于叶片及果实上，卵期6～11天，幼虫期19～26天。华北梨区1～3代成虫出现盛期分别为6月上旬、8月上旬、9月上旬。2代以后幼虫逐渐开始为害果实，最后一代幼虫于10月间开始越冬。

防控技术

（1）消灭越冬虫源　发芽前刮除枝干粗皮、翘皮，破坏害虫越冬场所，并将粗翘皮集中烧毁。然后在萌芽前全园喷施1次石硫合剂等清园药剂，杀灭残余越冬幼虫。

（2）生长期及时喷药防控　越冬幼虫出蛰盛期（花序分离期）和第1代幼虫孵化盛期是全年药剂防控的关键期，每代喷药1次即可。常用有效药剂有：阿维菌素、甲氨基阿维菌素苯甲酸盐、灭幼脲、虱螨脲、丁醚脲、甲氧虫酰肼、氯虫苯甲酰胺、氟苯虫酰胺、高效氯氰菊酯、高效氯氟氰菊酯、阿维·高氯、阿维·高氯氟、阿维·灭幼脲、高氯·甲维盐等。

（3）其他措施　结合疏花疏果及套袋等农事活动，发现叶片虫苞及时剪除或用手捏死卷叶中的幼虫，以减轻田间为害及虫量。利用成虫趋性，在成虫发生期内于果园中设置性诱剂诱捕器、黑光灯、频振式诱虫灯、糖醋液等，诱杀成虫。在各代卵发生期内，释放赤眼蜂进行生物防控，兼防多种其他卷叶蛾、食心虫等鳞翅目害虫。

二十一、梨星毛虫

危害特点　梨星毛虫（*Illiberis pruni* Dyar）又称梨叶斑蛾，俗称"饺子虫"，属鳞翅目斑蛾科，主要以幼虫钻蛀梨芽、花蕾和啃食叶片为害。芽、花蕾受害，被钻蛀成孔洞，钻蛀处有黄褐色黏液溢出，后期被害芽、花蕾枯死变黑。叶片受害，幼虫吐丝将叶片包合成饺子形，在里面啃食叶肉，残留叶脉成网纹状，被害叶变褐、焦枯。严重时，树上许多叶片受害（彩图7-305、彩图7-306）。

形态特征　成虫全身灰黑色；雌蛾触角锯齿状，雄蛾触角短羽状；翅面有黑色绒毛，前翅半透明，翅脉清晰，色较深。卵扁椭圆形，成块状，初产时白色，渐变淡黄色，孵化前呈暗褐色。老龄幼虫乳白色，纺锤形，中胸、后胸和腹部第一至八节侧面各有1圆形黑斑，各节背面有横列毛丛。蛹黑褐色，略呈纺锤形；茧白色，有内外两层（彩图7-307、彩图7-308）。

彩图7-305　梨星毛虫为害形成的包叶　彩图7-306　梨星毛虫严重为害状

彩图7-307　梨星毛虫成虫　彩图7-308　梨星毛虫幼虫

发生习性　梨星毛虫1年发生1～2代，以幼龄幼虫结茧在枝干粗皮裂缝内及根颈部附近土壤中越冬，梨树萌芽后开始出蛰为害。先钻蛀为害花芽、花蕾，展叶后再包叶为害。1头幼虫可转移包叶为害6～7个叶片，在最后为害的包叶里化蛹，经10天左右羽化出成虫。成虫在叶背产卵，以中脉两侧较多，初孵幼虫群集在卵块周围啃食叶肉，稍大后分散为害，10～15天后开始转移，寻找适宜场所做茧越夏、越冬。管理粗放果园发生为害较重。

防控技术

（1）**消灭越冬虫源**　早春刮除枝干粗皮、翘皮，将刮除组织集中烧毁，消灭越冬虫源。萌芽前喷施1次石硫合剂或高效氯氟氰菊酯等铲除性药剂，杀灭残余害虫。

（2）**人工捕杀**　在成虫盛发期，清晨震树，捕杀落地成虫。结合疏花疏果等农事活动，人工摘除虫苞，集中销毁。

（3）**生长期喷药防控**　花芽露绿至花序分离期是药剂防控的关键期，一般果园喷药1次即可，特别严重果园在落花后再喷药1次。常用有效药剂有：阿维菌素、甲氨基阿维菌素苯甲酸盐、灭幼脲、杀铃脲、虱螨脲、丁醚脲、甲氧虫酰肼、氯虫苯甲酰胺、氟苯虫酰胺、高效氯氰菊酯、高效氯氟氰菊酯、联苯菊酯、阿维·高氯、阿维·高氯氟、阿维·灭幼脲、高氯·甲维盐等。

二十二、美国白蛾

危害特点　美国白蛾［*Hyphantria cunea*（Drury）］又称美国灯蛾，属鳞翅目灯蛾科，是一种检疫性害虫，可为害多种树木，主要以幼虫取食叶片，低龄幼虫群集枝上结网幕为害是其主要特征。发生初期，低龄幼虫群集结网，只啃食叶肉，残留叶脉及表皮；随虫龄增大，网幕也逐渐扩大，有时可长达 1.5 米以上，幼虫蚕食叶片后仅留主侧脉。幼虫 4 龄后，食量剧增，出网分散为害，将叶片全部吃光，严重时将整株叶片吃光。虫量多时，幼虫还可转株为害（彩图 7-309）。

形态特征　成虫白色；雄蛾翅展 23 ～ 34 毫米，触角双栉齿状，黑色，越冬代雄蛾前翅背面有较多的黑褐色斑点，第 1 代成虫翅面上的斑点较少；雌蛾翅展 33 ～ 44 毫米，触角锯齿状，褐色，前翅翅面上很少有斑点，甚至没有。卵近球形，直径约 0.5 毫米，有光泽，初产时淡黄绿色，近孵化时变为灰褐色，常数百粒排列成单层块状，覆盖白色鳞毛。蛹体长 8 ～ 15 毫米，深红色，腹部各节有凹陷刻点（彩图 7-310 ～彩图 7-312）。

彩图7-309　美国白蛾在梨树上的结网幕为害状

彩图7-310　美国白蛾雌成虫

彩图7-311　美国白蛾的卵块

彩图7-312　美国白蛾幼虫

发生习性 美国白蛾在北方果区1年发生2～3代，以蛹在枯枝落叶中、墙缝、表土层、树干老翘皮下等处越冬。翌年5月上旬开始出现成虫，成虫昼伏夜出，交尾后即可产卵，卵多产于叶背，每卵块有卵300～500粒。卵期7天左右。幼虫孵化后不久即吐丝结网，群集网内为害，随幼虫生长网幕逐渐增大；4龄后食量暴增，开始分散为害。幼虫期35～42天。幼虫耐饥饿能力很强，且龄期越大，耐饥饿时间越长，7龄幼虫耐饥饿时间最长可达15天。河北果区第1代幼虫盛发期在6月上旬至7月下旬，第2代幼虫盛发期在8月中旬至9月中旬，第3代幼虫盛发期多在9月下旬至10月中旬。幼虫老熟后下树寻找适宜场所结茧化蛹，末代则开始越冬。

防控技术

（1）加强检疫防控 美国白蛾属检疫对象，各虫态在一定条件下均可通过交通运输工具远距离传播。必须做好各项检疫工作，防止其发生范围扩散蔓延。首先划定疫区、设立防护带，严禁从疫区调出苗木、木材、水果等。一旦从疫区调入苗木，必须严格检疫，发现有美国白蛾必须彻底销毁。

（2）人工措施防控 利用低龄幼虫结网为害的习性，经常巡回检查，发现幼虫网幕后及时彻底摘除烧毁，消灭网内幼虫。幼虫老熟后，在树干上捆绑草把，诱集老熟幼虫化蛹，然后解下集中烧毁。

（3）化学药剂防控 在低龄幼虫发生期内及时喷药，杀灭幼虫。对天敌较安全的药剂有：灭幼脲、除虫脲、氟虫脲、氟啶脲、虱螨脲、虫酰肼、甲氧虫酰肼、氯虫苯甲酰胺、氟苯虫酰胺、甜菜夜蛾核型多角体病毒、棉铃虫核型多角体病毒等。效果较好的广谱性杀虫剂还有：高效氯氰菊酯、高效氯氟氰菊酯、联苯菊酯、甲氰菊酯、阿维菌素、甲氨基阿维菌素苯甲酸盐、阿维·高氯、阿维·高氯氟、阿维·灭幼脲、高氯·甲维盐等。喷药时，除防控果园内的美国白蛾外，还要注意对果园周围的林木上进行喷药，以防控其向果园内蔓延扩散。

二十三、苹掌舟蛾

危害特点 苹掌舟蛾（*Phalera flavescens* Bremer et Grey）又称苹果舟蛾、舟形毛虫，属鳞翅目舟蛾科，主要以幼虫危害叶片。四龄前幼虫群集为害，同一卵块孵出的数十头幼虫整齐排列在叶面上，由叶缘向内啃食，稍受惊动纷纷吐丝下垂；四龄后幼虫分散为害，蚕食叶片致残缺不全，或仅剩叶脉。大发生时可将全树叶片吃光，导致树体二次发芽（彩图7-313、彩图7-314）。

形态特征 成虫体淡黄白色；前翅银白色，近基部有1长圆形斑，外缘有6个横列成带状的椭圆形斑，各斑内端灰黑色，外端茶褐色，中间有黄色弧线隔开；后翅浅黄白色。卵圆球形，数十粒至百余粒成单层块状产于叶背，初产时淡绿色，孵化前为灰褐色。低龄幼虫体黄褐色或淡红褐色。老熟幼虫体暗红褐色，被灰黄色长毛；头、前胸盾、臀板均为黑色，胴部紫黑色，背线和气门线及胸足黑色，亚背线及气门上、下线紫红色。幼虫停息时头尾翘起，形似小舟，故称舟形毛虫。蛹暗红褐色至黑紫色，腹部末节有臀棘6根（彩图7-315～彩图7-317）。

彩图7-313　苹掌舟蛾低龄幼虫群集啃食叶片为害

彩图7-314　受振动后，幼虫吐丝下垂

彩图7-315　苹掌舟蛾成虫

彩图7-316　苹掌舟蛾近孵化卵块

彩图7-317　苹掌舟蛾高龄幼虫

发生习性　苹掌舟蛾1年发生1代，以蛹在树冠下浅层土壤中越冬。翌年7月上旬～8月上旬羽化，7月中下旬为羽化盛期。成虫昼伏夜出，趋光性较强，常产卵于叶背，单层密集成块。卵期约7天。8月上旬幼虫孵化，初孵幼虫群集叶背，啃食叶肉，受害叶片呈灰白色透明网状。大龄后分散为害，白天不活动，早晚取食，常把整枝甚至整树叶片吃光，仅留叶柄。幼虫受惊动吐丝下垂。8月中旬～9月中旬为幼虫期。幼虫5龄，幼虫期平均40天，老熟后陆续入土化蛹越冬。

防控技术

（1）人工措施防控　早春翻耕树盘，将土中越冬虫蛹翻于地表，被鸟类啄食或被风吹干，减少越冬虫源。幼虫分散为害前，及时剪除群集幼虫叶片集中销毁；或振动树枝，使幼虫吐丝下坠，集中消灭。

（2）诱杀成虫　在成虫发生期内，于果园中设置黑光灯或频振式诱虫灯，诱杀成虫。

（3）适当喷药防控　苹掌舟蛾多为零星发生，一般果园不需单独喷药防控；个别害虫发生较重果园，在幼虫群集为害期及时喷药1次即可。常用有效药剂同"美国白蛾"树上喷药。

二十四、黄尾毒蛾

危害特点　黄尾毒蛾（*Porthesia xanthocampa* Dyar）又称桑斑褐毒蛾、桑毒蛾，俗称"金毛虫"，属鳞翅目毒蛾科，可为害多种果树，管理粗放果园发生较多，以幼虫主要食害叶片。初孵幼虫群集叶背啃食叶肉，随龄期增大逐渐分散为害，将叶片食成缺刻或孔洞，甚至吃光或仅剩叶脉（彩图7-318、彩图7-319）。

彩图7-318　黄尾毒蛾低龄幼虫啃食　　彩图7-319　黄尾毒蛾低龄幼虫群集叶
　　　　　　　叶肉　　　　　　　　　　　　　　　　　　背为害状

形态特征　成虫全体白色，触角双栉齿状，前翅后缘近臀角处有两个褐色斑纹，雌蛾腹部末端丛生黄毛，足白色。卵扁圆形，灰黄色，常数十粒排成带状卵块，表面覆有雌虫腹末脱落的黄毛。老熟幼虫头黑褐色，胴部黄色，背线与气门下线红色、亚背线、气门上线及气门线均为断续的黑色线纹；各体节上有很多红色与黑色毛瘤，上生黑色及黄褐色长毛，第六、七腹节中央有红色翻缩腺。蛹棕褐色，臀棘较长成束。茧灰白色，长椭圆形，外附有幼虫脱落的体毛（彩图7-320、彩图7-321）。

发生习性　黄尾毒蛾在北方果区1年发生2代，以3～4龄幼虫在树干裂缝或枯叶内结茧越冬。翌年春季果树发芽时越冬幼虫开始活动，为害嫩芽及嫩叶，5月下旬化蛹，6月上旬羽化。雌虫交尾后将卵块产在枝干表面或叶背，卵块上覆有腹末黄毛，卵期4～7天。幼虫8龄，初孵幼虫群集叶背啃食叶肉，2龄起开始有毒毛，3龄后分散为害。幼虫白天停栖叶背阴凉处，夜间取食叶片。老熟幼虫在树干裂缝处结茧化蛹。华北果区第1代成虫出现在7月下旬～8月下旬，经交尾后产卵，孵化幼虫取食一段时间后即潜入树皮缝隙或枯叶中结茧越冬。

彩图7-320　黄尾毒蛾成虫　　　　彩图7-321　黄尾毒蛾幼虫

防控技术

（1）农业措施防控　发芽前彻底清除园内落叶、杂草，并刮除枝干粗皮、翘皮，集中销毁，消灭越冬幼虫。生长期结合其他农事活动，注意发现并清除枝叶上的卵块及初孵幼虫等，集中深埋或销毁。

（2）诱杀成虫　利用成虫的趋光性，在成虫发生期内于果园中设置黑光灯或频振式诱虫灯，诱杀成虫。

（3）适当喷药防控　黄尾毒蛾多为零星发生，一般果园不需单独喷药防控；个别发生较重果园，在越冬幼虫出蛰为害初期和低龄幼虫群集为害各喷药1次即可。常用有效药剂同"美国白蛾"树上喷药。

二十五、刺蛾类

危害特点　为害梨树的刺蛾类主要有黄刺蛾（*Cnidocampa flavescens* Walker）、双齿绿刺蛾［*Latoia hilarata*（Staudinger），又称棕边青刺蛾］、褐边绿刺蛾（*Latoia consocia* Walker，又称青刺蛾、绿刺蛾），均俗称"洋辣子"，均属鳞翅目刺蛾科，均可为害多种果树，均以幼虫取食叶片进行为害。低龄幼虫群集叶背啃食下表皮及叶肉，残留上表皮，将叶片食成筛网状；稍大后幼虫分散为害，将叶片食成孔洞或缺刻，严重时只残留主脉和叶柄。由于幼虫带有毒刺，触及人的皮肤会导致痛痒、红肿，故俗称"洋辣子"（彩图7-322～彩图7-324）。

彩图7-322　黄刺蛾低龄幼虫
啃食叶片状（苹果）

彩图7-323　双齿绿刺蛾低龄幼虫啃
食叶片状

形态特征

黄刺蛾　成虫体黄色至黄褐色，头和胸部黄色，腹背黄褐色；前翅内半部黄色，外半部黄褐色，有两条暗褐色斜线，在翅尖前汇合，呈倒"V"形，内面 1 条成为黄色和褐色的分界线。卵椭圆形，扁平，暗黄色，常数十粒排成不规则卵块。老熟幼虫身体肥大，黄绿色，体背生有哑铃状紫褐色大斑；每体节上有 4 个枝刺，以胸部上的 6 个和臀栉上的 2 个较大。蛹长椭圆形，黄褐色。茧椭圆形，似雀卵，

彩图7-324　褐边绿刺蛾低龄幼虫蚕
食叶片状

光亮坚硬，灰白色，表面布有褐色粗条纹（彩图 7-325 ～彩图 7-329）。

彩图7-325　黄刺蛾成虫

彩图7-326　黄刺蛾低龄幼虫

彩图7-327　黄刺蛾老熟幼虫

彩图7-328　黄刺蛾蛹（腹面）

彩图7-329　黄刺蛾的茧

双齿绿刺蛾　成虫体黄色；雄蛾触角栉齿状，雌蛾触角丝状；前翅浅绿色或绿色，基部及外缘棕褐色，外缘部分的褐色线纹呈波纹状；足密被鳞毛。卵扁平椭圆形，初产时乳白色，近孵化时淡黄色。老熟幼虫略呈长筒形，黄绿色；各体节上有4个瘤状突起，丛生粗毛；中胸、后胸及腹部第6节背面各有1对黑色刺毛，腹部末端并排有4个黑色绒球状毛丛。蛹椭圆形肥大，长10毫米左右，乳白至淡黄色渐变淡褐色。茧椭圆形，暗褐色，长约11毫米（彩图7-330、彩图7-331）。

彩图7-330　双齿绿刺蛾成虫

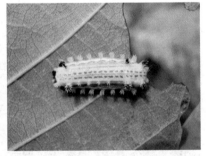

彩图7-331　双齿绿刺蛾大龄幼虫

褐边绿刺蛾　成虫触角棕色，雄蛾栉齿状，雌蛾丝状；头和胸部绿色，胸背中央有 1 条暗褐色背线；前翅大部分绿色，基部暗褐色，外缘部分灰黄色。卵扁椭圆形，长约 1.5 毫米，初产时乳白色，渐变为黄绿色至淡黄色，数粒排列成块状。幼虫体短粗，初孵化时黄色，渐变为黄绿色。老龄幼虫头黄色，甚小，常缩在前胸内，前胸盾上有 2 个黑斑；胴部第二至末节每节有 4 个毛瘤，上生黄色刚毛簇，腹部末端的 4 个毛瘤上生有球状蓝黑色刚毛丛；背线绿色，两侧有深蓝色点。蛹椭圆形，长约 15 毫米，肥大，黄褐色。茧椭圆形，棕色或暗褐色，长约16 毫米，似羊粪状（彩图 7-332、彩图 7-333）。

彩图7-332　褐边绿刺蛾成虫　　　彩图7-333　褐边绿刺蛾大龄幼虫

发生习性

　　黄刺蛾　　在北方果区 1 年发生 1～2 代，均以老熟幼虫在枝条上结茧越冬。1 代发生区，越冬幼虫于 6 月上中旬开始化蛹，6 月中旬～7 月中旬为成虫发生盛期，7 月中旬～8 月下旬为幼虫发生期，8 月下旬以后幼虫陆续老熟结茧越冬。2 代发生区，越冬幼虫 5 月上旬开始化蛹，5 月下旬～6 月上旬开始羽化，6 月上中旬为成虫发生盛期；卵期平均 7 天；第 1 代幼虫发生期在 6 月中下旬～7 月上中旬，幼虫老熟后在枝条上结茧化蛹，7 月下旬羽化；第 2 代幼虫在 8 月上中旬发生，8 月下旬后陆续老熟结茧越冬。

　　双齿绿刺蛾　　在北方果区 1 年发生 1 代，以老熟幼虫在树干基部、树干伤疤处、粗皮裂缝及枝杈处结茧越冬，有时几头幼虫聚集一处结茧。越冬幼虫第二年6 月上旬化蛹，蛹期 25 天左右，6 月下旬～7 月上旬出现成虫。成虫昼伏夜出，有趋光性，对糖醋液无明显趋性，多产卵于叶背，每卵块数十粒。卵期 7～10 天。7～8 月份为幼虫为害盛期，8 月中下旬后幼虫陆续老熟开始结茧越冬。

　　褐边绿刺蛾　　在北方果区 1 年发生 1 代，以老熟幼虫在树干中下部及根颈周围的浅土层中结茧越冬。越冬幼虫 5 月间陆续化蛹，成虫 6～7 月发生，7～8 月发生第 1 代幼虫，老熟后在枝干上结茧越冬。成虫昼伏夜出，有趋光性，羽化后即可交配、产卵，卵多成块状产于叶背，呈鱼鳞状排列，每块有卵数十粒。

防控技术

（1）农业措施防控　果树发芽前刮除枝干粗皮、翘皮，杀灭在枝干上的越冬虫源。结合果树修剪，彻底剪除在树体枝条上的越冬虫茧，并注意剪除果园周围防护林上的虫茧，集中销毁，减少越冬虫源。生长季节，结合其他农事活动，利用低龄幼虫群集为害的特性，发现虫叶，及时摘除捕杀。

（2）诱杀成虫　利用成虫的趋光性，在成虫发生期内于果园中设置黑光灯或频振式诱虫灯，诱杀成虫。

（3）适当喷药防控　刺蛾类多为零星发生，一般不需单独喷药防控，个别发生为害较重果园，在低龄幼虫期（分散为害前）每代喷药1次即可。常用有效药剂同"美国白蛾"树上喷药。

二十六、苹果金象

危害特点　苹果金象（*Byctiscus princeps* Sols）又称苹果卷叶象甲，属鞘翅目卷象科，主要以成虫卷叶产卵进行为害。成虫产卵时，用口器将新梢基部、叶柄咬成孔洞，使叶片萎蔫，然后把几张叶片一层一层卷成一个叶卷，雌虫把卵产在叶卷内，每个叶卷内产卵2～11粒不等。而后叶卷变褐枯死，幼虫在叶卷内取食为害，将内层卷叶吃空，叶卷逐渐干枯脱落。严重时，树上许多新梢及叶片受害。另外，越冬成虫出蛰后取食新梢、花柄、叶片，在花柄基部咬出孔洞，导致花序萎蔫、干枯（彩图7-334、彩图7-335）。

彩图7-334　苹果金象卷叶为害状　　彩图7-335　苹果金象卷叶为害叶片后期干枯

形态特征　成虫全体豆绿色，有金属光泽；头部紫红色，向前延伸成象鼻状，触角棒状黑色；胸部及鞘翅为豆绿色，鞘翅长方形，表面有细小刻点，基部稍隆起，鞘翅前后两端有4个紫红色大斑；足紫红色。卵椭圆形，长1毫米左右，乳白色。老熟幼虫，头部红褐色，咀嚼式口器，体乳白色，稍弯曲，无足（彩图 7-336、彩图 7-337）。

彩图7-336　苹果金象成虫　　　　　彩图7-337　苹果金象幼虫

发生习性　苹果金象在吉林地区 1 年发生 1 代，以成虫在表土层中或地面覆盖物下越冬。翌年果树发芽后越冬成虫逐渐出土活动，先取食果树嫩叶，5 月上旬开始交尾，而后产卵为害。雌虫产卵前先把嫩叶或嫩枝咬伤，待叶片萎蔫后开始卷叶，并在叶卷内产卵。卵期 6～7 天，5 月上中旬开始孵出幼虫，幼虫在叶卷内为害。6 月上旬幼虫陆续老熟，老熟幼虫钻出叶卷坠落地面，钻入土下 5 厘米深处做土室化蛹。8 月上旬羽化为成虫，8 月下旬～9 月中旬成虫寻找越冬场所越冬。成虫不善飞翔，有假死性，受惊动时假死落地。

防控技术　苹果金象多为零星发生，一般不需喷药防控，人工措施即可控制该虫的为害。

（1）捕杀成虫　在成虫出蛰盛期，利用成虫的假死性和不善飞翔性，在树盘下铺设塑料布等，振动树干捕杀落地成虫。

（2）摘除虫叶　在成虫产卵期至幼虫为害期，结合其他农事活动，彻底摘除卷叶，集中深埋或烧毁，消灭卷叶内虫卵及幼虫。

二十七、梨象甲

危害特点　梨象甲（*Rhynchites foveipennis* Fairmaire）又称朝鲜梨象甲、梨象鼻虫、梨虎，属鞘翅目卷象科，主要以成虫食害果皮、果肉及叶片等，幼果受害损失最重。幼果受害，果面被啃成坑洼，轻者伤口逐渐愈合成疮痂状，形成"麻脸梨"，严重者易干萎脱落。有时成虫也可啃食叶肉。此外，成虫产卵前后咬伤产卵果的果柄，部分被产卵果逐渐脱落；幼虫孵化后在果内蛀食，导致多数被害果皱缩脱落，少数不脱落者多形成凹凸不平的畸形果（彩图 7-338～彩图 7-341）。

彩图7-338　梨象甲啃害的幼果初期　彩图7-339　梨幼果受害后期成麻脸状

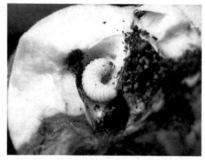

彩图7-340　梨象甲成虫及其啃食叶片　彩图7-341　落果内的梨象甲幼虫及其
　　　　　为害状　　　　　　　　　　　　　在果内为害状

形态特征　成虫暗紫铜色有金属光泽。头管长与鞘翅纵长相似，雄头管先端向下弯曲，触角着生在前1/3处，雌头管较直，触角着生在中部。触角棒状11节，端部3节宽扁。前胸略呈球形，密布刻点和短毛，背面中部有"小"字形凹纹。鞘翅上刻点较粗大，略呈9纵行。卵椭圆形，长1.5毫米，初乳白色渐变乳黄色。幼虫体长12毫米，乳白色，体表多横皱略弯曲；头小，大部缩入前胸内；胸足退化。蛹长9毫米，初乳白色渐变黄褐色至暗褐色，被细毛（彩图7-340、彩图7-341）。

发生习性　梨象甲多1年发生1代，以成虫在6厘米左右深的土层中越冬。翌年梨树开花时越冬成虫开始出土，幼果似拇指大小时出土最多，出土期为4月下旬～7月上旬。落花后降透雨出土量大，春季干旱出土少且出土较晚。成虫白天活动，晴朗无风高温时最活跃；有假死性，早晚低温时遇惊扰假死落地。为害

1～2周后开始交尾产卵，产卵前先把果柄基部咬伤，然后在果上咬1小孔产1～2粒卵于内，用黏液封口呈黑褐色斑点，每果多产卵1～2粒。成虫寿命很长，产卵期达2个月左右，6月中旬～7月上中旬为产卵盛期。卵期1周左右。产卵果在产卵后4～20天陆续脱落，10天左右落果最多。多数幼虫在落果中继续为害20～30天后老熟，脱果后入土化蛹。蛹期1～2个月，羽化后于蛹室内越冬。

防控技术

（1）农业措施防控　利用成虫的假死性，在成虫出土期于清晨震树，树下铺设布单或塑料布收集成虫，而后集中杀死，每5～7天进行1次。在成虫产卵为害期，及时拾取落地虫果，集中销毁。

（2）地面药剂防控　一般年份采用人工捕杀即可控制梨象甲的为害，不需使用杀虫药剂。若上年虫害发生特别严重的果园，可以地面施药防控出土成虫。一般用毒死蜱、辛硫磷、毒·辛等药剂均匀喷洒树下地面，喷湿表层土壤，然后耙松土壤表层。

二十八、康氏粉蚧

危害特点　康氏粉蚧［*Pseudococcus comstocki*（Kuwana）］又称桑粉蚧、梨粉蚧，属半翅目粉蚧科，主要为害果实，也可在枝干裂缝处为害，以若虫和雌成虫刺吸汁液。幼果受害，多形成畸形果；近成熟果受害，多发生在梗端和萼端，形成凹陷斑点，后期斑点呈褐色坏死，坏死斑表面常附有白色蜡粉。严重时，其排泄蜜露常导致发生煤污。枝干受害，一般无明显异常表现（彩图7-342～彩图7-345）。

彩图7-342　康氏粉蚧在套袋鸭梨上的为害　　彩图7-343　康氏粉蚧在果柄基部的为害状

彩图7-344 康氏粉蚧在果实萼端的
为害状

彩图7-345 康氏粉蚧在树皮缝隙
处的为害

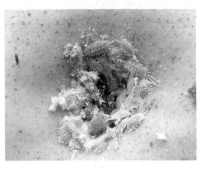

彩图7-346 康氏粉蚧雌成虫

形态特征 雌成虫扁椭圆形，淡粉红色，体表被有白色蜡粉，体缘具有17对白色蜡丝，体前端蜡丝较短，向后渐长，最末端1对特长，约为体长的2/3，蜡丝基部粗，尖端略细；胸足发达（彩图7-346）。雄成虫体褐色，体长约1毫米，翅展约2毫米，翅1对、透明，后翅退化成平衡棒，具尾毛。卵椭圆形，长约0.3毫米，浅橙黄色，数十粒集中成块，外有薄层蜡粉形成的白絮状卵囊。初孵若虫体扁平，椭圆形淡黄色，外形似雌成虫。雄蛹浅紫色，触角、翅、足均外露。

发生习性 康氏粉蚧1年发生3代，主要以卵在树皮缝、土壤缝隙等隐蔽处越冬。果树发芽时越冬卵开始孵化，初孵若虫爬到枝、芽、叶等幼嫩部分上为害，体表并逐渐分泌蜡粉。初孵若虫完全被蜡粉覆盖需7～10天。在华北梨区，第1代若虫发生盛期为5月上中旬（套袋前），第2代若虫发生盛期为7月上中旬，第3代若虫发生盛期为8月中下旬。雌若虫发育期为35～50天，雄若虫发育期为25～40天。雌雄交尾后雄成虫死亡，雌虫取食一段时期后爬到枝干粗皮裂缝间、枝杈处、果实的萼洼及梗端处，或在套袋果实上分泌卵囊，而后将卵产于卵囊内。以末代卵越冬。康氏粉蚧具有明显的趋阴性，在阴暗部位发生量大，所以套袋果实常受害较重。

防控技术

（1）消灭越冬虫源 9月份在树干上绑缚草把，诱集成虫产卵，入冬后解下草把烧毁，消灭越冬虫卵。梨树萌芽前，刮除枝干粗皮、翘皮，清除园内杂草、落叶、旧果袋、病虫果等，并集中销毁，破坏越冬场所；同时翻耕树盘，促进越冬卵死亡。萌芽初期，全园喷施1次石硫合剂或毒死蜱，杀灭越冬虫源。萌芽期喷药与刮树皮结合进行效果更好。

（2）生长期喷药防控　主要是防控若虫阶段，关键要抓住前期，即抓住第1代若虫、控制第2代若虫、监视第3代若虫，每代若虫期需喷药1～2次，间隔期7～10天。效果较好的有效药剂有：螺虫乙酯、噻嗪酮、氟啶虫胺腈、噻虫嗪、呋虫胺、高效氯氰菊酯、高效氯氟氰菊酯、苦参碱、阿维•螺虫酯、氟啶•啶虫脒、螺虫•呋虫胺、螺虫•噻嗪酮、噻虫•高氯氟等。喷药应均匀周到，淋洗式喷雾效果最好；若在药液中混加有机硅等农药助剂，可显著提高杀虫效果。套袋梨防控该虫时，必须将其杀灭在进袋前，害虫进袋后再喷洒药剂基本无效。

二十九、梨圆蚧

危害特点　梨圆蚧（*Diaspidiotus perniciosus* Comstock）又称梨圆盾蚧、梨笠元盾蚧，属半翅目盾蚧科，可为害多种果树，以雌成虫和若虫固着在枝条、果实或叶片上刺吸汁液为害。枝干受害，发生轻时无明显异常，严重时可引起皮层爆裂，甚至造成早期落叶和枝梢干枯。果实受害，多集中在萼洼和梗端附近，形成紫红色环纹，果面稍显凹陷，影响果实质量（彩图7-347）。

彩图7-347　梨圆蚧在梨果实上的为害状

形态特征　雌成虫无翅，体扁圆形，橘黄色，被灰色圆形介壳，直径约1.3毫米，中央稍隆起，壳顶黄色或褐色、稍偏，表面有轮纹。雄成虫有翅，体长约0.6毫米，翅展约1.2毫米，头、胸部橘红色，腹部橙黄色，1对前翅、半透明，后翅特化为平衡棒，腹部末端有剑状交尾器；雄介壳长椭圆形，灰色，长约1.2毫米，壳点偏向一边。初孵若虫体长约0.2毫米，扁椭圆形，淡黄色，触角、口器、足均较发达，腹末有2根长毛；2龄若虫眼、触角、足和尾毛均消失，开始分泌介壳，固定不动；3龄若虫可以区分雌雄，介壳形状近于成虫。雄蛹体长约0.6毫米，长锥形，淡黄略带淡紫色（彩图7-348、彩图7-349）。

发生习性　梨圆蚧在北方果区1年发生2～3代，以2龄若虫和少数受精雌成虫在枝干上越冬。翌年春季果树树液流动后开始继续为害，脱皮后雌雄分化。5月中下旬～6月上旬羽化为成虫，随即交尾。雄虫交尾后死亡，雌虫继续取食为害至6月中旬后开始卵胎生产仔，至7月上中旬结束，每雌胎生若虫百余头，产仔期约20天，6月底前后为产仔盛期。3代发生区各代若虫出现期为：第1代6～7月间，第2代7月下旬～9月，第3代8月底～9月上旬。田间世代重叠严重，从 5 月中旬～ 10 月间均可见到成虫、若虫同期为害。至秋末以 2 龄若虫及少数受精雌成虫越冬。

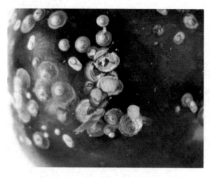

彩图7-348　梨圆蚧雌成虫

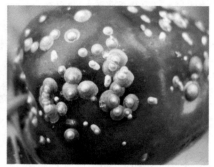

彩图7-349　梨圆蚧成虫介壳

防控技术

（1）消灭越冬虫源　结合冬季修剪，尽量剪除虫口密度较大的枝条，剪下枝条集中烧毁，减少越冬虫源。果树发芽前，全园喷施 1 次石硫合剂或矿物油或毒死蜱等铲除性药剂清园，杀灭残余越冬虫源，以淋洗式喷雾效果最好。

（2）生长期喷药防控　关键为抓住各代若虫期及时喷药，在若虫分散为害期至虫体被介壳覆盖前喷药效果最好，一般每代喷药 1 ～ 2 次，间隔期 10 天左右。常用有效药剂同"康氏粉蚧"生长期树上喷药。

三十、朝鲜球坚蚧

危害特点　朝鲜球坚蚧（*Didesmococcus koreanus* Borchs.）又称杏球坚蚧、桃球蚧，属半翅目蜡蚧科，可为害多种果树，以若虫和雌成虫刺吸汁液为害，1 ～ 2 年生枝条上发生较多，初孵若虫还可爬到嫩枝、叶片及果实上为害，2 龄后多群集固定在小枝条上为害。若虫固定后虫体逐渐膨大，并逐渐分泌蜡质形成介壳。严重时，枝条上介壳累累，致使枝叶生长不良，甚至枝条枯死。果树发芽开花期为害较重（彩图 7-350）。

彩图7-350　朝鲜球坚蚧群集在梨树枝条上为害

形态特征　雌成虫无翅，介壳红褐色至紫褐色，半球形，横径约 4.5 毫米，高约 3.5 毫米，有纵列凹陷小刻点；初期介壳质软、色淡、后期硬化、色深。雄虫介壳长扁圆形，长约1.8毫米，白色，隐约可见分节；雄成虫体长约2毫米，赤褐色，有翅1对，后翅退化成平衡棒，腹部末端有1对白色蜡质尾毛和1根性刺。卵椭圆形，长约0.3毫米，粉红色。初孵若虫长扁圆形，体粉红色，足黄褐色发达，活动能力强，体表被有白色蜡粉；固着后若虫体色较深，体背覆盖白色丝状蜡质物。越冬若虫椭圆形，浓褐色。雄蛹赤褐色，裸蛹，体长1.8毫米（彩图7-351～彩图7-354）。

彩图7-351　朝鲜球坚蚧雌虫介壳

彩图7-352　朝鲜球坚蚧雌虫介壳和雄
　　　　　　虫蛹壳

彩图7-353　朝鲜球坚蚧雌介壳内的
　　　　　　卵粒

彩图7-354　朝鲜球坚蚧初孵若虫

发生习性　朝鲜球坚蚧1年发生1代，以2龄若虫在枝干裂缝中、粗翘皮下、伤口边缘等处越冬，外覆有蜡被。树液流动后开始活动，从蜡被中脱出寻找适宜场所固定为害，虫体逐渐膨大，并排泄黏液。4月中旬前后雌雄分化，4月下旬至5月上旬雄成虫羽化，而后雌雄交尾。交尾后的雌虫迅速膨大，5月中旬前后产卵于介壳下，卵期7天左右。5月下旬至6月上旬卵孵化，初孵若虫从母体介壳下爬出分散为害，越冬前蜕皮1次，而后寻找适宜场所越冬。全年以雌虫分化后至产卵期为害最重。

防控技术

（1）农业措施防控　秋后早期在梨树枝干上绑缚草把或诱虫带，诱集越冬若虫，入冬后解下集中烧毁，消灭越冬虫源。早春结合冬剪，尽量剪除带虫枝条，集中销毁；或结合疏花疏果人工抹杀枝条上的虫体，减轻为害程度。

（2）萌芽期药剂清园　梨树萌芽初期，全园喷施1次石硫合剂或矿物油或毒死蜱等铲除性药剂清园，杀灭越冬若虫，以淋洗式喷雾效果最好。

（3）生长期喷药防控　关键为抓住初孵若虫从母体介壳下爬出向枝条、叶片扩散转移期及时喷药，7～10天1次，连喷1～2次，并采用淋洗式喷雾。常用有效药剂同"康氏粉蚧"生长期树上喷药。

彩图7-355　日本龟蜡蚧群集在小枝
上为害

三十一、日本龟蜡蚧

危害特点　日本龟蜡蚧（*Ceroplastes japonicas* Guaind）又称日本蜡蚧、枣龟蜡蚧、龟蜡蚧，俗称"树虱子"，属同翅目蜡蚧科，可为害多种果树。以若虫和雌成虫刺吸汁液为害，严重时枝条上虫体密布，导致枝条及树体生长衰弱。同时，该虫排泄大量蜜露，易诱使叶片、果实及枝上发生"煤烟病"（彩图7-355～彩图7-357）。

彩图7-356　日本龟蜡蚧在枝条上的
密集为害状

彩图7-357　日本龟蜡蚧为害引致
发生煤烟病

形态特征　雌成虫长4～5毫米，体淡褐色至紫红色，被有椭圆形白色蜡壳，较厚，蜡壳背面呈半球形隆起，具龟甲状凹纹（彩图7-358）。雄成虫体长1～1.4

毫米，淡红色至紫红色；翅1对，白色透明，具2条粗脉；腹末略细，性刺色淡；蜡壳长椭圆形，周围有13个蜡角似星芒状。卵椭圆形，长0.2～0.3毫米，初淡橙黄色后变紫红色。初孵若虫体长0.4毫米，椭圆形，淡红褐色，触角和足发达，腹末有1对长毛，周边有12～15个蜡角；后期蜡壳加厚雌雄分化（彩图7-359）。雄蛹长1毫米，梭形，棕色，性刺笔尖状。

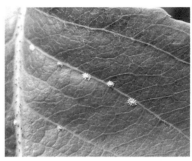

彩图7-358　日本龟蜡蚧雌成虫介壳　　彩图7-359　日本龟蜡蚧若虫介壳

发生习性　日本龟蜡蚧1年发生1代，以受精雌虫在1～2年生枝条上越冬。翌年春季树体发芽时开始为害，成熟后产卵于腹下。5～6月为产卵盛期，卵期10～24天。初孵若虫多爬到嫩枝、叶柄及叶面上固着取食。8月中旬～9月为化蛹期，蛹期8～20天。8月下旬～10月上旬为成虫羽化期，雄成虫寿命1～5天，交配后即死亡，雌虫受精后陆续由叶片转到枝上固着为害，至秋后越冬。

防控技术

（1）**人工措施防控**　结合冬季修剪，尽量剪除虫口密度大的枝条，集中销毁，减少越冬虫源。也可人工刷除枝条上的越冬雌虫，消灭树上虫体。

（2）**化学药剂防控**　参照"朝鲜球坚蚧"的"萌芽期药剂清园"和"生长期喷药防控"部分。

三十二、草履蚧

危害特点　草履蚧［*Drosicha corpulenta*（Kuwana）］俗称"草鞋蚧"，属半翅目硕蚧科，可为害多种果树，以雌成虫和若虫刺吸汁液为害。树体根部、枝干、芽腋、嫩梢、叶片及果实均可受害，以嫩芽和嫩枝受害最重。严重时受害树生长衰弱，发芽迟，叶片黄，甚至造成早期落叶、落果及死枝、死树（彩图7-360）。

彩图7-360　草履蚧若虫在树皮缝下群集为害

形态特征 雌成虫扁椭圆形，似草鞋底状，无翅，体长约 10 毫米，淡灰褐色，外周淡黄色，背部稍隆起，腹部较肥大，有横褶皱和纵沟，虫体被覆一薄层蜡粉；足黑色，粗大（彩图 7-361）。雄成虫体紫色，长 5～6 毫米，翅展 10 毫米左右；翅 1 对，淡紫黑色，半透明，翅上有两条淡黑色翅脉（彩图 7-362）。卵椭圆形，初产时黄白色渐变橘红色，近百粒产于白色棉状卵囊内。若虫棕黑色，体似成虫，但虫体较小。雄蛹圆筒状，棕红色，长约 5 毫米，外被白色棉状物。

彩图7-361 草履蚧雌成虫

彩图7-362 草履蚧雄成虫

发生习性 草履蚧 1 年发生 1 代，以卵和初孵若虫在树干基部附近土壤中及树皮缝隙中越冬，0℃以上即可孵化，孵化期持续 1 个多月。树液流动后即开始上树为害。初期气温较低，若虫白天上树为害，夜间下树潜藏；随温度升高，若虫逐渐全天在树上为害。雄性若虫 4 月下旬化蛹，5 月上旬羽化为成虫，羽化期较整齐，羽化后即觅偶交配，寿命 2～3 天。雌性若虫 3 次蜕皮后发育为成虫，交配后再为害一段时间于 6 月上中旬开始下树，寻找适宜场所分泌卵囊产卵，以卵在卵囊中越夏、越冬。

彩图7-363 在树干上捆绑塑料裙，阻止草履蚧上树

防控技术

（1）加强果园管理 早春翻耕树盘，破坏害虫越冬场所；及早刮除枝干粗皮翘皮，促进越冬虫源死亡。

（2）阻隔害虫上树 早春若虫出土上树前，在树干上涂抹宽 10 厘米左右的封闭黏虫胶环，或在树干中下部捆绑开口向下的塑料裙，有效阻止草履蚧上树为害（彩图 7-363）。

（3）适当喷药防控 一般果园"阻隔害虫上树"措施即可有效防控草履蚧的发生为害，不需再进行喷药。个别草履蚧发生严重果园，在梨树萌芽初期，选择晴朗无风天气喷药 1～2 次即可。效果较好的有效药剂如：高效氯氟氰菊酯、高效氯氰菊酯、甲氰菊酯、马拉硫磷、毒死蜱、螺虫乙酯、苦参碱等。重点喷洒树干及树干周围土壤，以淋洗式喷雾效果最好；若在药液中混加有机硅等农药助剂，可显著提高杀虫效果。

三十三、大青叶蝉

危害特点　大青叶蝉［*Tettigella viridis*（Linnaeus）］俗称"浮尘子"，属半翅目叶蝉科，在梨树上主要以成虫产卵为害。晚秋季节，雌成虫用锯状产卵器刺破枝条表皮呈月牙状伤口，将 6～12 粒卵产于其中，卵粒排列整齐，伤口成肾形凸起。虫量大时造成枝条遍体鳞伤，抗低温及保水能力降低，常导致春季抽条，严重时致使枝条枯死，以幼树受害较重（彩图 7-364、彩图 7-365）。

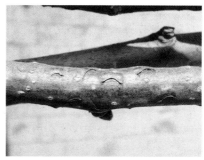

彩图7-364　大青叶蝉在树枝上产卵为　彩图7-365　大青叶蝉在枝条上较重的
　　　　　　　害的伤口　　　　　　　　　　　　产卵为害状

形态特征　成虫体黄绿色；头黄褐色，复眼黑褐色，头部背面有 2 个黑斑；前胸背板前缘黄绿色，其余部分深绿色；前翅绿色，革质，尖端透明；后翅黑色，折叠于前翅下面；足黄色（彩图 7-366）。卵长约 1.6 毫米，稍弯曲，一端稍尖，乳白色，数粒排列成卵块（彩图 7-367）。若虫共 5 龄，幼龄若虫体灰白色，2 龄以后黄绿色，胸部及腹部背面具褐色纵条纹，并出现翅芽，老龄若虫体似成虫，仅翅尚未形成（彩图 7-368）。

发生习性　大青叶蝉 1 年发生 3 代，以卵在果树枝条或苗木的表皮下越冬。翌年果树萌芽至开花前越冬卵孵化，若虫迁移到附近的杂草或蔬菜上为害。第

彩图7-366　大青叶蝉成虫

1～2 代主要为害玉米、高粱、麦类及杂草，第 3 代为害晚秋多汁作物如薯类、萝卜、白菜等，10 月上中旬成虫迁飞到果树上产卵越冬。果树行间间作大白菜、

萝卜、甘薯等晚秋作物的果园，大青叶蝉发生为害较重。

彩图7-367　大青叶蝉卵　　　彩图7-368　大青叶蝉低龄若虫

防控技术

（1）农业措施防控　幼树果园避免在果园内间作晚秋作物，如白菜、萝卜、胡萝卜、薯类等，以减少大青叶蝉向果园内的迁飞数量。进入秋季后，搞好果园卫生，清除园内杂草，控制大青叶蝉虫量。并注意清除果园周围的杂草及晚秋多汁作物。

（2）诱杀成虫　利用成虫的趋光性，在9～10月份于果园外围设置黑光灯或频振式诱虫灯，诱杀大量成虫。

（3）适当喷药防控　果园内及周边种植有晚秋多汁作物的幼树果园，可在9月底～10月初当雌成虫转移至树上产卵时及时进行喷药防控，7～10天1次，连喷2次左右；也可在4月中旬越冬卵孵化、幼龄若虫向低矮植物上转移时（花序铃铛球期）树上喷药。效果较好的药剂如：马拉硫磷、高效氯氟氰菊酯、高效氯氰菊酯、甲氰菊酯、联苯菊酯等。秋季喷药时，可适当提高喷药浓度。

三十四、蚱蝉

彩图7-369　蚱蝉产卵为害的
梨树枝条

危害特点　蚱蝉（*Cryptotympana atrata* Fabricius）又称秋蝉、黑蝉，俗称"知了"，属同翅目蝉科，可为害多种果树，主要以成虫产卵为害枝条。成虫产卵时用锯状产卵器刺破1年生枝条的表皮和木质部，在枝条内产卵，使伤口处的表皮呈斜锯齿状翘起，不久被产卵枝条逐渐干枯。虫量大时，树冠上部许多枝条被害、枯死，幼树严重影响树冠生长（彩图7-369）。此外，成虫还可刺吸嫩枝汁液，若虫在土中刺吸根部汁液，但均对树体没有明显影响。

形态特征 成虫体黑色，有光泽，被黄褐色绒毛；头小，复眼大，头顶有3个黄褐色单眼，排列成三角形，触角刚毛状，中胸发达，背部隆起。卵梭形稍弯，头端比尾端稍尖，乳白色。老熟若虫黄褐色，体壁坚硬，前足为开掘足（彩图7-370～彩图7-372）。

彩图7-370 蚱蝉成虫

彩图7-371 蚱蝉的卵粒

发生习性 蚱蝉4～5年完成1代，以卵在枝条内或以若虫在土壤中越冬。若虫一生在土中生活。6月底老熟若虫开始出土，通常于傍晚和晚上从土内爬出，雨后土壤柔软湿润的地方若虫出土较多，然后爬到树干、枝条、叶片等处蜕皮羽化。7月中旬～8月中旬为羽化盛期。成虫刺吸树木汁液，寿命长60～70天，7月下旬开始产卵，8月上中旬为产卵盛期。雌虫先用产卵器刺破树皮，将卵产在1～2年生的枝梢木质部内，每卵孔有卵6～8粒，一枝条上产卵可达90粒，造成被害枝条枯死，严重时秋末常见满树枯死枝梢。越冬卵翌年6月孵化为若虫，然后钻入土中为害根部。

彩图7-372 蚱蝉老熟若虫

防控技术

（1）人工捕捉出土若虫 在老熟若虫出土始期，于果树及周围所有树木主干中下部闭合缠绕宽5厘米左右的塑料胶带，阻止若虫上树。然后在若虫出土期内每天夜间或清晨捕捉出土若虫或刚羽化的成虫，杀死、食之或出售。

（2）灯火诱杀 利用成虫较强的趋光性，夜晚在树旁点火堆或用强光灯照明，然后振动树枝（大树可爬到树杈上振动），使成虫飞向火堆或强光处进行捕杀。

（3）剪除产卵枯梢 在8～9月份，大面积连续多年剪除产卵枯梢（果树及林木上），集中烧毁或用于人工繁育饲养。

参考文献

[1] 王江柱，王勤英. 梨病虫害诊断与防治图谱[M]. 北京：金盾出版社，2015.

[2] 王江柱，徐扩，齐明星. 现代落叶果树病虫害防控常用优质农药[M]. 北京：化学工业出版社，2019.

[3] 王江柱，张建光，许建锋. 梨高效栽培与病虫害看图防治[M]. 北京：化学工业出版社，2011.

[4] 陈新平. 梨新品种及栽培新技术[M]. 郑州：中原农民出版社，2010.

[5] 张建光，王泽槐，李英丽. 果树生产[M]. 北京：中国农业出版社，2008.

[6] 张玉星. 果树栽培学各论（北方本）[M]. 北京：中国农业出版社，2005.

[7] 蔺经，盛宝龙，李晓刚，等. 早熟砂梨新品种'苏翠1号'[J]. 园艺学报，2013, 40(9): 1849-1850.

[8] 张建光，许建锋，张江红，等. 雪青梨适宜冬季修剪量及枝条再生率研究[J]. 中国农学通报，2010, 26(12): 197-199.

[9] 李晓光，张建光，李中勇，等. 树冠交接状况对不同品种梨冠层光照特性的影响[J]. 北方园艺，2010(2): 6-9.

[10] 张绍铃. 梨产业技术研究与应用[M]. 北京：中国农业出版社，2010.

[11] 许建锋，张建光，等. 黄冠梨喷布碧护试验初报[J]. 中国果树，2009(6): 20-21.

[12] 叶晓伟，张放，方志根. 丘陵山区梨-草-鸡复合系统的生态经济分析[J]. 农机化研究，2007(2): 70-72.

[13] 王晓祥，尹金凤，任爱华. 三倍体梨新品种'龙园洋红'[J]. 园艺学报，2006, 33(1): 211.

[14] 任爱华，王晓祥，尹金凤. 梨三倍体新品种龙园洋红的选育[J]. 黑龙江农业科学，2006(1): 21-22.

[15] 冯守千，王得云，王楠，等. 晚熟梨新品种'山农酥'[J]. 园艺学报，2016, 43(S2): 2685-2686.

[16] 王少敏，高华君，孙山，等. 红色西洋梨品种早红考密斯引种观察初报[J]. 落叶果树，2001(2): 23.

[17] 刘军，葛彦会，李尚霖. 红色优质极晚熟梨品种'佛见喜'[J]. 中国南方果树，2021，50(4): 175-176, 183.

[18] 李秀根，张绍铃. 中国梨树志[M]. 北京：中国农业出版社，2020.

[19] 赵德英，闫帅，张彦昌，等. 新形势下梨轻简优质高效栽培新模式与新技术[J]. 北方果树，2022(2):1-5,11.